生物统计学

主 编 王振龙 尚志刚

郑州大学出版社

图书在版编目（CIP）数据

生物统计学 / 王振龙, 尚志刚主编. — 郑州：郑州大学出版社，2022.9
ISBN 978-7-5645-8362-0

Ⅰ. ①生… Ⅱ. ①王… ②尚… Ⅲ. ①生物统计-教材 Ⅳ. ①Q-332

中国版本图书馆 CIP 数据核字（2021）第 238175 号

生物统计学

SHENGWU TONGJI XUE

选题策划	王卫疆　李珊珊	封面设计	曾耀东
责任编辑	王莲霞　刘永静	版式设计	阮　帅
责任校对	李珊珊	责任监制	李瑞卿

出版发行	郑州大学出版社	地　　址	郑州市大学路 40 号（450052）
出 版 人	孙保营	网　　址	http://www.zzup.cn
经　　销	全国新华书店	发行电话	0371-66966070
印　　制	广东虎彩云印刷有限公司		
开　　本	787 mm×1 092 mm　1/16		
印　　张	18	字　　数	440 千字
版　　次	2022 年 9 月第 1 版	印　　次	2022 年 9 月第 1 次印刷
书　　号	ISBN 978-7-5645-8362-0	定　　价	56.00 元

本书如有印装质量问题，请与本社调换

生物 统计学 Biostatistics

作者名单

主　编　王振龙　尚志刚

副主编　施玉华　王治忠

编　委　(以姓氏笔画为序)

王治忠　王振龙　田军东　田祥宇

张靖楠　尚志刚　赵慧智　施玉华

程　涵

生物 统计学 Biostatistics

前言

　　生物统计学是运用数理统计的原理和方法，来分析和解释生物科学试验中各种现象和试验调查资料的一门科学。本书基础部分着重介绍生物统计学的概念与发展、描述统计、概率论基础、参数估计和假设检验等基本统计学知识；后续部分重点介绍了方差分析、回归分析、协方差分析、实验设计等适用于科学研究的内容，同时也对判别分析、聚类分析、主成分分析与因子分析等统计学习模型进行了简要介绍。

　　本书的结构可以看成是一个对生物数据搜集、处理、分析，从而提炼新的生物信息的过程。重点是通过对生物现象的数量观察、对比、归纳和分析，揭示那些令人困惑的生物学问题，从偶然性的剖析中发现事物的必然性，指导生物科学的理论和实践。通过本书的学习，一是可以培养科学的统计思维方法。"有很大的可靠性但有一定的错误率"是统计分析的基本特点，因此在生物统计课程的学习中要培养一种新的思考方法——从不肯定性或概率的角度来思考问题和分析科学试验的结果。二是可以培养科学的计算能力和表达能力。本书的概念多、公式多、表格多，许多判断和推理过程都是在经过仔细的计算、分析后得出的，结果的表达也是非常简洁和严密的。因此在学习过程中要注意培养正确的计算能力和表达能力。三是培养实事求是的工作作风和严谨求实的科学态度。在本书的学习中，接触到的数据、表格很多，在资料分析整理过程中要实事求是、严谨精细，才能得出正确的结论。

　　本书第 1 章介绍了生物统计学的基本概念、统计学的发展概况以及常用统计学术语。第 2 章介绍了描述统计的内容，主要包括数据的搜集与整理，并介绍了常用的统计量和统计图表。第 3 章和第 4 章主要介绍了概率论基础知识，重点介绍了大数定律、中心极限定理、几种常见的概率分布、抽样分布的研究意义以及三大抽样分布。第 5 章简要介绍了点估计和区间估计。第 6 章重点介绍了假设检验问题，主要包括参数假设检验、拟合优度检验以及非参数假设检验。第 7 章介绍了方差分析方法，主要包括方差分析的基本原理与步骤、单因素方差分析、两因素方差分析以及数据转换等。第 8 章介绍了回归分析，主要包括变量间的相关关系、一元线性回归、多元线性回归、最优经验回归函数以及非线性回归。第 9 章介绍了协方差分析，主要是在前期方差分析和回归分析基础上讨论协方差分析模型和应用条件，并对协方差分析过程示例。第 10 章介绍了模式识别基础，主要包括判别分析、聚类分析、主成分分析和因子分析等生物学研究中常用的分析方法。第 11 章主要介绍了实验设计，主要包括实验设计的基本原理、完全随机设计、随机区组设计、拉丁方设计、正交设计以及调查设计等。

本书具体编写工作的分工为：第 1 章，王振龙；第 2 章，王治忠和施玉华；第 3 章和第 4 章，赵慧智；第 5 章，田祥宇和施玉华；第 6 章，王振龙；第 7 章，张靖楠；第 8 章，田军东；第 9 章和第 10 章，尚志刚；第 11 章，程涵。全书由王振龙统稿。

本书适合从事生命科学、生态学、农业气象学、农业资源、环境科学和医学领域研究的工作者阅读，也可作为相关专业的本科生和研究生教材使用。

鉴于编者水平有限，书中难免存在不妥当之处，望读者批评指正。

郑州大学

2021 年 11 月

生物统计学 Biostatistics

目录

第 **1** 章

概　论

1.1　生物统计学的概念

"统计"是指人类对事物数量的认识形成过程,在汉语中有"合计、总计"的意思,现指对某一现象有关的数据进行搜集、整理、计算、分析、解释以及表述等的活动。具体来说,一是指对某一现象有关数据进行搜集、整理、计算和分析等,例如人口统计。二是指总括地计算,例如把全国报来的数据统计一下。明代学者胡应麟在《少室山房笔丛·经籍会通一》中写道:"古今书籍,统计一代前后之藏,往往无过十万。统计一朝公私之蓄,往往不能十万。"清代学者宣鼎在《夜雨秋灯录·银雁》中写道:"佛奴掘深窖藏之,统计约有廿余万"。

"统计"一词最早出现于中世纪拉丁语的 status,意思指各种现象的状态和状况。由这一语根组成意大利语 stato,表示"国家"的概念,也含有国家结构和国情知识的意思。根据这一语根,最早作为学名使用"统计",是在十八世纪德国政治学教授阿亨瓦尔(G. Achenwall)所著《近代欧洲各国国家学纲要》一书的序言中,把国家学名定为"statistika"(统计)这个词。原意是指"国家显著事项的比较和记述"或"国势学",认为统计是关于国家应注意事项的学问。此后,各国相继沿用"统计"这个词,并把这个词译成各国的文字,法国译为 statistique,意大利译为 statistica,英国译为 statistics,日本最初译为"政表""政算""国势""形势"等,直到 1880 年在太政官中设立了统计院,才确定以"统计"二字正名。

1903 年,钮永建、林卓南等翻译了日本学者横山雅南所著的《统计讲义录》一书,此后把"统计"这个词从日本传到我国。1907 年,彭祖植编写的《统计学》在日本出版,同时在国内发行,这是我国最早的一本"统计学"书籍。"统计"一词就成了记述国家和社会状况的数量关系的总称。

在实际应用中,人们对"统计"一词的理解一般有三种含义:统计工作、统计资料和统计科学。

(1)统计工作。指利用科学的方法搜集、整理、分析和提供关于社会经济现象数量资料的工作总称,是统计的基础。也称统计实践,或统计活动,是在一定统计理论指导下,采用科学的方法,搜集、整理、分析统计资料的一系列活动过程。它是随着人类社会的发展和社会管理的需要而产生和发展起来的,至今已有四五千年的历史。现实生活中,统计工作作为一种认识社会经济现象总体和自然现象总体的实践过程,一般包括统计设计、统计调查、统计整理和统计分析四个环节。

(2)统计资料。指通过统计工作取得的、用来反映社会经济现象的数据资料的总称。统计工作所取得的各项数字资料及有关文字资料,一般反映在统计表、统计图、统计手册、统计年鉴、统计资料汇编和统计分析报告中。也称统计信息,是反映一定社会经济现象总体或自然现象总体特征或规律的数字资料、文字资料、图表资料及其他相关资料的总称,包括刚刚调查取得的原始资料和经过一定程度整理、加工的间接资料,其形式有统计表、统计图、统计年鉴、统计公报、统计报告和其他有关统计信息的载体。

(3)统计科学。也称统计学,是统计工作经验的总结和理论概括,是系统化的知识体系。指研究如何搜集、整理和分析统计资料的理论与方法。统计学是应用数学的一个分支,主要通过运用概率论建立数学模型,搜集所观察系统的数据,进行量化的分析、总结,进而进行推断和预测,为相关决策提供依据和参考。它被广泛地应用在各门学科,从物理和社会科学到人文科学,甚至被用到工商业及政府的情报决策。

统计学(statistics)是通过搜集(collecting)、整理(reorganizing)、分析(analyzing)、描述(describing)数据等手段,以达到推断所测对象的本质,甚至预测对象未来的一门综合性科学。其中用到了大量的数学及其他学科的专业知识,它的使用范围几乎覆盖了社会科学和自然科学的各个领域,主要分为描述统计学和推断统计学。描述统计学是统计学中用于描述和总结所观察到对象的基本统计信息的一门学科。描述统计的结果是对当前已知的数据进行更精确的描述和刻画,分析已知数据的集中性和离散性。描述统计学通过一些数理统计方法来反映数据的特点,并通过图表形式对所收集的数据进行必要的可视化,进一步综合概括和分析得出数据的客观规律。推断统计学是统计学中研究如何用样本数据来推断总体特征的一门学科。推断统计学是在对样本数据进行描述的基础上,对总体的未知数据做出以概率形式来描述的推断。推断统计的结果通常是为了得到下一步的行动策略。另外也有一种叫作数理统计学的学科专门用来讨论这个学科背后的理论基础。

总体来说,"统计"一词的三种含义是紧密联系的,统计资料是统计工作的成果,统计工作与统计科学之间是实践与理论的关系。

生物统计学(biostatistics)是数理统计在生物学研究中的应用,它是应用数理统计的原理和方法来分析和解释生物界各种现象和试验调查资料的一门学科,属于应用统计学的一个分支。

1.2 统计学发展概况

由于人类的统计实践是随着计数活动而产生的,因此,统计发展史可以追溯到原始社会,但是,能使人类的统计实践上升到理论并予以总结概括的程度,即开始成为一门系统的学科——统计学,却是近代的事情,距今只有三百余年的短暂历史。统计学发展的概况,大致可划分为古典记录统计学、近代描述统计学和现代推断统计学三个阶段。

1.2.1 古典记录统计学

古典记录统计学形成时间大致在十七世纪中叶至十九世纪中叶。统计学在这个兴起阶段，还是一门意义和范围不太明确的学问，人们在用文字或数字如实记录与分析国家社会经济状况的过程中，初步建立了统计研究的方法和规则，到概率论被引进之后，才逐渐成为一种较成熟的方法。最初卓有成效地把古典概率论引进统计学的是法国天文学家、数学家、统计学家拉普拉斯。因此，后来比利时统计学家、数学家和天文学家凯特勒指出，统计学应从拉普拉斯开始。

凯特勒（L. A. J. Quetelet，1796—1874），他被统计学界称为"近代统计学之父""国际统计会议之父"。他一生著作颇丰，其中有关统计学方面的就有 65 种之多。1851 年他积极筹备了国际统计学会组织，并任第一届国际统计会议主席。他最大的贡献是将统计方法用于研究人类。他记录了苏格兰士兵的胸围、法国军队应征入伍者的身高，以及其他诸如此类的项目，并发现这些数字与平均值偏离的变化方式与掷骰子或子弹在靶心周围散布的方式相同。1835 年他第一次记下了这一点，后来，他将 1846 年比利时人口普查的数字用于他的统计分析。在统计分析的过程中，他研究出来的许多法则，仍是现代人口统计工作的依据。他将结果制成图，画出各种测量值出现的频率，得到一条钟铃状的曲线（由于高斯经常使用这类曲线，所以人们常称之为"高斯曲线"）。于是，随机性概念的出现又一次表明，支配着无生命宇宙的一些法则，也同样为生命（包括人类在内）所遵守。从凯特勒的工作引出了"平均人"的概念，"人口统计"的思想也是由他的工作形成的。

1.2.1.1　拉普拉斯的主要贡献

一是发展了概率论的研究。拉普拉斯第一种关于概率论的表述发表于 1774 年。自 1812 年起，先后出过四版他的代表作《概率的解析理论》。书中，拉普拉斯最早系统地把数学分析方法运用到概率论研究中，并建立了严密的概率数学理论。该书不仅总结了他自己的研究，而且还总结了其他学者研究概率论的成果，成为古典概率论的集大成者。

二是推广了概率论在统计中的应用。由于拉普拉斯是通过结合天文学、物理学的研究来从事概率研究的，所以他能相当明确地指出概率论能被广泛地用于解决一系列的实际问题。他在实际推广中的成绩是多方面的，主要表现在人口统计、观察误差理论和概率论在天文问题方面的应用。1809—1812 年，他结合概率分布模型和中心极限思想来研究最小二乘法，首次为统计学中这项后来被广泛使用的方法奠定了理论基础。

三是明确了统计学的大数法则。拉普拉斯认为，由于现象发生的原因是为我们所不知或即使知道也因为原因繁复而不能计算，发生原因又往往受偶然因素或无一定规律性因素影响，以至事物发展发生的变化，只有进行长期大量观察，才能求得发展的真实规律。概率论则能研究此项发展改变原因所起作用的成分，并可指明成分多少。这是他通过研究天文学所得的体会。在观察天体运动现象中，他发现当次数足够多时，能使个体的特征趋于消失，而呈现出某种同一现象。他指出这其中一定存在着某种规律，而非出于偶然。

四是进行了大样本推断的尝试。在统计发展史上，人口的推算问题，多少年来都是统计学家耿耿于怀的难题，直到十九世纪初，拉普拉斯才用概率论的原理迈出了关键的一步。在理论上，1781 年拉普拉斯在《论概率》一文中，建立了概率积分，为计算区间误差提供了有力手段。1781—1786 年提出"拉普拉斯定理"（中心极限定理的一部分），初步建立了大样本推断的理论基础。在实践上，拉普拉斯于 1786 年写了一篇关于巴黎人口的出生、婚姻、死亡的文章，文中提出根据法国特定地方的出生率来推算全国人口的问题。他抽选了 30 个市县，进行深入调查,据此推算出全国总人口数。尽管其方法和结果还相当粗糙,但在统计发展史上,他利用样本来推断总体的思想方法,为后人开创了一种抽样调查的新思路。

另一位对概率论与统计学的结合研究做出贡献的是德国大数学家高斯(C. F. Gauss, 1777—1855)。

1.2.1.2 高斯的主要贡献

一是建立最小二乘法。在学生时代,高斯就开始了最小二乘法的研究。1794 年,他读了数学家兰伯特(J. H. Lambert,1728—1777)的作品,讨论如何运用平均数法,从观察值(Y_i,x_i)中确定线性关系$Y=\alpha+\beta x$中的 2 个系数。1795 年,设想了在残差平方和$\sum (Y_i-a-bx_i)^2$为最小的情况下,用求得的a与b来估计α与β。高斯于 1798 年完成最小二乘法的整个思考结构,1809 年正式发表于《天体运动论》。

二是发现高斯分布。调查、观察或测量中的误差,不仅是不可避免的,一般也是无法把握的。高斯以他丰富的天文观察和在 1821—1825 年间土地测量的经验,发现观察值x与真正值μ的误差变异,大量服从正态分布。他运用极大似然法及其他数学知识,推导出测量误差的概率分布公式。"误差分布曲线"这个术语就是高斯提出来的,后人为了纪念他,称这种分布曲线为高斯分布曲线,也就是今天的正态分布曲线。高斯所发现的一般误差概率分布曲线以及据此来测定天文观察误差的方法,不仅在理论上,而且在应用上都有极为重要的意义。

正态分布又称高斯分布。德国的 10 马克纸币,以高斯为人像,人像左侧印有正态分布的密度表达式及其图形。高斯在数学上有诸多贡献,但在 10 马克的纸币上,挑出来与他相随的,是正态分布。可见正态分布不只在统计上,在数学上亦很重要。不过高斯并不是第一位提出此分布的人。英国数学家棣莫弗(Abraham de Moivre,1667—1754)早于他提出此分布。甚至一般认为是伯努利(D. Bernoulli,1700—1782)更早发现的。有人称这种现象为误称定律(law of misnomer)。要知道数学上的命名,往往并非以其实际发现者。

正态分布之所以重要,原因很多,我们给出三个主要的原因:首先是正态分布在分析上较易处理。其次是正态分布的密度函数的图形为钟形曲线(bell-shaped curve),再加上对称性,使得该分布很适合当作不少总体的概率模式。当然下面我们会看到钟形且具对称的分布也有不少,但通常不像正态分布在分析上如此容易驾驭。第三个原因是中心极限定理(central limit theorem),使得在不太强的条件下,正态分布可当作不少大样本的近似分布。

1.2.2 近代描述统计学

近代描述统计学大致形成于十九世纪中叶至二十世纪上半叶。由于这种"描述"特色是由一批原本研究生物进化的学者们提炼而成,因此历史上称他们为生物统计学派。生物统计学派的创始人是英国的高尔顿(F. Galton,1822—1911),主将是高尔顿的学生卡尔·皮尔逊(K. Pearson,1857—1936)。

1.2.2.1 高尔顿的主要贡献

一是初创生物统计学。为了研究人类智能的遗传问题,高尔顿仔细地阅读了三百多人的传记,以初步确定这些人中间多少人有亲属关系以及关系的大致密切程度,然后再从一组组知名人士中分别考察,以便从总体上了解智力遗传的规律性。为了获得更多人的特性和能力的统计资料,高尔顿自 1882 年起开设"人体测量实验室",连续六年共测量了 9 337 人的"身高、体重、阔度、呼吸力、拉力和压力、手击的速率、听力、视力、色觉及个人的其他资料",他深入钻研那些资料中隐藏着的内在联系,最终得出"祖先遗传法则"。他努力探索那些能把大量数据加以描述与比较的方法和途径,引入了中位数、百分位数、四分位数、四分位差以及分布、相关、回归等重要的统计学概念与方法。1901 年,高尔顿及其学生卡尔·皮尔逊在为《生物计量学》(*Biometrika*)杂志所写的创刊词中,首次为他们所运用的统计方法论明确提出了"生物统计"(biometry)一词。高尔顿解释道:"所谓生物统计学,是应用于生物学科中的现代统计方法。"从高尔顿及后续者的研究实践来看,他们把生物统计学看作一种应用统计学,其研究范围既用统计方法来研究生物科学中的问题,更重要的是发展在生物科学应用中的统计方法本身。

二是对统计学的贡献。第一,关于变异,变异是进化论中的重要概念,高尔顿首次以统计方法加以处理,最终导致了英国生物统计学派的创立。1889 年,高尔顿把总体的定量测定法引入遗传研究中。高尔顿通过总体测量发现,动物或植物的每一个种别都可以决定一个平均类型。在一个种别中,所有个体都围绕着这个平均类型,并把它当作轴心向多方面变异。这就是他在《遗传的天赋》一书中提出的"平均数离差法则"。第二,关于"相关"统计,相关法是高尔顿创造的。关于相关研究的起因,最早是他因度量甜豌豆的大小,觉察到子代在遗传后有"返于中亲"的现象。1877 年他搜集大量人体身高数据后,计算分析高个子父母、矮个子父母以及一高一矮父母的后代各有多少高个子和矮个子子女,从而把"父母高的其后代高个子比较多、父母矮的其后代高个子比较少"这一定性认识具体化为父母与子女之间在身高方面的定量关系。1888 年,高尔顿在《相关及其主要来自人体的度量》一文中,充分论述了"相关"的统计意义,并提出了高尔顿相关函数(即现在常用的相关系数)的计算公式。第三,关于"回归",1870 年,高尔顿在研究人类身高的遗传时发现:高个子父母的子女,其身高有低于他们父母身高的趋势;相反,矮个子父母的子女,其身高却往往有高于他们父母身高的趋势。从人口全局来看,高个子的人"回归"于一般人身高的期望值,而矮个子的人则做相反的"回归"。这是统计学上"回归"的最初含义。1886 年,高尔顿在论文《在遗传的身高中向中等身高的回归》中,正式提出了"回归"的概念。

1.2.2.2　卡尔·皮尔逊的主要贡献

卡尔·皮尔逊对生物统计学倾注心血,并把它上升到通用方法论的高度。卡尔·皮尔逊的一生是研究统计的一生,他对统计学的主要贡献如下。

一是变异数据的处理。生物统计中所取得的数据常常是零乱的,很难发现其中的规律。为此,卡尔·皮尔逊首先探求处理数据的方法,他所首创的频数分布表与频数分布图如今已成为统计方法中最基本的手段之一。

二是分布曲线的选配。十九世纪以前,人们普遍认为以频数分布描述变异值,最终都表现为正态分布曲线。但是,卡尔·皮尔逊从生物统计资料的经验分布中,注意到许多生物上的度量不具有正态分布,而常常呈偏态分布,甚至倾斜度很大,也不一定都是单峰,也有非单峰的。说明"唯正态"信念并不可靠。1894 年,他在《关于不对称频率曲线的分解》一文中首先把非对称的观察曲线分解为几个正态曲线。他利用所谓"相对斜率"的方法得到 12 种分布函数型,其中包括正态分布、矩形分布、J 形分布、U 形分布或铃形分布等。后来经费歇尔

（R. A. Fisher,1890—1962）的进一步研究,卡尔·皮尔逊分布曲线中第Ⅰ、Ⅱ、Ⅲ、Ⅳ及Ⅶ型出现在小样本理论内。尽管,卡尔·皮尔逊的曲线体系的推导方法是缺乏理论基础的,但也给人们不少启迪。

三是卡方检验的提出。1900 年,卡尔·皮尔逊又独立地重新发现了 χ^2 分布,并提出了有名的"卡方检验法"(test of χ^2)。卡尔·皮尔逊获得了统计量:$\chi_q^2 = \sum$ （实际次数−理论次数）^{2}/理论次数,并证明了当观察次数充分大时,χ_q^2 总是近似地服从自由度为$(k-1)$的 χ^2 分布,其中 k 表示所划分的组数。在自然现象的范围内,χ^2 检验法运用得很广泛,后经费歇尔补充,成为了小样本推断统计的早期方法之一。

四是回归与相关的发展。卡尔·皮尔逊的努力回归与相关得到进一步发展后,这两个出自于生物统计学领域的概念,便被推广为一般统计方法论的重要概念。1896 年,他在《进化论的数理研究:回归、遗传和随机交配》一文中得出至今仍被广泛使用的线性相关计算公式:$\sum (x - \bar{x})(y - \bar{y}) / \sqrt{\sum (x - \bar{x})^2 \sum (y - \bar{y})^2}$。卡尔·皮尔逊还得出回归方程式:$\hat{y} = a + bx$（其中 a 与 b 根据最小二乘法计算获得）,以及回归系数的计算公式:当 y 随 x 而变时,$\sum (x - \bar{x})(y - \bar{y}) / \sum (x - \bar{x})^2$；当 x 随 y 而变时,$\sum (x - \bar{x})(y - \bar{y}) / \sum (y - \bar{y})^2$。此外,在 1897—1905 年,卡尔·皮尔逊还提出了复相关、总相关、相关比等概念,不仅发展了高尔顿的相关理论,还为之建立了数学基础。

1.2.3 现代推断统计学

现代推断统计学形成时间大致在二十世纪初叶至二十世纪中叶。人类历史进入二十世纪后,无论是社会领域,还是自然领域都向统计学提出了更多的要求。各种事物与现象之间繁杂的数量关系以及一系列未知的数量变化,单靠记录或描述的统计方法已难以奏效。因此,相继产生"推断"的方法来掌握事物总体的真正联系以及预测未来的发展。从描述统计学到推断统计学,这是统计发展过程中的一个大飞跃。统计学发展中的这场深刻变革是在农业田间试验领域中完成的。因此,历史上称之为农业试验学派。对现代推断统计的建立贡献最大的是英国统计学家戈塞特(W. S. Gosset,1876—1937)和费歇尔。

1.2.3.1 戈塞特的 t 检验与小样本思想

t 分布是统计中的一个重要分布,它与 $N(0,1)$ 的微小差别是戈塞特提出的。戈塞特是英国一家酿酒厂的化学技师,在长期从事实验和数据分析工作中,发现了 t 分布,但在当时,戈塞特的公司害怕商业机密外泄,所以禁止员工对外发表文章。所以,戈塞特在 1908 年以笔名"Student"发表此项结果,故后人又称它为"学生氏分布"。在当时正态分布一统天下的情况下,戈塞特的 t 分布没有被外界理解和接受,只能在他的酿酒厂中使用,直到 1923 年英国统计学家费歇尔给出分布的严格推导并于 1925 年编制了 t 分布表后,t 分布才得到学术界的承认,并获得迅速的传播、发展和应用。

1908 年,戈塞特首次以"学生"(Student)为笔名,在《生物计量学》杂志上发表了"平均数的概率误差"。由于这篇文章提供了"学生 t 检验"的基础,为此,许多统计学家把 1908 年看作是统计推断理论发展史上的里程碑。1909 年,戈塞特又连续发表了题为《相关系数的概率误差》和《非随机抽样的样本平均数分布》的文章,1917 年发表了《从无限总体随机抽样平均数的概率估算表》等。他在这些论文中,第一,比较了平均误差与标准误差的两种计算方法;第二,研究了泊松分布应用中的样本误差问题;第三,建立了相关系数的抽样分布;第四,导入了"学生分布",即 t 分布。这些论文的完成,为"小样本理论"奠定了基础;同时,也为以后的样本资料的统计分析与解释开创了一条崭新的思路。由于戈塞特开创的理论使统计学开始由大样本向小样本、由描述向推断发展,因此,有人把戈塞特推崇为推断统计学(尤其是小样本理论研究)的先驱者。

1.2.3.2　费歇尔的统计理论与方法

费歇尔一生先后共写作论文 395 篇。在世界各国流传最广泛的统计学著作是:1925 年出版的《研究人员的统计方法》(*Statistical Methods for Research Workers*)、1930 年出版的《自然选择的遗传学原理》(*The Genetical Theory of Natural Selection*)、1935 年出版的《试验设计》(*The design of experiments*)、1938 年与耶特斯(*Yates*)合著出版的《供生物学、农学与医学研究用的统计表》(*Statistical tables for biological, agricultural and medical research*)、1938 年出版的《统计估计理论》、1950 年出版的《对数理统计的贡献》(*Contributions to mathematical statistics*)、1956 年出版的《统计方法和科学推理》(*Statistical methods and scientific inference*)等。当时,他在统计学方面的研究居世界领先地位,他的贡献是多方面的:

一是通用方法论。费歇尔非常强调统计学是一门通用方法论,他认为无论是对各种自然现象还是社会生活现象的研究,统计方法及其计算公式"正如同其他数学科目一样,这里同一公式适用于一切问题的研究"。他指出"统计学是应用数学的最重要部分,并可以视为对观察得来的材料进行加工的数学"。

二是假设无限总体。费歇尔认为,在研究各种事物现象,包括社会经济现象时,必须把具体物质内容的信息舍弃掉,让统计处理的只是"统计总体"。比如说,"如果我们已有关于10 000 名新兵身高的资料,那么,统计研究的对象不是新兵的整体,而是各种身高尺寸的总体"。显然,费歇尔只是对构成统计总体各因素的某些标志感兴趣而不是各因素的本身。其目的就是为了使问题简化,便于统计上的处理。他在 1922 年所写的《关于理论统计学的数学基础》一文中,提出了"假设无限总体"的概念,即现有的资料就是它的随机样本。

三是抽样分布。费歇尔跨进统计学界就是从研究概率分布开始的。1915 年,他在《生物计量学》杂志上发表了题为《无限总体样本相关系数值的频率分布》的文章。由于这篇论文对相关系数的一般公式做了论证,对后来的整个推断统计的发展有一定贡献。因此,有人把这篇论文称为现代推断统计学的第一篇论文。1922 年,费歇尔导出相关系数 r 的 Z 分布,后来还编制了《Z 曲线末端面积为 0.05、0.01 和 0.001 的 Z 数值分布表》。1924 年,费歇尔对 t 分布、χ^2 分布和 Z 分布加以综合研究,使戈塞特的 t 检验也能适用于大样本,使卡尔·皮尔逊的 χ^2 检验也能适用于小样本。1938 年,费歇尔与耶特斯合编了《F 分布显著性水平表》,为该分布的研究与应用提供了方便。

四是方差分析。"方差"和"方差分析"两词是由费歇尔于 1918 年在《孟德尔遗传试验设计间的相对关系》一文中所首创的。方差分析也称变异数分析,其系统研究开始于 1923 年费歇尔与麦凯基(W. A. Mackenzie)合写的《对收获量变化的研究》一文中。而于 1925 年,费歇尔在《研究人员的统计方法》中对方差分析以及协方差分析进一步做了完整的叙述。方差分析法是一种在若干能相互比较的资料组中,把产生变异的原因加以区分开来的方法与技术。方差分析简单实用,大大提高了试验分析效率,对大样本、小样本都可使用。

五是试验设计。自 1923 年起,费歇尔陆续发表了关于在农业试验中控制试验误差的论文。1925 年他提出随机区组法和拉丁方法,到 1926 年,费歇尔发表了试验设计方法的梗概。这些方法在 1935 年进一步得到完善,并首先在卢桑姆斯坦德农业试验站中得到检验与应用,后来又被他的学生推广到其他许多科学领域。

六是随机化原则。费歇尔在创建试验设计理论的过程中,提出了十分重要的"随机化"原则。他认为这是保证取得无偏估计的有效措施,也是进行可靠的显著性检验的必要基础。所以,他把随机化原则放在极重要的地位,"要扫除可能扰乱资料的无数原因,除了随机化方法外,别无他法"。1938 年,他和耶特斯合作编制了有名的《Fisher Yates 随机数字表》。利用随机数字表保证总体中每一元素有同等被抽取的机会。这样,费歇尔就把随机化原则以最明确、最具体化的形式引入统计工作与统计研究中。

费歇尔在统计发展史上的地位是显赫的。这位多产统计学家的研究成果特别适用于农业与生物学领域,但它的影响已经渗透到一切应用统计学,由此所提炼出来的推断统计学已越来越被广大领域所接受。因此,美国统计学家约翰逊(P. O. Johnson)于 1959 年出版的《现代统计方法:描述和推断》一书中指出,从 1920 年起一直到今天的这段时期,称之为统计学的费歇尔时代是恰当的。

1.2.4 统计学在中国的传播

1913 年,顾澄教授(1882—?)翻译了统计名著《统计学之理论》(英国统计学家尤尔在 1911 年出版的关于描述统计学的著作),是英美数理统计学传入中国的开始。之后有 1922 年翻译的英国爱尔窦登的《统计学原理》、1929 年翻译的美国金氏的《统计方法》、1938 年翻译的鲍莱的《统计学原理》、1941 年翻译的密尔斯的《统计方法》。密尔斯的著作对中国统计学界影响较大,曾被推崇为统计学范本。

费歇尔的理论和方法也很快传入中国,在二十世纪三十年代,"生物统计与田间试验"就作为农学系的必修课程,最早有 1935 年王绥编著出版的《实用生物统计法》,随后有范福仁于 1942 年出版的《田间试验之设计与分析》。新中国成立后,中国科学院生物物理研究所的杨纪柯在介绍、推广数理统计学上做了大量工作。1963 年他与汪安琦一起翻译出版了斯奈迪格著的《应用于农学和生物学试验的数理统计方法》,同年,他编写出版了《数理统计方法在医学科学中的应用》。接着,郭祖超的《医用数理统计方法》(1963)、范福仁的《田间试验技术》(1964)和《生物统计学》(1966)、赵仁熔的《大田作物田间试验统计方法》(1964)相继问世。到了 20 世纪 70 年代,中国科学院数理研究所数理统计组先后出版了《常用数理统计方法》(1973)、《回归分析方法》(1974)、《方差分析》(1977)、《正交试验法》(1975)、《常用数理统计用表》(1974)。薛仲三的《医学统计方法和原理》(1978)、上海师范大学数学系概率统计研究组的《回归分析及其试验设计》(1978)等,这些都有力地推动了数理统计方法在中国的普及和应用。

1978 年 12 月,国家统计局在四川峨眉召开了统计教学、科研规划座谈会。会上明确提出"统计工作部门应该更好地运用数理统计方法"。此后有关统计学的教材与论著如雨后春笋般涌现,如南京农业大学主编的农业院校统编教材《田间试验和统计方法》(1979 年第一版、1988 年第二版)、贵州农学院主编的农业院校统编教材《生物统计附试验设计》(1980 年第一版、1989 年第二版),林德光编著的《生物统计的数学原理》(1982)、张尧庭和方开泰编著的《多元统计分析引论》(1982)、莫惠栋编著的《农业试验统计》(1988 年第一版、1994 年第二版)、明道绪主编的《兽医统计方法》(1991)、吴仲贤主编的《生物统计》(1994)、俞渭江和郭卓元编著的《畜牧试验统计》(1995)等,译著有:杨纪珂、孙长鸣翻译的斯蒂尔、托里著的《数理统计的原理和方法 适用于生物科学》(1979),关彦华、王平翻译的吉田实著的《畜牧试验设计》(1984)等。随着计算机的迅速普及,统计电算程序 SAS,SPSS 等的引进,统计学在中国的应用与研究出现了崭新的局面。

1.3 常用统计学术语

1.3.1 总体与样本

总体(population)是根据研究目的确定的具有相同性质的个体所构成的全体。总体是指一个统计问题研究对象的全体,它是具有某种(或某些)共同特征的元素的集合。总体是一个集合群体,其中每一个个体都具有已知的在样本内出现的概率。要注意总体的定义是根据所要研究的问题而定的,例如,在研究施肥对小麦产量的影响时,施加某种肥料的小麦全体构成一个总体,其中每株小麦是个体;研究某班高等数学课程的成绩时,该班每个同学的成绩都是个体,全体同学的成绩构成一个总体。有时总体仅在理论上存在,在现实中并不存在,例如,如果我们要研究的是某种药物对某种疾病的治疗效果(有效还是无效),我们将利用一些发病个体进行药效试验,这部分个体可看成是来自一个假想总体的样本,这个假想总体由该药物对所有发病个体的治疗效果构成,它并不现实存在,因为并没有对所有发病个体用药,但是,从理论上,我们可以对所有发病个体用药。

统计分析的目的就是要对总体的特征、不同总体间的差异等做出推断。由于总体往往很大,而且常常是无限的、动态的和假想的,所以不可能收集到总体中每个个体的数据资料,通常的做法是从总体中按一定的方法抽取部分具有代表性的个体,这部分个体称为样本(sample)。因此,样本是从总体中随机抽取的部分观察单位。

要使一个样本含有关于总体的可靠资料,样本中每个个体必须在随机的情况下抽取得来的。随机抽取意味着在总体内每一个个体具有已知的在样本中出现的概率。这不是抽样者所能随便判断的。抽样(sampling)指从总体抽取部分个体的过程,样本含量(sample size)是指样本所包含观察单位的数目,一般用 n 表示。

1.3.2 参数与统计量

统计学中把总体的指标统称为参数(parameter)。而由样本算得的相应的指标称为统计量。如研究某地成年男子的平均脉搏数(次/分),并从该地抽取 1 000 名成年男子进行测量,所得的样本平均数即称为统计量。

统计量是描述样本特征的量。如样本平均数、样本方差、样本相关系数等。统计量可以由样本观测值计算得到,因而是样本观测值的函数。一般来说,每一个总体参数都有一个对应的样本统计量,因而由样本推断总体也可以理解为由统计量推断参数。

1.3.3 随机现象和确定性现象

在一定条件下,在个别试验或观察中呈现不确定性,但在大量重复试验或观察中其结果又具有一定规律性的现象,称为随机现象。随机现象是事前不可预言的现象,即在相同条件下重复进行试验,每次结果未必相同,或知道事物过去的状况,但未来的发展却不能完全肯定。例如,以同样的方式抛置硬币,可能出现正面向上,也可能出现反面向上。

与随机现象不同,还有一类现象称为确定性现象,即在一定条件下必然发生。确定性现象是一种事前可预言的现象,即在准确地重复某些条件下,它的结果总是肯定的。例如,同性电荷必定互相排斥;在标准大气压下,水加热到 100 ℃一定沸腾;还比如质量守恒定律、牛顿定律反映的就是这类现象。

1.3.4 随机变量与抽样分布

随机变量(random variable)表示随机现象中一切可能的样本点。例如某一时间内公共汽车站等车的乘客人数,电话交换台在一定时间内收到的呼叫次数等,都是随机变量的实例。

随机样本的任何一种统计数都可以是一个变量,这种变量的分布称为统计数的抽样分布(sampling distribution)。例如平均数的抽样分布,如果从容量为 N 的有限总体抽样,若每次抽取容量为 n 的样本,那么一共可以得到 C_N^n 个样本。抽样所得到的每一个样本可以计算一个平均数,全部可能的样本都被抽取后可以得到许多平均数。如果将抽样所得到的所有可能的样本平均数集合起来便构成一个新的总体,平均数就成为这个新总体的变量。由平均数构成的新总体的分布,称为平均数的抽样分布。

1.3.5 均值与方差

平均数(均值)是表示一组数据集中趋势的量数,是指一组数据中所有数据之和除以这组数据的个数所得的商。它是反映数据集中趋势的一项指标。算术平均数是一个良好的集中量数,具有反应灵敏、确定严密、简明易解、计算简单、适合进一步演算和较小受抽样变化的影响等优点。算术平均数易受极端数据的影响,这是因为平均数反应灵敏,每个数据的或大或小的变化都会影响到最终结果。此外,还有几何平均数、调和平均数、中位数以及众数等,分别适用于不同场合,计算方法各不相同。

方差是衡量随机变量或一组数据变异程度的指标。总体方差与样本方差在计算上的区别是:总体方差是用数据个数或总频数去除离差平方和,而样本方差则是用样本数据个数或总频数减 1 去除离差平方和,其中样本数据个数 n 减 1,即 $n-1$ 称为自由度。

1.3.6 因素与水平

在试验中,通常需要分析引起观测变量变化的影响要素或原因,即因素(factor)。例如,生物学研究中,动物、植物和微生物的生长和发育受多种因素的影响,如光、温、湿、气、土、病、虫等。进行科学试验时,必须在固定大多数因素的条件下才能研究一个或几个因素的作用,从变动这一个或几个因子的不同处理中比较鉴别出最佳的一个或几个处理。这里被固定的因子在全试验中保持一致,组成了相对一致的试验条件;被变动并设有待比较的一组处理的因子称为试验因素,简称因素或因子。

试验因素的量的不同级别或质的不同状态称为水平(level)。试验因素水平可以是定性的,如供试的不同品种,具有质的区别,称为质量水平;也可以是定量的,如喷施生长素的不同浓度,具有量的差异,称为数量水平。数量水平不同级别间的差异可以等间距,也可以不等间距。所以试验方案是由试验因素与其相应的水平组成的,其中包括有比较的标准水平。

1.3.7 处理与重复

事先设计好的实施在试验单位上的具体项目叫试验处理,简称处理。在单因素试验中,实施在试验单位上的具体项目就是试验因素的某一水平。例如,进行饲料的比较试验时,实施在试验单位(某种畜禽)上的具体项目就是喂饲某一种饲料。所以进行单因素试验时,试验因素的一个水平就是一个处理。

在多因素试验中,实施在试验单位上的具体项目是各因素的某一水平组合。例如,进行3种饲料和3个品种对大鼠日增重影响的两因素试验,整个试验共有3×3=9个水平组合,实施在试验单位(试验大鼠)上的具体项目就是某品种与某种饲料的结合。所以,在多因素试验时,试验因素的一个水平组合就是一个处理。

在试验中,将一个处理实施在两个或两个以上的试验单位上,称为处理有重复;一个处理实施的试验单位数称为处理的重复数。例如,用某种饲料喂4头猪,就说这个处理(饲料)有4次重复。

1.3.8 随机化与区组化

随机化(randomization)是指在对试验动物进行分组时必须使用随机的方法,使供试动物进入各试验组的机会相等,以避免试验动物分组时试验人员主观倾向的影响。这是在试验中排除非试验因素干扰的重要手段,目的是获得无偏的误差估计量。

根据局部控制的原理,将全部试验单元划分为若干区组(block)的方法称之为区组化。

1.3.9 显著性水平与显著性差异

显著性水平(significant level)估计总体参数落在某一区间内,可能犯错误的概率,用 α 表示。显著性是对差异的程度而言的,程度不同说明引起变动的原因也不同:一类是条件差异,一类是随机差异。它是在进行假设检验时事先确定一个可允许的作为判断界限的小概率标准。

显著性差异(significant difference),是对数据差异性的评价。通常情况下,$\alpha < 0.05$ 或 $\alpha < 0.01$,才可以说数据之间具备了差异显著或极显著。

1.3.10 误差与错误

由样本推断总体,不可避免地会产生一部分误差(error),这部分误差是由各种无法控制的随机因素所引起的,我们把它叫试验误差或随机误差。误差是指一种被测定值与真值的不相符合性。真值往往是不能确切知道的,但它又确实存在,观察值和真值的差异叫作误差。

误差分为系统误差和随机误差。

(1)系统误差有方法误差、仪器和试剂误差、操作误差。纠正的办法是在试验时,样本尽量是同质的,如高近交系的小动物,或采用统计设计的区组;设有空白及对照试验,在统计分析时就可以排除干扰;搞好室内质量控制,严格实验条件,认真执行操作规程。

(2)随机误差(偶然误差)的特点是误差大小和正负都是偶然的,误差时大时小,时正时负,不固定;随机误差不可预测,也不宜控制;正负误差出现的机会均等。随机误差一般不好纠正。

(3)错误叫过失误差,是由于工作人员责任心不强,思想不集中,粗心大意所引起的,如抄错数字,算错了结果,这都叫错误。只要我们认真,错误是可以避免的。

(4)试验误差:包括误差和偏差。①误差是指观察值和真值的差。②偏差是指观察值和观察值之差,通常不知道真值是多少,所以常常混用,统称误差。统计学中,误差并不是错误,而是事物固有的不确定性因素引起的。

1.4　本章小结

本章主要介绍了生物统计学的基本概念,统计学发展概况以及常用的统计学术语。首先介绍了统计学与生物统计学的概念;其次依据统计学发展历程分别介绍了古典记录统计学、近代描述统计学和现代推断统计学三个主要的统计学发展阶段,并介绍了统计学在中国的传播过程;最后比较分析了十组统计学常见术语。

1.5　拓展阅读

1.5.1　现代统计学奠基人费歇尔

费歇尔(1890—1962),英国统计与遗传学家,现代统计科学的奠基人之一,对达尔文进化论做了基础澄清的工作。安德斯·哈尔德描述其为"几乎一手创造现代统计科学基础的天才",理查德·道金斯称他为"达尔文最伟大的继承者"。

费歇尔对数理统计学的贡献,内容涉及估计理论、假设检验、实验设计和方差分析等重要领域。如:①用亲属间的相关说明了连续变异的性状可以用孟德尔定律来解释,从而解决了遗传学中孟德尔学派和生物统计学派的论争。②论证了方差分析的原理和方法,并应用于试验设计,阐明了最大似然性方法以及随机化、重复性和统计控制的理论,指出自由度作为检查卡尔·皮尔逊制定的统计表格的显著性。此外,还阐明了各种相关系数的抽样分布,亦进行过显著性测验研究。③他提出的一些数学原理和方法对人类遗传学、进化论和数量遗传学的基本概念以及农业、医学方面的试验均有很大影响。例如遗传力的概念就是在他提出的可将性状分解为加性效应、非加性(显性)效应和环境效应的理论基础上建立起来的。

1.5.2　差异显著性和显著性差异

P 值指的是比较的两者的差别是由机遇所致的可能性大小。P 值越小,越有理由认为对比事物间存在差异。例如,$P<0.05$,就是说结果显示的差别是由机遇所致的可能性不足 5%,或者说,别人在同样的条件下重复同样的研究,得出相反结论的可能性不足 5%。$P>0.05$ 称"不显著";$P\leq0.05$ 称"显著",$P\leq0.01$ 称"非常显著"。

由于常用"显著"来表示 P 值大小,所以 P 值最常见的误用是把统计学上的显著与实际显著差异相混淆,即混淆"差异具有显著性"和"具有显著差异"二者的意思。其实,前者指的是 $P\leq0.05$,即说明有充分的理由认为比较的二者来自同一总体的可能性不足 5%,因而认为二者确实有差异,下这个结论出错的可能性小于等于 5%。而后者的意思是二者的差别确实很大。举例来说,10 和 100 的差别很大,因而可以说是"有显著差异",而 10 和 9 差别不大,但如果计算得到的 $P\leq0.05$,则认为二者"差别有显著性",但是不能说"有显著差异"。

2019 年,*Nature* 杂志发表了一篇评论文章 *Scientists rise up against statistical significance*,该文章认为统计显著性滥用已经给科学界造成了严重的伤害,并呼吁研究者放弃使用统计显著性作为研究结果评估指标。

1.6　习题

1. 什么是统计学? 什么是生物统计学? 生物统计学的主要内容和作用是什么?
2. 简述拉普拉斯在统计学上的主要贡献。
3. 简述戈塞特的 t 检验与小样本思想。
4. 简述费歇尔的统计理论与方法。
5. 解释以下概念:总体、个体、样本、样本容量、变量、参数、统计量、随机误差、系统误差。
6. 误差与错误有何区别?

第 2 章

描述统计

描述统计(descriptive statistics)是描绘(describe)或总结(summarize)数据资料基本情况的统计总称。描述统计通过图表或数学方法,对数据资料进行整理、分析,并对数据的分布状态、数字特征和随机变量之间的关系进行估计和描述。

描述统计分为集中趋势分析、离中趋势分析和相关分析三大部分。

描述统计与推断统计相对,描述统计指的是对数据的描述,主要有平均数、方差、中位数、众数等,也可以通过对数据分组进行频数分析,用图表来显示数据,这些都属于描述统计的内容。

描述统计学研究如何取得反映客观现象的数据,并通过图表形式对所收集的数据进行加工处理和显示,进而通过综合概括与分析得出反映客观现象的规律性数量特征。

2.1 数据的搜集与整理

在生物学试验及调查中能够获得大量的原始数据,这是在一定条件下对某种具体事物或者现象观察的结果,我们称之为资料。在未整理之前,这些数据资料一般呈现为一堆无序的数字,其中的信息是分散的、零星的,甚至是孤立的。统计分析就是要依靠这些数据资料,通过整理分析进行归类,使其条理化,然后列成统计表,绘出统计图,计算出平均数、变异系数等特征数。

2.1.1 数据的分类

对数据进行分类是描述统计的基础,通过分类将大量的数据进行系统化和规范化。对数据进行分类整理时,必须坚持"同质"的原则,即只有性质相同的试验数据,才能根据科学原理来分类,使得数据能够正确反映事物的本质和规律。

因采用的方法和所研究性状特征不同,生物学试验及调查所得的数据资料的性质也相差甚远。生物的性状特征可分为数量性状(quantitative character)和质量性状(qualitative character)两大类,相对应地,描述这些性状特征的数据资料可分为定量数据(quantitative data)和定性数据(qualitative data)。

2.1.1.1　定量数据

定量数据一般由计数和测量或度量得到,其观察结果或试验结果可以用数值大小表示,一般带有度量衡单位,也称数值数据或计量数据。这类数据每个观察值或试验值之间有量的大小之分,既可以进行频数计数和排序,又可以进行加减乘除的数学运算,例如一间教室里的学生数、新生儿的体重等。根据数据的分布情况,定量数据可分为计数数据(enumeration data)和计量数据(measurement data)两类。

(1)计数数据。由计数法得到的数据称为计数数据,例如,池塘里鱼的尾数、广场上信鸽的羽数、教室里学生的人数、人的红细胞计数等。计数数据的变量值是非负整数,不可能带有小数,例如,草原上鼠类的密度调查结果只能是 $0,1,2,\cdots,n$,绝对不会是 $2.5,3.7$ 等这样的小数,因此,计数数据是离散型数据(discrete data)。

(2)计量数据。由测量或度量所得的数据称为计量数据,常用长度、重量、体积等单位表示,如人的身高、体重、小麦的千粒重、奶牛的产奶量等。计量数据不一定是整数,例如 10 周龄时雄性 SD 大鼠的体重为 300 g~400 g,体重可以是这个范围内的任意值,小数的位数也会随测量设备的精度而增加,至于要保留多少位小数,则依试验的要求而定。因计量数据可以是某范围内的任意数值,故其为连续型数据(continuous data)。

2.1.1.2　定性数据

定性数据是观察或试验结果,不可以用数值大小表示,而只能用文字描述的数据,一般不带有度量衡单位,也称为品质数据。这类数据的每个观察结果或试验结果之间没有量的大小区别,表现为互不相容的类别或者属性,例如新生儿的性别,硬币的正反面,人的 A、B、AB、O 血型,疾病治疗的效果有痊愈、好转和无效等。根据观察结果是否有等级或顺序,定性数据可分为定类数据和定序数据两类。

(1)定类数据。定类数据也称名义数据,是对事物按照其属性进行分类或分组的计量结果,其数据表现为文字型的无序类别,可以进行每一类别出现频数的计算,没有等级之分,也不能进行加减乘除的数学运算。

例如,一个学校的学生按性别分为男、女两类,某种药的疗效分为痊愈、好转和无效等三类。这种分类把所考察的对象分为不同的类型,但各类型之间是平行关系,不能区分优劣或大小。

(2)定序数据。定性数据也称有序数据或等级数据,也是按事物属性进行分类或分组,但类别或组别之间可以排序。也就是说,定序测度不仅可以划分类型,而且还可以确定这些类别的优劣或者顺序,即数据表现为有序类别,可以进行类别的频数计算和排序,同样不能进行加减乘除的数学运算。

例如,可以把企业信誉分为好、较好、一般和较差四个类别;把某种药物的疗效分为无效、有效等。显然这些类别具有等级差异,但等级之间的差异大小不能具体。

2.1.1.3　两类数据的转换

生物性状的数量性状和质量性状都可以采用定量数据和定性数据加以描述,这些计量测度对不同数学特性的数据进行描述时,其适用范围也不同。定类数据只能描述数学特性具有分类属性的数据类型,定序数据不但可以描述具有分类属性的数据类型,还可以描述具有排序属性的数据类型。而定量数据,无论是计数数据还是计量数据,均可以描述具有分类、排序、间距和比值类型的数据类型(见表2-1)。

表2-1 三种数据的比较

数学特性	计量测度		
	定类数据	定序数据	定量数据
分类(=,≠)	√	√	√
排序(<,>)		√	√
间距(+,−)			√
比值(×,÷)			√

虽然不同数学特性的数据类型需要采用不同的计量测度来描述,但是,定量数据和定性数据之间是可以进行转换的,例如,将学生的百分制试卷成绩划分为优秀(90~100)、良好(80~89)、中等(70~79)、及格(60~69)和不及格(≤59)等五类;正常人血清胆固醇含量大于5.17 mmol/L的为异常,在5.17 mmol/L以下的为正常。这些方法均是按照某种标准,将定量数据转换成定性数据的方法。当然,定性数据也可以转换成定量数据,例如,在对某种商品的满意度进行调查时,用"5"表示"非常满意","4"表示"满意","3"表示"一般","2"表示"不满意"和用"1"表示"非常不满意"。又例如,用"1"表示"男性","0"表示"女性"。定性数据经过转换后,统计分析方法就可以按照转换后的进行。

2.1.2 变量

变量(variable)用于说明现象的某种属性或特征,如"商品销售额""受教育程度"和"产品的质量等级"等都是变量。变量是指从一次观察到下一次观察数值等会呈现出差别或变化,变量的具体取值称为变量值。比如,商品销售额可以是10万元、50万元、100万元……,这些数字就是变量值。

变量可以分为定性变量和定量变量,定性变量又分为定类变量和定序变量两种,前者如性别、民族等,后者用以描述产品的等级等。定量变量也可以分为离散变量和连续变量两种,前者例如班级人数,后者例如体重、温度等。

2.1.3 数据搜集

从统计学意义上讲,生物学所研究的一切问题,归根到底是用样本估计总体的问题。因此,样本资料的搜集是统计分析的第一步,也是全部统计工作的基础。资料的来源一般有两个,即调查和试验。无论是调查还是试验,统计学对原始资料都要求完整和准确。

2.1.3.1 调查

数据的调查(survey)是对已有的事实通过各种方式进行了解,然后用统计的方法对所得数据进行分析,从而找出其中的规律。调查有两种方法,一种是普查,另一种是抽样调查。

2.1.3.2　实验

实验是通过一定数量的有代表性的试验单位,在一定的条件下进行的带有探索性的研究工作。在生物学研究中,对于一些理论性的无限总体,一般需要通过设置各种类型的试验来获取样本资料。安排这些实验时,要设置试验处理,遵循随机、重复和布局控制3项基本原则。常见的试验设计方法主要有对比设计、随机区组设计、拉丁方设计、裂区设计、正交设计等。

2.1.4　数据整理

2.1.4.1　原始资料的检查与核对

通过调查或试验取得原始资料后,要对全部数据进行检查与核对,才能进行数据的整理。对原始数据进行检查与核对应该从数据本身是否有误、取样是否有差错和不合理数据订正3个方面进行。主要核对原始资料的测量和记载有无差错、检验原始资料有无遗失、重复的归并是否合理,以及是否有特大异常值的出现。对个别缺失数据可以进行缺失数据估计,对重复、错误和异常值应予以删除或订正,但不能随意改动,必要时要进行复查或重新试验。数据的检查与核对在统计处理工作中是非常重要的,只有经过检验和核对的数据资料才能保证数据资料的完整、真实和可靠,才能通过统计分析真实地反映调查或检验的客观情况。

2.1.4.2　次数(频数)分布表

经过检验与核对的数据资料,根据样本资料的多少确定是否分组。一般样本容量在30以下的小样本不必分组,可直接进行统计分析。样本容量在30以上的,就需将数据分成若干组,以便进行统计分析。数据经过分组归类后,可以制成有规则的次数(频数)分布表,作出次数(频数)分布图。次数(频数)分布表是指将一组大小不同的数据分成若干组,然后将数据按其数值大小列入各个相应的组别内所形成的表。资料的类型不同,其进行整理的方法也不同。

(1)计数资料的整理。计数资料基本采用单项式分组法进行整理,特点是用样本变量自然值进行分组,每组均用一个或几个变量来表示。分组时,可将数据资料中每一个变量值分别归入相应的组内,然后制成次数分布表。

(2)计量资料的整理。计量资料的整理不能按计数资料的归组方法进行,一般采用组距式分组方法。分组时先确定全距、组数、各组上下限,然后按观测值的大小进行归组。

①计算全距。全距(range)也称为极差,是样本数据资料中最大观测值与最小观测值的差值,它是整个样本的变异幅度。

②确定组数和组距。组数是根据样本观测值的多少及组距的大小来确定的,同时也考虑对资料要求的精度以及进一步计算是否方便。组距和组数有着密切的关系。组数多,组距就相应地变小,组数越多,所求得的统计数就越精确,但不便于计算;组数少,组距就相应地增大,虽然计算方便,但是所计算的统计精度较差。为了使两方面都能协调,组数不易太多或太少。在确定组数和组距时,应考虑样本容量的大小、全距的大小、便于计算、能反映资

料的真实面貌等因素。

$$组距 = 全距/组数$$

③确定组限和组中值。组限是指每个变量值的起止界限。每个组有两个界限：一个上界限(上限)，一个下界限(下限)。在确定最小一组的下限时，必须把资料中最小的数值包含在内，因此，下限要比最小值小一些。

组中值是每组两个组限(上限和下限)的中间值。在资料分组时，为了避免第一组中观测值过多，一般第一组的组中值最好等于或接近资料中的最小值。

$$组中值 = (上限+下限)/2 = 下限+0.5×组距 = 上限-0.5×组距$$

④分组编辑次数分布表。在确定好组数和各组上下限后，可按原始资料中各观察值的次序，把各个数值归于各组，即进行分组。

2.2 常用统计量

平均数(mean)、标准差(standard deviation)与变异系数(coefficient of variation)是常用的统计量，前者用于反映资料的集中性，即观测值以某一数值为中心而分布的性质；后两者用于反映资料的离散性，即观测值中离分散变异的性质。

2.2.1 平均数

平均数是统计学中最常用的统计量，用来表明资料中各观测值相对集中较多的中心位置。在生物学研究中，平均数被广泛用来描述或比较各种技术措施的效果、畜禽某些数量性状的指标等。平均数主要包括有算术平均数(arithmetic mean)、中位数(median)、众数(mode)、几何平均数(geometric mean)及调和平均数(harmonic mean)，现分别介绍如下。

2.2.1.1 算术平均数

算术平均数是指资料中各观测值的总和除以观测值个数所得的商，简称平均数或均值，记为 $\bar{x}$。算术平均数可根据样本大小及分组情况而采用直接法或加权法计算。

(1)直接法。主要用于样本含量 $n \leqslant 30$ 以下、未经分组资料的平均数的计算。

设某一资料包含 n 个观测值：$x_1, x_2, \cdots, x_n$，则样本平均数 $\bar{x}$ 可通过式(2-1)计算：

$$\bar{x} = \frac{x_1+x_2+\cdots+x_n}{n} = \frac{\sum\limits_{i=1}^{n} x_i}{n} \tag{2-1}$$

其中，$\sum$ 为求和符号；$\sum\limits_{i=1}^{n} x_i$ 表示从第一个观测值 x_1 累加到第 n 个观测值 x_n。当 $\sum\limits_{i=1}^{n} x_i$ 在意义上已明确时，可简写为 $\sum x$，(2-1)式即可改写为

$$\bar{x} = \sum \frac{x}{n}$$

【例 2.1】某公牛站测得 10 头成年公牛的体重(单位:kg)分别为 500、520、535、560、585、600、480、510、505、490,求其平均体重。

解:由于 $\sum x = 500+520+535+560+585+600+480+510+505+490 = 5\,285, n = 10$

代入(2-1)式,得

$$\bar{x} = \sum \frac{x}{n} = \frac{5\,285}{10} = 528.5(\text{kg})$$

即 10 头成年公牛的平均体重为 528.5 kg。

(2)加权法。对于样本含量 $n \geq 30$ 以上且已分组的资料,可以在次数分布表的基础上采用加权法计算平均数,计算公式为

$$\bar{x} = \frac{f_1 x_1 + f_2 x_2 + \cdots + f_k x_k}{f_1 + f_2 + \cdots + f_k} = \frac{\sum_{i=1}^{k} f_i x_i}{\sum_{i=1}^{k} f_i} = \frac{\sum fx}{\sum f} \tag{2-2}$$

式中,x_i 为第 i 组的组中值;f_i 为第 i 组的次数;k 为分组数。

第 i 组的次数 f_i 是权衡第 i 组组中值 x_i 在资料中所占比重大小的数量,因此 f_i 称为 x_i 的"权",加权法也由此而得名。

【例 2.2】根据 100 头长白母猪的仔猪一月龄窝重(单位:kg)资料整理成的次数分布表如表 2-2 所示,求其加权平均数。

表 2-2　100 头长白母猪仔猪一月龄窝重次数分布表

组别	组中值(x)	次数(f)	fx
10—	15	3	45
20—	25	6	150
30—	35	26	910
40—	45	30	1350
50—	55	24	1320
60—	65	8	520
70—	75	3	225
合计		100	4520

解:利用(2-2)式,得

$$\bar{x} = \frac{\sum fx}{\sum f} = \frac{4\,520}{100} = 45.2(\text{kg})$$

即这 100 头长白母猪仔猪一月龄平均窝重为 45.2 kg。

计算若干个来自同一总体的样本平均数的平均数时,若样本含量不等,也应采用加权法。

【例 2.3】某牛群有黑白花奶牛 1 500 头,其平均体重为 750 kg,而另一牛群有黑白花奶

牛 1 200 头,平均体重为 725 kg。如果将这两个牛群混合在一起,混合后牛群的平均体重为多少?

解:此例两个牛群所包含的牛的头数不等,要计算两个牛群混合后的平均体重,应以两个牛群的牛的头数为权,求两个牛群平均体重的加权平均数,即

$$\bar{x} = \frac{\sum fx}{\sum f} = \frac{750 \times 1\ 500 + 725 \times 1\ 200}{2\ 700} = 738.89 \ (\text{kg})$$

即两个牛群混合后的平均体重为 738.89 kg。

平均数有如下基本性质。

①样本各观测值与平均数之差的和为零,即离均差之和等于零:

$$\sum_{i=1}^{n} (x_i - \bar{x}) = 0$$

或简写成 $\sum (x - \bar{x}) = 0$

②样本各观测值与平均数之差的平方和为最小,即离均差平方和为最小。

$$\sum_{i=1}^{n} (x_i - \bar{x})^2 < \sum_{i=1}^{n} (x_i - a)^2 \quad (\text{常数} \ a \neq \bar{x})$$

或简写为 $\sum (x - \bar{x})^2 < \sum (x - a)^2$

以上两个性质可用代数方法予以证明,这里从略。

对于总体而言,通常用 μ 表示总体平均数,有限总体的平均数为

$$\mu = \sum_{i=1}^{n} \frac{x_i}{N} \tag{2-3}$$

式中,N 为总体所包含的个体数。

当一个统计量的数学期望等于所估计的总体参数时,则称此统计量为该总体参数的无偏估计量。统计学中常用样本平均数($\bar{x}$)作为总体平均数(μ)的估计量,并已证明样本平均数 $\bar{x}$ 是总体平均数 μ 的无偏估计量。

2.2.1.2 中位数

将资料内所有观测值从小到大(或从大到小)依次排列,当观测值的个数是奇数时,位于中间的那个观测值,称为中位数;当观测值的个数是偶数时,则以中间两个观测值的平均数作为中位数,记为 M_d。中位数简称中数。当所获得的数据资料呈偏态分布时,中位数的代表性优于算术平均数。中位数的计算方法因资料是否分组而有所不同。

(1)未分组资料中位数的计算方法。对于未分组资料,先将各观测值由小到大(或从大到小)依次排列。

①当观测值的个数 n 为奇数时,$(n+1)/2$ 位置的观测值,即 $x_{(n+1)/2}$ 为中位数:

$$M_d = x_{(n+1)/2} \tag{2-4}$$

②当观测值的个数 n 为偶数时,$\frac{n}{2}$ 和 $\frac{n}{2}+1$ 位置的两个观测值之和的 $\frac{1}{2}$ 为中位数,即:

$$M_{\mathrm{d}} = \frac{x_{\frac{n}{2}} + x_{\frac{n}{2}+1}}{2} \tag{2-5}$$

【例 2.4】观察得,9 只西农萨能奶山羊的妊娠天数分别为 144、145、147、149、150、151、153、156、157,求这组数据的中位数。

解:此例 $n=9$,为奇数,则:

$$M_{\mathrm{d}} = x_{(n+1)/2} = x_{(9+1)/2} = x_5 = 150(\text{天})$$

即西农萨能奶山羊妊娠天数的中位数为 150 天。

【例 2.5】某犬场发生犬瘟热,观察得 10 只仔犬从发现症状到死亡的天数分别为 7、8、8、9、11、12、12、13、14、14,求其中位数。

解:此例 $n=10$,为偶数,则:

$$M_{\mathrm{d}} = \frac{x_{\frac{n}{2}} + x_{\frac{n}{2}+1}}{2} = \frac{x_5 + x_6}{2} = \frac{11+12}{2} = 11.5(\text{天})$$

即 10 只仔犬从发现症状到死亡天数的中位数为 11.5 天。

(2)已分组资料中位数的计算方法。若资料已分组,编制成次数分布表,则可利用次数分布表来计算中位数,其计算公式为

$$M_{\mathrm{d}} = L + \frac{i}{f}\left(\frac{n}{2} - c\right) \tag{2-6}$$

式中,L 为中位数所在组的下限;i 为组距;f 为中位数所在组的次数;n 为总次数;c 为小于中位数所在组的累加次数。

【例 2.6】根据某奶牛场 68 头健康母牛从分娩到第一次发情的间隔时间整理成的次数分布表如表 2-3 所示,求中位数。

表 2-3　68 头健康母牛从分娩到第一次发情的间隔时间次数分布表

间隔时间/d	头数(f)	累加头数
12~26	1	1
27~41	2	3
42~56	13	16
57~71	20	36
72~86	16	52
87~101	12	64
102~116	2	66
≥117	2	68

解:由表 2-3 可知,$i=15$,$n=68$,因而中位数只能在累加头数为 36 所对应的"57~71"这一组,于是可确定 $L=57$,$f=20$,$c=16$,代入公式(2-6),得

$$M_{\mathrm{d}} = L + \frac{i}{f}\left(\frac{n}{2} - c\right) = 57 + \frac{15}{20} \times \left(\frac{68}{2} - 16\right) = 70.5(\text{天})$$

即 68 头健康奶牛从分娩到第一次发情的间隔时间的中位数为 70.5 天。

2.2.1.3 众数

资料中出现次数最多的那个观测值或次数最多一组的组中值,称为众数,记为 M_0。如例2.6所列出的次数分布表中,57~71这一组次数最多,其组中值为64天,则该资料的众数为64天。

2.2.1.4 几何平均数

n 个观测值相乘之积开 n 次方所得的方根,称为几何平均数,记为 G。它主要应用于畜牧业、水产业的生产动态分析,畜禽疾病及药物效价的统计分析。如畜禽、水产养殖的增长率,抗体的滴度,药物的效价,畜禽疾病的潜伏期等,用几何平均数比用算术平均数更能代表其平均水平。其计算公式如下:

$$G = \sqrt[n]{x_1 \cdot x_2 \cdot x_3 \cdot \cdots \cdot x_n} = (x_1 \cdot x_2 \cdot x_3 \cdot \cdots \cdot x_n)^{\frac{1}{n}} \tag{2-7}$$

为了计算方便,可将各观测值取对数后相加除以 n,得 $\lg G$,再求 $\lg G$ 的反对数,即得 G 值,即

$$G = \lg^{-1}\left[\frac{1}{n}(\lg x_1 + \lg x_2 + \cdots + \lg x_n)\right] \tag{2-8}$$

【例2.7】某波尔山羊群1997—2000年各年度的存栏数见表2-4,试求其年平均增长率。

表2-4 某波尔山羊群各年度存栏数与增长率

年度	存栏数/只	增长率(x)	$\lg x$
1997	140	—	—
1998	200	0.429	−0.368
1999	280	0.400	−0.398
2000	350	0.250	−0.602
			$\sum \lg x = -1.368$

解:利用公式(2-8)求年平均增长率:

$$G = \lg^{-1}\left[\frac{1}{n}(\lg x_1 + \lg x_2 + \cdots + \lg x_n)\right]$$

$$= \lg^{-1}\left[\frac{1}{3}(-0.368 - 0.398 - 0.602)\right]$$

$$= \lg^{-1}(-0.456) = 0.3501$$

即年平均增长率为0.3501或35.01%。

2.2.1.5 调和平均数

资料中各观测值倒数的算术平均数的倒数,称为调和平均数,记为 H,即

$$H = \frac{1}{\frac{1}{n}\left(\frac{1}{x_1} + \frac{1}{x_2} + \cdots + \frac{1}{x_n}\right)} = \frac{1}{\frac{1}{n}\sum\frac{1}{x}} \tag{2-9}$$

调和平均数主要用于反映畜群不同阶段的平均增长率或畜群不同规模的平均规模。

【例 2.8】某保种牛群不同世代牛群保种的规模分别为:0 世代 200 头,1 世代 220 头,2 世代 210 头;3 世代 190 头,4 世代 210 头。试求其平均规模。

解:利用公式(2-9)求平均规模:

$$H = \frac{1}{\frac{1}{5} \times \left(\frac{1}{200} + \frac{1}{220} + \frac{1}{210} + \frac{1}{190} + \frac{1}{210}\right)} = \frac{1}{\frac{1}{5} \times 0.024} = \frac{1}{0.0048} = 208.33(\text{头})$$

即保种群的平均规模为 208.33 头。

对于同一资料的数据,算术平均数>几何平均数>调和平均数。

上述五种数据,最常用的是算术平均数。

2.2.2　标准差

2.2.2.1　标准差的意义

用平均数作为样本的代表,其代表性的强弱受样本资料中各观测值变异程度的影响。如果各观测值变异小,则平均数对样本的代表性强;如果各观测值变异大,则平均数代表性弱。因而仅用平均数对一个资料的特征作统计描述是不全面的,还需引入一个表示资料中观测值变异程度大小的统计量。

(1)极差。全距(极差)是表示资料中各观测值变异程度大小最简便的统计量。全距大,则资料中各观测值变异程度大;全距小,则资料中各观测值变异程度小。但是全距只利用了资料中的最大值和最小值,并不能准确表达资料中各观测值的变异程度,比较粗略。当资料很多而又要迅速对资料的变异程度做出判断时,可以利用全距这个统计量。

(2)方差。为了准确地表示样本内各个观测值的变异程度,人们首先会考虑到以平均数为标准,求出各个观测值与平均数的离差,即$(x-\bar{x})$,称为离均差。虽然离均差能表达一个观测值偏离平均数的性质和程度,但因为离均差有正、有负,离均差之和为零(即$\sum(x-\bar{x})=0$),因而不能用离均差之和$\sum(x-\bar{x})$来表示资料中所有观测值的总偏离程度。为了解决离均差有正、有负,离均差之和为零的问题,可先求离均差的绝对值并将各离均差绝对值之和除以观测值 n 求得平均绝对离差,即$\sum|x-\bar{x}|/n$。虽然平均绝对离差可以表示资料中各观测值的变异程度,但由于平均绝对离差包含绝对值符号,使用很不方便,在统计学中未被采用。我们还可以采用将离均差平方的办法来解决离均差有正、有负,离均差之和为零的问题。先将各个离均差平方,即$(x-\bar{x})^2$,再求离均差平方和,即$\sum(x-\bar{x})^2$,简称平方和,记为 SS;由于离均差平方和常随样本大小而改变,为了消除样本大小的影响,用平方和除以样本容量 n,即$\sum(x-\bar{x})^2/n$,求出离均差平方和的平均数。为了使所得的统计量是相应总体参数的无偏估计量,统计学证明,在求离均差平方和的平均数时,分母不用样本含量 n,而用自由度 n-1,于是,我们采用统计量$\sum(x-\bar{x})^2/(n-1)$表示资料的变异程度。统计量$\sum(x-\bar{x})^2/(n-1)$称为均方(mean square,MS),又称样本方差,记为S^2,即:

$$S^2 = \sum(x-\bar{x})^2/(n-1) \tag{2-10}$$

相应的总体参数叫总体方差,记为 σ^2。对于有限总体而言,σ^2 的计算公式为

$$\sigma^2 = \sum (x-\mu)^2/N \qquad (2-11)$$

(3)标准差。由于样本方差带有原观测单位的平方单位,在仅表示一个资料中各观测值的变异程度而不做其他分析时,常需要与平均数配合使用,这时应将平方单位还原,即应求出样本方差的平方根。统计学上把样本方差 S^2 的平方根叫作样本标准差,记为 S,即:

$$S = \sqrt{\frac{\sum (x - \bar{x})^2}{n - 1}} \qquad (2-12)$$

由于 $\sum (x - \bar{x})^2 = \sum (x^2 - 2x\bar{x} + \bar{x}^2)$

$$= \sum x^2 - 2\bar{x}\sum x + n\bar{x}^2$$

$$= \sum x^2 - 2\frac{(\sum x)^2}{n} + n(\frac{\sum x}{n})^2$$

$$= \sum x^2 - \frac{(\sum x)^2}{n}$$

所以(2-12)式可改写为

$$S = \sqrt{\frac{\sum x^2 - \dfrac{(\sum x)^2}{n}}{n - 1}} \qquad (2-13)$$

相应的总体参数叫总体标准差,记为 σ。对于有限总体而言,σ 的计算公式为

$$\sigma = \sqrt{\sum (x - \mu)^2/N} \qquad (2-14)$$

在统计学中,常用样本标准差 S 估计总体标准差 σ。

2.2.2.2 标准差的计算方法

(1)直接法。对于未分组或小样本资料,可直接利用(2-12)或(2-13)式来计算标准差。

【例 2.9】计算 10 只辽宁绒山羊产绒量(单位:g):450,450,500,500,500,550,550,550,600,600,650 的标准差。

解:此例 $n = 10$,经计算得 $\sum x = 5\,400$,$\sum x^2 = 2\,955\,000$。代入(2-12)式,得

$$S = \sqrt{\frac{\sum x^2 - (\sum x)^2/n}{n - 1}} = \sqrt{\frac{2\,955\,000 - 5\,400^2/10}{10 - 1}} = 65.828(\text{g})$$

即 10 只辽宁绒山羊产绒量的标准差为 65.828 g。

(2)加权法。对于已制成次数分布表的大样本资料,可利用次数分布表,采用加权法计算标准差。计算公式为

$$S = \sqrt{\frac{\sum f(x - \bar{x})^2}{\sum f - 1}} = \sqrt{\frac{\sum fx^2 - (\sum fx)^2/\sum f}{\sum f - 1}} \qquad (2-15)$$

式中,f 为各组次数;x 为各组的组中值;$\sum f = n$ 为总次数。

【例 2.10】利用某纯系蛋鸡 200 枚蛋重资料的次数分布表(见表 2-5)计算标准差。

表 2-5　某纯系蛋鸡 200 枚蛋重资料次数分布及标准差计算表

组别	组中值(x)	次数(f)	fx	fx^2
44.15—	45.0	3	135.0	6 075.00
45.85—	46.7	6	280.2	13 085.34
47.55—	48.4	16	774.4	37 480.96
49.25—	50.1	22	1 102.2	55 220.22
50.95—	51.8	30	1 554.0	80 497.20
52.65—	53.5	44	2 354.0	125 939.00
54.35—	55.2	28	1 545.6	85 317.12
56.05—	56.9	30	1 707.0	97 128.30
57.75—	58.6	12	703.2	41 207.52
59.45—	60.3	5	301.5	18 180.45
61.15—	62.0	4	248.0	15 376.00
合计		$\sum f = 200$	$\sum fx = 10\,705.1$	$\sum fx^2 = 575\,507.11$

解:将表 2-5 中的 $\sum f$、$\sum fx$、$\sum fx^2$ 代入(2-15)式,得

$$S = \sqrt{\frac{\sum fx^2 - (\sum fx)^2 / \sum f}{\sum f - 1}} = \sqrt{\frac{575\,507.11 - 10\,705.1^2 / 200}{200 - 1}} = 3.5524\,(\mathrm{g})$$

即某纯系蛋鸡 200 枚蛋重的标准差为 3.552 4 g。

2.2.2.3　标准差的特性

(1)标准差的大小受资料中每个观测值的影响,如观测值变异大,求得的标准差也大,反之,则小。

(2)在计算标准差时,将各观测值加上或减去一个常数,其数值不变。

(3)当每个观测值乘以或除以一个常数 a,则所得的标准差是原来标准差的 a 倍或 $1/a$。

(4)在资料服从正态分布的条件下,资料中约有 68.26% 的观测值在平均数左右一倍标准差($\bar{x} \pm S$)范围内;约有 95.43% 的观测值在平均数左右两倍标准差($\bar{x} \pm 2S$)范围内;约有 99.73% 的观测值在平均数左右三倍标准差($\bar{x} \pm 3S$)范围内。也就是说全距近似地等于 6 倍标准差,可用(全距/6)来粗略估计标准差。

2.2.3　变异系数

变异系数是衡量资料中各观测值变异程度的另一个统计量。当进行两个或多个资料变异程度的比较时,如果度量单位与平均数相同,可以直接利用标准差来比较。如果单位和(或)平均数不同时,比较其变异程度就不能采用标准差,而需采用标准差与平均数的比值

(相对值)来比较。标准差与平均数的比值称为变异系数,记为 CV。变异系数可以消除单位和(或)平均数不同对两个或多个资料变异程度比较的影响。

变异系数的计算公式为

$$CV = \frac{S}{\bar{x}} \times 100\% \tag{2-16}$$

【例2.11】已知某良种猪场长白成年母猪平均体重为 190 kg,标准差为 10.5 kg,而大约克成年母猪平均体重为 196 kg,标准差为 8.5 kg。试问:两个品种的成年母猪,哪一个体重变异程度大?

解:此例观测值虽然都是体重,单位相同,但它们的平均数不相同,只能用变异系数来比较其变异程度的大小。

由于长白成年母猪体重的变异系数:$CV = \dfrac{10.5}{190} \times 100\% = 5.53\%$

大约克成年母猪体重的变异系数:$CV = \dfrac{8.5}{196} \times 100\% = 4.34\%$

所以,长白成年母猪体重的变异程度大于大约克成年母猪。

注意,变异系数的大小,同时受平均数和标准差两个统计量的影响,因而在利用变异系数表示资料的变异程度时,最好将平均数和标准差也列出。

2.3 常用统计图表

统计图是用点的位置、线段升降、条块的长度及面积的大小等几何图形来表达统计指标的大小、对比关系及变化趋势,其具有直观形象的优点。

2.3.1 折线图

以折线的上升或下降来表示统计数量的增减变化的统计图,不仅可以表示数量的多少,而且可以反映数据的增减变化情况。图 2-1 为根据【例2.7】表 2-4 中某波尔山羊群 1997—2000 年各年度的存栏数绘制的折线图,从图中可以很直观地看到数据的上升趋势。

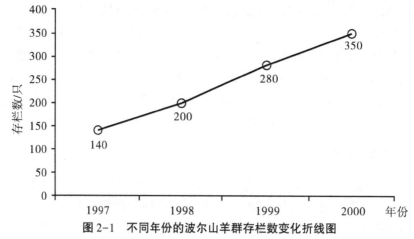

图2-1 不同年份的波尔山羊群存栏数变化折线图

绘图 R 语句：

```
> plot(year,Count,type = 'l')
> points(year,Count,col = 'red')
```

2.3.2　条形图

也称柱状图。以竖条或横条的形式显示多个统计量,通常用一个单位长度表示一定的数量,根据数量的多少画成长短不同的直条,然后把这些直条按一定的顺序排列起来。从条形统计图中很容易看出各种数量的多少。常用于比较相互独立的各统计指标的数值大小。

图 2-2 为根据【例 2.7】表 2-4 中某波尔山羊群 1997—2000 年各年度的存栏数绘制的条形图,从图中可以很清楚地比较不同年份存栏数的多少。

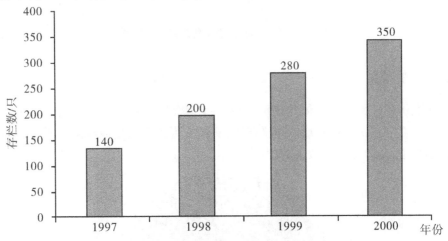

图 2-2　1997—2000 年波尔山羊群存栏数变化条形图

绘图 R 语句：

```
>barplot(Count,names.arg = year)
>barplot(Count,names.arg = year,horiz = 'T')    #绘制横向条形图
```

可以使用 R 中的 ggplot2 包绘制簇状条形图。

【例 2.12】已知某良种猪场长白成年母猪在 1 月份、6 月份、12 月份的平均体重分别为 185 kg、190 kg、199 kg,而大约克成年母猪在 1 月份、6 月份、12 月份的平均体重分别为 189 kg、204 kg、206 kg。试作出两类母猪体重变化的簇状条形图。

绘图 R 语句：

```
> library(ggplot2)
>df<-data.frame(ClassPig = c("长白","长白","长白","大约克","大约克","大约克"),Weight = c(185,190,199,189,204,206),Month = c("1","6","12","1","6","12"))
>ggplot(df,aes(x = Month,y = Weight,fill = ClassPig))+geom_bar(position = "dodge",stat = "identity")
```

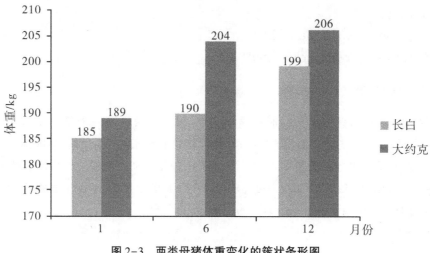

图 2-3 两类母猪体重变化的簇状条形图

2.3.3 饼状图

常用于表示各个部分占总体的比重。图 2-4 为根据【例 2.7】表 2-4 中某波尔山羊群 1997—2000 年各年度的存栏数绘制的饼状图,从图中可以很清楚地看出不同年份存栏数占总数的比例大小,2000 年存栏数占的比重最大。

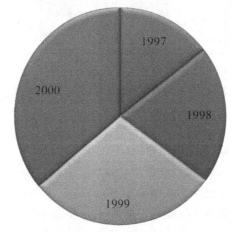

图 2-4 不同年份的某波尔山羊群存栏数对比饼状图

绘图 R 语句:
```
>pie( Count,labels=year,main="Pie Chart")
```
也可以绘制带百分比的饼状图,如图 2-5。

绘图 R 语句:
```
>pie( Count,labels=year,main="Pie Chart")
>pct <- round(Count/sum(Count)* 100)
>year2<-paste(year," ",pct,"% ")
```

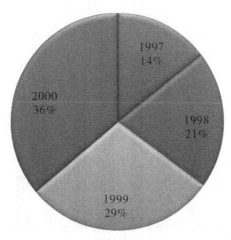

图 2-5　带百分比的饼状图

```
>pie(Count,labels = year2,col = rainbow(length(year2)),main = "Pie Chart
with Percentages")
```

还可以绘制 3D 饼状图,如图 2-6。

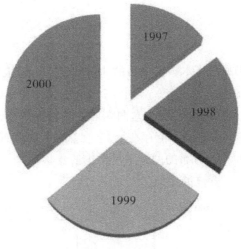

图 2-6　3D 饼状图

绘图 R 语句:
```
>library(plotrix)
>pie3D(Count,labels=year,explode=0.1,main="3D Pie Chart")
```

2.3.4　直方图

对于单个随机变量抽样,数据绘图最常见,这些图形可用于观察样本数据的分布形状,初步判断可能符合何种已知的分布形式。例如下列语句用于绘制显示从标准正态分布中抽取 1 000 个数据的直方图,如图 2-7 所示。从图中可以直观地观察样本的分布情况,基本呈现对称的钟形分布,均值在零附近。

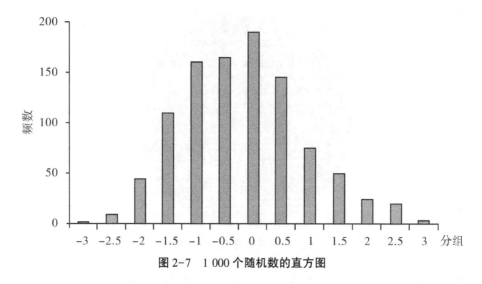

图 2-7 1 000 个随机数的直方图

绘图 R 语句:
```
>a<-rnorm(1000,mean=0,sd=1)
>hist(a)
```

2.3.5 盒状图

也称为箱线图,常用于观察样本数据分布的离散程度。可以很容易看出数据集中所在,尤其在将几组数据一起比较时非常有效。盒状图中部粗线是样本的中值,方盒矩形上端和下端分别表示 75%分位数和 25%分位数。盒两端的须状线表示数据的正常分布范围(通常设为均值$\pm 1.5\sigma$)。如果样本中有异常值存在,则会在盒顶和盒底外显示。图 2-8 为分别服从标准正态分布和[0,1]间均匀分布的两组随机样本的盒状图,由于这两种分布都属于对称分布,所以中位数线基本处于盒体的中间。

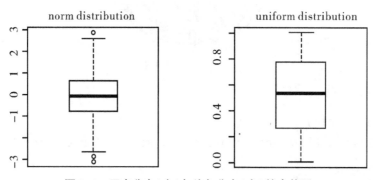

图 2-8 正态分布(左)与均匀分布(右)的盒状图

绘图 R 语句:
```
>a<-rnorm(1000,mean=0,sd=1);  #产生 1000 个服从标准正态分布的随机数
>b<-runif(1000,0,1);  #产生 1000 个服从[0,1]均匀分布的随机数
```

```
>par(mfrow=c(1,2))  #设置子图绘图参数
>boxplot(a)
>title(main = "norm distribution")
>boxplot(b)
>title(main = "uniform distribution")
```

盒状图常用于比较多组数据的分布是否存在差异,在 R 语言中可以向盒状图添加槽口,以便于更清晰地观察不同分布的中位数是否有差异。如果各盒状图的槽口互不重合,说明中位数存在差异。此外,还可在盒状图中添加均值标记,以便更好地观察分布是否存在偏态。对于正态分布的数据,中位数与均值比较接近,而对于偏态数据,中位数与均值可能存在较大差异。图 2-9 给出多组数据盒状图比较的示例。从图中可以看到,第一组数据与第二组数据的中位数存在一定差异;第一、三组数据分布基本对称,而第二组数据分布存在偏态,中位数与均值差异较大。

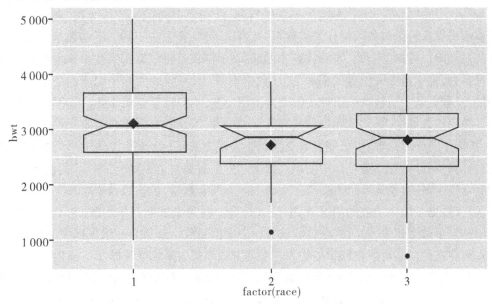

图 2-9　多组数据分布比较的盒状图示例

绘图 R 语句:

```
>library(MASS)  #调用数据
>library(ggplot2)  #加载 ggplot2 绘图包
>ggplot(birthwt,aes(x=factor(race),y=bwt))+geom_boxplot(notch=TRUE)+
stat_ summary ( fun. y =  " mean", geom =  " point", shape = 23, size = 3, fill
="red")  #绘制带槽口和均值的盒状图
```

2.4 本章小结

本章主要介绍了生物统计学中描述统计的一些概念,在数据搜集与整理部分简要介绍了数据分类和变量类型等基本概念、数据搜集与整理的方法。在常用统计量部分主要介绍了平均数、标准差和变异系数等常用的统计量。最后介绍常用统计图表。

2.5 拓展阅读

平均数、中位数和众数的相同点是:均是描述数据资料集中趋势的统计量,都可反映数据资料的一般水平,并可代表一组给定的数据资料。

不同的是:①统计学的定义不同。平均数是一组数据资料的总和除以这组数据个数所得到的商;中位数是将一组数据按大小顺序排列,处在最中间位置的那个数;众数则是在一组数据中出现次数最多的数叫作这组数据的众数。②计算方法不同。平均数是用所有数据相加的总和除以数据的个数,需要计算才得求出;中位数是将数据按照从小到大或从大到小的顺序排列,处于最中间位置的那一个数(数据本身)或那两个数的平均值就是这组数据的中位数;众数则是一组数据中出现次数最多的那个数,不必计算就可求出。③平均数的个数不同。在一组数据中,平均数和中位数都具有唯一性,但众数有时不具有唯一性。在一组数据中,可能不止一个众数,也可能没有众数。④呈现方式不同。平均数是一个"虚拟"的数,是通过计算得到的,它不是数据中的原始数据。中位数是一个不完全"虚拟"的数,即当一组数据有奇数个时,它就是该组数据排序后最中间的那个数据,是这组数据中真实存在的一个数据;但在数据个数为偶数的情况下,中位数是最中间两个数据的平均数,它不一定与这组数据中的某个数据相等,此时的中位数就是一个虚拟的数。众数是一组数据中的原始数据,它是真实存在的。⑤对数据资料的代表程度与方式不同。平均数反映了一组数据的平均大小,常用来代表一组数据的总体"平均水平"。中位数像一条分界线,将数据分成前半部分和后半部分,因此用来代表一组数据的"中等水平"。众数反映了出现次数最多的数据,用来代表一组数据的"多数水平"。⑥受到给定数据资料中极端值的影响不同。平均数与每一个数据都有关,其中任何数据的变动都会相应引起平均数的变动。主要缺点是易受极端值的影响,这里的极端值是指偏大数或偏小数,当出现偏大数时,平均数将会增大,当出现偏小数时,平均数会减小。中位数与数据的排列位置有关,某些数据的变动对它没有影响;它是一组数据中间位置上的代表值,不受数据极端值的影响。众数与数据出现的次数有关,着眼于各数据出现的频率。

2.6　习题

1. 生物统计中常用的平均数有几种？各在什么情况下应用？

2. 何谓算术平均数？算术平均数有哪些基本性质？

3. 何谓标准差？标准差有哪些特性？

4. 何谓变异系数？为什么变异系数要与平均数、标准差配合使用？

5. 现有 10 头母猪，第一胎的产仔数（单位：头）分别为：9、8、7、10、12、10、11、14、8、9。试计算这 10 头母猪第一胎产仔数的平均数、标准差和变异系数。

6. 随机测量了某品种 120 头 6 月龄母猪的体长，经整理得到如表 2-6 所示的次数分布表。试利用加权法计算其平均数、标准差与变异系数。

表 2-6　某品种 120 头 6 月龄母猪体长次数分布表

组别	组中值(x)	次数(f)
80—	84	2
88—	92	10
96—	100	29
104—	108	28
112—	116	20
120—	124	15
128—	132	13
136—	140	3

7. 某猪场发生猪瘟病，测得 10 头猪的潜伏期（单位：天）分别为 2、2、3、3、4、4、4、5、9、12。试求潜伏期的中位数。

8. 某保种牛场，由于各方面原因使得保种牛群世代规模发生波动，连续 5 个世代的规模（单位：头）分别为：120、130、140、120、110。试计算平均世代规模。

9. 甲、乙两地某品种成年母水牛的体高（单位：cm）如表 2-7。试比较两地成年母水牛体高的变异程度。

表 2-7　甲、乙两地某品种成年母水牛的体高　　　　　　单位：cm

甲地	137	133	130	128	127	119	136	132
乙地	128	130	129	130	131	132	129	130

第 3 章

概率及其理论分布

本章在介绍概率中的事件、概率两个最基本的概念的基础上,重点介绍生物科学领域研究中常用的几种随机变量的概率分布,即正态分布、二项分布、泊松分布及样本平均数的抽样分布和 t 分布。小概率事件实际不可能原理及其应用;正态分布、二项分布的主要特征及其概率的计算。

3.1 概率基础知识

3.1.1 概率与概率密度

自然界中的事物,常存在几种可能的情形,每一种可能出现的情况称为事件。比如一个个体在某一个位点上的基因型,有可能是杂合型,也有可能是纯合型,每种事件都有可能。当在同等条件下进行大量观察时,随机现象大都呈现某种规律。

在某些条件下,一定会发生或一定不会发生的现象,称为必然现象。在自然界及各种科学实验中,人们所观察到的现象,有一类必然现象存在,例如,人正常的成熟红细胞一定是无细胞核的;在桑格测序条件下,单细胞是无法进行测序的。与必然现象相对应的为随机现象。科学研究的目的,是发现反映事件本质的客观规律,统计学不是直接研究事物本质的必然规律,而是通过分析随机现象来发现事物的统计规律,并把它应用于客观规律的认识和把握中。

事前不可预言的现象,在相同条件下重复进行实验,每次结果不一定相同,这类现象称为随机现象或不确定现象。对于每一次独立实验而言,哪一种现象会出现并不能预言。当多次观察某个随机现象时,就可以发现其实验结果呈现出某种必然的规律性——概率的稳定性,通常称之为随机现象的统计规律性。例如,对每一个婴儿,在不进行检测之前,我们并无法确定他的性别,但随着同一时期婴儿数目的增加,在自然无干扰的情况下,婴儿男女的比例应该是 1 : 1。

随机试验的每一种可能结果,在一定条件下可能发生也可能不发生。我们根据大量重复实验的结果,对随机事件进行总结,用一个数字代表一个事件发生可能性的大小,这个数值就是该事件发生的概率。例如对于某个等位基因,有三种可能发生的事件:事件 A(纯和型 MM),事件 B(MN 杂合型),事件 C(纯和型 NN),用 $P(A)$ 代表纯合型 MM 出现可能性的度量,$P(B)$ 代表杂合型 MN 出现可能性的度量,$P(C)$ 代表纯合型 NN 出现可能性的度量,三个概率值就是对这个概率事件的总结。

3.1.2 概率的计算

在相同条件下进行 n 次重复实验,如果随机事件 A 发生的次数为 m,则 m/n 为随机事件 A 的频率。随着实验次数的增加,频率越来越稳定地接近某一个数值,这种现象称为频率的稳定性。当随着 n 的增加,随机事件 A 的频率越来越接近的稳定数值 p,即为随机事件 A 的概率。这样定义的概率为统计概率或后验概率。

$$P(A) = p \approx \frac{m}{n} \quad (n \text{ 充分大}) \tag{3-1}$$

在大量的应用研究中,所引入的概率几乎都是经验概率,如在某个地区,人感染某种疾病的概率为 0.01%,在没有人为因素干扰下,男女婴儿的比例为1:1。

人们最早研究概率是从掷硬币、掷骰子等游戏开始的。这类实验有三个共同特点:

(1)实验的所有可能结果只有有限个,如掷硬币只有正面、反面两种情况,掷骰子只有六种情形。

(2)实验中每个结果出现的可能性相同,即所有基本事件的发生是等可能的,如硬币正面和反面出现的可能性都为 1/2,掷骰子各种点数出现的可能性都为 1/6。

(3)所有试实验的可能结果两两不相容,一次实验中硬币要么为正面,要么为反面,骰子的点数只可能是其中一个。

我们把某一实验中全部可能出现的结果的集合称为样本空间,在样本空间中的基本事件有限,事件互斥出现且出现的概率相等时,每个事件出现的概率可以用古典概率(classical probability)或先验概率(prior probability)来表示。设样本空间由 n 个可能的基本事件构成,其中 A 中包含 m 个基本事件,则事件 A 的概率为 m/n,即

$$P(A) = \frac{m}{n} \tag{3-2}$$

根据概率的定义,概率有如下基本性质:

(1)对于必然出现的事件 A,其概率为 1,$P(A) = 1$。

(2)对于不可能事件 A,其概率为 0,$P(A) = 0$。

(3)对于任何事件 A,其概率范围为 $0 \leq P(A) \leq 1$。

【例 3.1】在黑箱中有 10 个球,其中 6 个黄球,4 个红球。求从中取出 2 个球为红球的概率。

解:设 A 事件为"从中取出 2 个球为红球",由公式 3-2 得

$$P(A) = \frac{C_4^2}{C_{10}^2} \approx 0.13$$

当两个事件互不相容时(即不能同时发生),事件 A 与事件 B 至少发生一个的概率就等于事件 A 与事件 B 的概率的和。表示为

$$P(A+B) = P(A) + P(B) \tag{3-3}$$

当扩展到 n 个互不相容的多个事件时,和概率为

$$P(A_1 + A_2 + \cdots + A_n) = P(A_1) + P(A_2) + \cdots + P(A_n) \tag{3-4}$$

【例 3.2】掷一次骰子,出现 1,2 或 3 的概率为多少?

解:$P(1+2+3) = P(1) + P(2) + P(3) = 1/6 + 1/6 + 1/6 = 1/2$。

【例 3.3】从一副牌中,随机抽一张,计算抽到人头牌的概率为多少?

解:$P(J+Q+K) = P(J) + P(Q) + P(K) = 4/52 + 4/52 + 4/52 = 3/13$。

若事件 A 与事件 B 彼此独立,则事件 A 和事件 B 同时发生的概率等于事件 A 与事件 B 的概率相乘,表示为

$$P(A \cdot B) = P(A) \cdot P(B) \tag{3-5}$$

当扩展到 n 个相互独立的多个事件时,同时发生的积概率为

$$P(A_1 \cdot A_2 \cdots A_n) = P(A_1) \cdot P(A_2) \cdots P(A_n) \tag{3-6}$$

【例 3.4】分别从两副牌中抽取一张牌,抽到两个 A 的概率有多大?

解:$P(A \cdot B) = P(A) \cdot P(B) = 4/52 \times 4/52 = 1/169 \tag{3-7}$

3.1.3 概率分布

事件的概率表示了一次实验中某个结果发生的可能性大小。若要全面了解实验,则必须知道实验的全部可能结果及各种可能结果发生的概率,即必须知道随机试验的概率分布。

做一次实验,其结果有多种可能,每一种可能结果都可以用一个数来表示,把这些数作为变量 x 的取值范围。用来表示随机试验各种结果的变量,称为随机变量,可以用变量 x 来表示。表示实验结果的变量 x 的取值在实验前不能肯定,完全取决于实验结果,具有随机性,称这种变量为随机变量。如随机投掷一枚硬币,出现的可能结果有正面朝上、反面朝上两种,若定义 x 为投掷一枚硬币时正面朝上,当正面朝上时,x 取值 1,当反面朝上时,x 取值 0。掷一枚骰子,它的所有可能结果是出现 1 点、2 点、3 点、4 点、5 点和 6 点,若定义 x 为掷一颗骰子出现的点数,则出现 1 点、2 点、3 点、4 点、5 点、6 点时,x 分别取值 1,2,3,4,5,6。

随机变量分为离散型随机变量和连续型随机变量。实验只有几个确定的结果,并可一一列出,变量 x 的取值可用实数表示,且 x 取某一值,其概率是确定的,这种类型的变量称为离散型随机变量。例如一个未出生的动物有雄性和雌性两种可能结果,可用取值 0 或 1 的变量 x 表示实验的两种可能结果,$x=0$ 表示为雄性,$x=1$ 表示为雌性。如果表示实验结果的变量 x 可能的取值为某范围内的任何数值,且 x 在其取值范围内的任一区间中取值时,其概率是确定的。这时取 x 为一固定值是无意义的,因为在连续尺度上某一点的概率几乎为 0。这种类型的变量称为连续型随机变量。随机变量 x 的取值为一个范围或整个实数。

例如,测定某个区域人的身高 y,所抽取的人不同,y 有不同的数值,可以是 0~5 m 范围

内的任何一个实数。若用变量 x 表示某个区域成年男人的身高,x 在 170 cm~180 cm 之间的概率为 0.7,则可以表示为 $P(170 \leqslant x \leqslant 180) = 0.7$。

在科学研究中,我们不孤立地研究随机试验中的某一个或几个随机事件,而是希望了解随机试验的全部结果。对于随机变量的研究,不但要知道它取哪些值,而且要研究它要取这些值的规律,掌握随机变量的概率分布。引入随机变量后,对随机试验概率分布的研究转换为对随机变量概率分布的研究。

随机变量的概率分布可以分为离散型随机变量的概率分布和连续型随机变量的概率分布。离散型随机变量 x 的所有可能性取值及其对应概率一一列出所形成的分布称为离散型随机变量的概率分布,也可以用函数 $f(x)$ 表示,称为概率函数。要了解离散型随机变量 x 的统计规律,就必须知道它的一切可能值 x_i 及取各种可能值的概率 P_i。

$$P(x = x_i) = P_i \tag{3-8}$$

连续型随机变量使用概率密度函数或分布密度函数来表示概率分布情况。对于随机变量 x,若存在非负可积分函数对任意 a 和 $b(a < b)$ 都有

$$P(a \leqslant x < b) = \int_a^b f(x)\,\mathrm{d}x \tag{3-9}$$

则称 x 为连续型随机变量,$f(x)$ 称为随机变量 x 的概率分布密度函数或分布密度。根据概率分布密度函数 $f(x)$ 所作的曲线称为概率密度曲线。

3.1.4 大数定律

在实验条件不变的情况下,重复多次实验,随机事件的频率近似于概率,偶然之中包含必然。在随机事件的大量重复出现中,往往呈现几乎必然的规律,这个规律就是大数定律(law of large numbers)。概率论历史上第一个极限定理属于伯努利,描述当实验次数的值很大时所呈现的概率性质的定律,也是概率论中讨论随机变量序列的算术平均值向随机变量各数学期望的算术平均值收敛的定律。大数定律并不是经验规律,而是在一些附加条件上经严格证明了的定理,是一种自然规律。大数定律包括弱大数定律和强大数定律。

伯努利于 1713 年提出了后人称之为大数定律的极限定理。后来泊松、切比雪夫、马尔科夫、格涅汶科等众多数学家在此方面都有重大成就。

【伯努利大数定律】设 μ 是 n 次独立实验中事件 A 发生的次数,且事件 A 在每次实验中发生的概率为 p,则对任意正数 ε,有

$$\lim_{n \to \infty} P\left(\left| \frac{\mu}{n} - p \right| < \varepsilon \right) = 1 \tag{3-10}$$

当 n 足够大时,事件 A 出现的频率将几乎接近于其发生的概率,即频率的稳定性。

【辛钦大数定律】设 $\{a_i, i \geqslant 1\}$ 为独立同分布的随机变量序列,若 a_i 的数学期望存在,则服从大数定律,对任意的 $\varepsilon > 0$,则有

$$\lim_{n \to \infty} P\left(\left| \frac{1}{n} \sum_{i=1}^{n} a_i - \mu \right| < \varepsilon \right) = 1 \tag{3.11}$$

在重复投掷一枚硬币的随机试验中,观测投掷了 n 次硬币中出现正面的次数。不同的 n

次实验,出现正面的频率可能不同,但当实验的次数 n 越来越大时,出现正面的频率大体上接近于 1/2。又如称量某一物体的重量时,假如测量器不存在系统偏差,由于测量器的精度等各种因素的影响,对同一物体重复称量多次,可能得到多个不同的重量数值,一般来说,随着称量次数的增加,算术平均值逐渐接近于物体的真实重量。

【切比雪夫大数定律】设随机变量 $X_1,X_2,\cdots,X_n$ 相互独立,它们分别存在期望 $E(X_k)$ 和方差 $D(X_k)$,若存在常数 C 使得 $D(X_k)\leqslant C(k=1,2,\cdots,n)$,则对任意小的正数 ε,满足公式:

$$\lim_{n\to\infty}P\left\{\left|\frac{1}{n}\sum_{k=1}^{n}x_k-\frac{1}{n}\sum_{k=1}^{n}E(X_k)\right|<\varepsilon\right\}=1 \tag{3-12}$$

将公式应用于抽样调查,随着样本容量 n 的增加,样本平均数接近于总体平均数,从而为统计推断中依据样本平均数估计总体平均数提供了理论依据。

切比雪夫大数定理并未要求 $x_1,x_2,\cdots,x_n$ 同分布。

3.1.5 中心极限定理

中心极限定理(central-limit theorem)是概率论中随机变量序列部分和分布渐近于正态分布的一类定理。这组定理是数理统计学和误差分析的理论基础,指出了大量随机变量积累分布函数逐点收敛到正态分布的积累分布函数的条件。

在客观实际中有许多随机变量,它们是由大量的相互独立的随机因数的综合影响形成的,而其中每一个别因数在总的影响中所起的作用都是渺小的,这种随机变量往往近似地服从正态分布,这种现象就是中心极限定理的客观背景。

中心极限定理自提出至今,其内容已经非常丰富。在概率论中,把研究在什么条件下,大量独立随机变量和的分布以正态分布为极限的这一类定理称为中心极限定理。但其中最常见、最基本的两个定理是列维-林德伯格定理和棣莫弗-拉普拉斯中心极限定理。

(1)独立同分布的中心极限定理(列维-林德伯格定理)

设随机变量 $X_1,X_2,\cdots,X_n,\cdots$ 相互独立,服从同一分布,具有数学期望和方差 $E(X_k)=\mu$,

$D(X_k)=\sigma^2>0(k=1,2,\cdots)$,则随机变量之和 $\sum_{k=1}^{n}X_k$ 的标准化变量 $Y_n=\dfrac{\sum_{k=1}^{n}X_k-E\left(\sum_{k=1}^{n}X_k\right)}{\sqrt{D\left(\sum_{k=1}^{n}X_k\right)}}=$

$\dfrac{\sum_{k=1}^{n}X_k-n\mu}{\sqrt{n}\,\sigma}$ 的分布函数 $F_n(x)$ 对于任意 x 满足:

$$\lim_{n\to\infty}F_n(x)=\lim_{n\to\infty}P\left\{\frac{\sum_{k=1}^{n}X_k-n\mu}{\sqrt{n}\,\sigma}\leqslant x\right\}=\int_{-\infty}^{x}\frac{1}{\sqrt{2\pi}}e^{-t^2/2}dt=\varPhi(x) \tag{3-13}$$

(2)棣莫弗-拉普拉斯中心极限定理

设随机变量 $\eta_n(n=1,2,\cdots)$ 服从参数为 $n,p(0<p<1)$ 的二项分布,则对于任意 x,有

$$\lim_{n\to\infty}P\left\{\frac{\eta_n-np}{\sqrt{np(1-p)}}\leqslant x\right\}=\int_{-\infty}^{x}\frac{1}{\sqrt{2\pi}}e^{-t^2/2}dt=\varPhi(x) \tag{3-15}$$

中心极限定理是概率论中的一类重要定理,在自然界中,当一些现象受到许多相互独立的随机因素的影响,且每个因素所产生的影响都很微小时,总的影响可以看作服从正态分布。在 n 重伯努利试验中,事件 A 出现的次数渐近于正态分布。中心极限定理研究独立随机变量和的极限分布为正态分布的问题。

(3)李雅普诺夫定理

设随机变量 $X_1, X_2, \cdots, X_n, \cdots$ 相互独立,它们具有数学期望和方差 $E(X_k) = \mu_k, D(X_k) = \sigma_k^2 > 0 (k = 1, 2, \cdots)$,记 $B_n^2 = \sum\limits_{k=1}^{n} \sigma_k^2$。

若存在正数 δ,使得当 $n \to \infty$ 时,$\dfrac{1}{B_n^{2+\delta}} \sum\limits_{k=1}^{n} E\left\{ |X_k - \mu|^{2+\delta} \right\} \to 0$,则随机变量之和 $\sum\limits_{k=1}^{n} X_k$ 的标

准化量化 $Z_n = \dfrac{\sum\limits_{k=1}^{n} X_k - E\left(\sum\limits_{k=1}^{n} X_k\right)}{\sqrt{D\left(\sum\limits_{k=1}^{n} X_k\right)}} = \dfrac{\sum\limits_{k=1}^{n} X_k - \sum\limits_{k=1}^{n} \mu_k}{B_n}$ 的分布函数 $F_n(x)$ 对于任意 x 满足:

$$\lim_{n \to \infty} F_n(x) = \lim_{n \to \infty} P\left\{ \frac{\sum\limits_{k=1}^{n} X_k - \sum\limits_{k=1}^{n} \mu_k}{B_n} \leqslant x \right\} = \int_{-\infty}^{x} \frac{1}{\sqrt{2\pi}} e^{-t^2/2} dt = \Phi(x) \tag{3-14}$$

3.2　几种常见的概率分布

3.2.1　二项分布

伯努利试验:如果随机试验的可能结果只有两个,而且这两个结果相互对立,这种试验称为伯努利试验。在试验条件相同的情况下,重复进行 n 次独立的伯努利试验,称为 n 重伯努利试验。各次试验中事件发生的概率保持不变,各次试验的结果相互独立,不受其他各次试验结果的影响。如从大批小鼠中抽取 n 个逐一检测是否感染病毒的实验,每个小鼠的检测结果分为阳性或阴性两种,每个小鼠之间的检测结果没有关系。n 重伯努利试验的结果数为 $n+1$ 种。

在 n 重伯努利试验中,事件 A 可能发生 $0, 1, 2, \cdots, n$ 次,事件 A 出现的次数用 x 表示,事件 A 发生的概率是 p,则不发生的概率 $q = 1 - p$,n 次独立重复试验中事件 A 发生 k 次的概率为

$$P(x = k) = C_n^k p^k q^{n-k} (k = 0, 1, 2, \cdots, n) \tag{3-16}$$

把上述公式展开,在 n 重伯努利试验中,事件 A 发生 k 次的概率等于 $(p+q)^n$ 展开式中的第 $k+1$ 项

$$(p+q)^n = \sum_{k=0}^{n} C_n^k p^k q^{n-k} \tag{3-17}$$

设随机变量 x 所有可能取的值为零和正整数 $1, 2, \cdots, n$,且有

$$P(x = k) = C_n^k p^k q^{n-k} (k = 0, 1, 2, \cdots, n) \tag{3-18}$$

其中 $p > 0, q > 0, p+q = 1$,则称随机变量 x 服从参数为 n 和 p 的二项分布,记为 $x \sim B(n, p)$,二项分布是一种离散型随机变量的概率分布,取决于 n 和 p,具有以下特征:

（1）参数 n 称为离散参数，只能取正整数；p 是连续参数，能取 0 和 1 之间的任何数值（q 由 p 确定，故不是另一个独立参数）。

（2）当 p 值较小且 n 不大时，分布是偏倚的，但随着 n 的增大，分布逐渐趋于对称。

（3）当 p 值趋于 0.5 时，分布趋于对称。

（4）对于固定的 n 及 p，当 k 增加时，$P_n(k)$ 先随之增加到极大值，以后又下降。

（5）在 n 较大，np，nq 较接近时，二项分布接近于正态分布。当 n 趋向于 $+\infty$ 时，二项分布的极限分布是正态分布。统计学已证明，服从二项分布 $B(n,p)$ 的随机变量的平均数 μ、标准差 σ 与参数 n，p 有如下关系：当试验结果以事件 A 发生次数 k 表示时，其平均数 $\mu = np$，标准差为 $\sigma = \sqrt{npq}$。

二项分布并不是在所有情况下都能应用，其合适的应用条件有 3 个：各观察单位只具有相当独立的一种结果，如阳性或阴性，生存或死亡属于二项分类资料；已知发生某一结果的概率为 p，其对立结果的概率为 $1-p=q$，实际中要求 p 是从大量观察中获得的比较稳定的数值；n 个观察单位的观察结果相互独立，即每个观察单位的观察结果不会影响其他观察单位的观察结果。故在实际应用中，应先研究条件是否符合二项分布条件再加以分析。

3.2.2 泊松分布

泊松分布是一种可以用来描述和分析随机地发生在单位空间或时间里的稀有事件的分布，所以要观察这类事件，样本含量必须很大。在生物、医学等各类研究中，服从泊松分布的随机变量是常见的。例如，每毫升饮用水内大肠杆菌数、正常情况下的仔猪畸形数、意外事故、自然灾害等都服从或近似服从泊松分布。

若随机变量 $x(x=k)$ 只取零和正整数 $1,2,\cdots$，且其概率分布为

$$P(x=k) = \frac{\lambda^k}{k!}e^{-\lambda}, k=0,1,\cdots \tag{3-19}$$

其中 λ 是一个大于 0 的常数，e 是自然对数的底数，则称随机变量 x 服从参数为 λ 的泊松分布（Poisson's distribution），记为 $x \sim P(\lambda)$。

泊松分布的平均数为

$$\mu = \sum_{k=0}^{+\infty} k \frac{\lambda^k e^{-\lambda}}{k!} = \lambda e^{-\lambda} \sum_{k=1}^{+\infty} \frac{\lambda^{k-1}}{(k-1)!} = \lambda \tag{3-20}$$

泊松分布的方差为

$$\sigma^2 = E(x^2) - [E(x)]^2 = \lambda^2 + \lambda - \lambda^2 = \lambda \tag{3-21}$$

从上述公式的计算结果可以看出，泊松分布是一种离散型随机变量的概率分布，平均数与方差相等都为常数 λ。利用这一特征，可以初步判断一个离散型随机变量是否服从泊松分布。λ 是泊松分布所依赖的唯一参数，λ 越小，分布越偏倚，随着 λ 的增大，分布趋于对称。当 $\lambda = 20$ 时，泊松分布接近于正态分布；当 $\lambda = 50$ 时，可以认为泊松分布呈正态分布。所以在实际工作中，当 $\lambda \geq 20$ 时就可以用正态分布来近似处理泊松分布问题。

由于泊松分布的概率计算只依赖于参数 λ，只要 λ 确定了，把 k 值代入即可求得各项的概率。但在大多数服从泊松分布的实例中，分布参数 λ 一般是未知的，只能从所观察的随机

样本中计算出相应的样本平均数作为 λ 的估计值,计算出 $k=0,1,2,\cdots$ 时的各项概率。

二项分布的应用条件也是泊松分布的应用条件。比如二项分布要求 n 次试验是相互独立的,这也是泊松分布的要求。例如一些具有传染性的罕见疾病的发病数,因为首例发生之后可成为传染源,会影响到后续病例的产生,所以不符合泊松分布的应用条件。同样,对于在单位时间、单位面积或单位容积内,所观察的事物由于某些原因分布不随机时(如细菌在牛奶中成集落存在时)亦不呈泊松分布。

3.2.3　正态分布

正态分布是最常用、最重要的一种连续型随机变量的分布,在自然界中广泛存在,在理论研究和实际应用均占有重要地位。在生产和科研中遇到的很多随机变量都服从或接近服从正态分布,许多非正态分布的资料在一定条件下也接近正态分布。

$$f(x)=\frac{1}{\sigma\sqrt{2\pi}}\mathrm{e}^{-\frac{(x-\mu)^2}{2\sigma^2}} \tag{3-22}$$

式中,μ 为总体平均数;σ^2 为总体方差,称随机变量 x 服从正态分布,记为 $x\sim N(\mu,\sigma^2)$。

正态分布密度函数曲线为

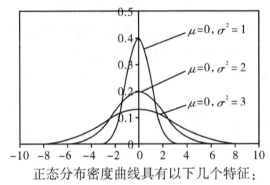
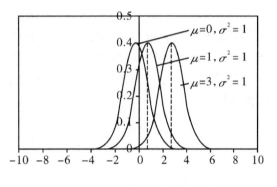

正态分布密度曲线具有以下几个特征:

(1)正态分布密度曲线是单峰、对称的曲线,在平均值 $x=\mu$ 处达到最高点,极大值为

$f(\mu)=\dfrac{1}{\sigma\sqrt{2\pi}}$;$f(x)$ 是非负函数,以 x 轴为渐近线,分布从 $-\infty$ 到 $+\infty$,且在曲线 $x=\mu\pm\sigma$ 处各有一个拐点。

(2)正态分布有两个参数,平均值 μ 及标准差 σ。平均值 μ 是未知参数,决定曲线在 x 轴的位置。当 σ 恒定时,μ 越大,曲线沿 x 轴越向右移动;μ 越小,曲线沿 x 轴越向左移动。标准差 σ 是变异度参数,决定曲线的性状。当 μ 不变,σ 越大,曲线越平坦,σ 越小,曲线越集中在 μ 附近,曲线越陡峭。

(3)分布密度曲线与横轴所夹的面积为

$$P(-\infty<x<+\infty)=\int_{-\infty}^{+\infty}\frac{1}{\sigma\sqrt{2\pi}}\mathrm{e}^{\frac{(x-\mu)^2}{2\sigma^2}}\mathrm{d}x=1 \tag{3-23}$$

标准正态分布的平均值为 0,方差为 1($\mu=0,\sigma=1$)的正态分布称为标准正态分布。随机变量 u 服从标准正态分布,记为 $u\sim N(0,1)$,标准正态分布的概率密度函数及分布函数分

别记作 $\varphi(u)$ 和 $F(u)$。

$$\varphi(u) = \frac{1}{\sqrt{2\pi}} \mathrm{e}^{-\frac{u^2}{2}} \tag{3-24}$$

$$F(u) = \frac{1}{\sqrt{2\pi}} \int_{-\infty}^{u} \mathrm{e}^{-\frac{1}{2}u^2} \mathrm{d}u \tag{3-25}$$

设 $u \sim N(0,1)$，则 u 在 $[u_1, u_2]$ 内取值的概率为

$$\begin{aligned}
P(u_1 \leqslant u \leqslant u_2) &= \frac{1}{\sqrt{2\pi}} \int_{u_1}^{u_2} \mathrm{e}^{-\frac{1}{2}u^2} \mathrm{d}u \\
&= \frac{1}{\sqrt{2\pi}} \int_{-\infty}^{u_2} \mathrm{e}^{-\frac{1}{2}u^2} \mathrm{d}u - \frac{1}{\sqrt{2\pi}} \int_{-\infty}^{u_1} \mathrm{e}^{-\frac{1}{2}u^2} \mathrm{d}u \\
&= F(u_2) - F(u_1)
\end{aligned} \tag{3-26}$$

$F(u_2)$ 与 $F(u_1)$ 可由附表查得，由此可以得到一些特殊概率值：

$$P(\mu - 2\sigma \leqslant x \leqslant \mu + 2\sigma) = 0.954\,5$$
$$P(\mu - 3\sigma \leqslant x \leqslant \mu + 3\sigma) = 0.997\,3$$
$$P(\mu - 1.96\sigma \leqslant x \leqslant \mu + 1.96\sigma) = 0.95$$
$$P(\mu - 2.58\sigma \leqslant x \leqslant \mu + 2.58\sigma) = 0.99$$

正态分布密度曲线和横轴围成的一个区域，其面积为 1，这实际上表明了"随机变量 x 取值在 $-\infty$ 与 $+\infty$ 之间是一个必然事件，其概率为 1。若随机变量 x 服从正态分布 $N(\mu, \sigma^2)$，则 x 在任意区间 $[x_1, x_2]$ 内取值的概率，记作 $P(x_1 \leqslant x < x_2)$，其值等于图中阴影部分曲边梯形的面积，即：

$$P(x_1 \leqslant x < x_2) = \frac{1}{\sigma\sqrt{2\pi}} \int_{x_1}^{x_2} \mathrm{e}^{-\frac{(x-\mu)^2}{2\sigma^2}} \mathrm{d}x \tag{3-27}$$

对 x 做转换 $u = \dfrac{x-\mu}{\sigma}$，得

$$P(x_1 \leqslant x < x_2) = \frac{1}{\sigma\sqrt{2\pi}} \int_{x_1}^{x_2} \mathrm{e}^{-\frac{(x-\mu)^2}{2\sigma^2}} \mathrm{d}x = \frac{1}{\sqrt{2\pi}} \int_{u_1}^{u_2} \mathrm{e}^{-\frac{1}{2}u^2} \mathrm{d}u = F(u_2) - F(u_1) \tag{3-28}$$

【例 3.5】设 x 服从 $\mu = 100$，$\sigma = 2$ 的正态分布，试求 $P(100 \leqslant x < 102)$。

解：令 $u = (x-100)/2$，则 u 服从标准正态分布，故

$$P(100 \leqslant x < 102) = P(0 \leqslant x < 1) = F(1) - F(0) = 0.841\,3 - 0.5 = 0.341\,3。$$

【例 3.6】某扇贝养殖场对扇贝的壳长进行了测定，其平均数为 60 mm，标准差为 8 mm。若规定壳长在 60 mm±4 mm 之间的扇贝为合格品，那么扇贝的合格率为多少？

解：$P(56 \leqslant x < 64) = P(-0.5 \leqslant u < 0.5) = F(0.5) - F(-0.5) = 0.691\,4 - 0.308\,54 = 0.382\,9。$

3.2.4　双侧概率与单侧概率

生物统计中，不仅关注随机变量 x 落在平均数加减不同倍数标准差区间之内（$\mu - k\sigma$，$\mu + k\sigma$）的概率，也关心 x 落在区间外的概率。

把随机变量 x 落在平均数 μ 加减不同倍数标准差 σ 区间之外的概率称为双侧概率(两尾概率),记作 α。对应于双侧概率可以求得随机变量 $x<\mu-k\sigma$ 或 $x>\mu+k\sigma$ 的概率,称为单侧概率(一尾概率),记作 $\alpha/2$。

$$P(x<\mu-1.96\sigma)=P(x>\mu+1.96\sigma)=0.025$$

$$P(x<\mu-2.58\sigma)=P(x>\mu+2.58\sigma)=0.005$$

【例 3.7】已知 $u \sim N(0,1)$,试求:

(1) $P(u<-u_\alpha)+P(u \geqslant u_\alpha)=0.10$ 的 u_α;

(2) $P(-u_\alpha \leqslant u < u_\alpha)=0.86$ 的 u_α。

解:(1)因为附表 2 的 $\alpha = 1 - \dfrac{1}{\sqrt{2\pi}} \displaystyle\int_{-u_\alpha}^{u_\alpha} e^{-\frac{1}{2}u^2} du$

所以 $P(u<-u_\alpha)+P(u \geqslant u_\alpha)=1-P(-u_\alpha \leqslant u < u_\alpha)=0.10=\alpha$。

所以 $u_{0.10}=1.644\,854$。

(2) $P(-u_\alpha \leqslant u < u_\alpha)=0.86$, $\alpha=1-P(-u_\alpha \leqslant u < u_\alpha)=0.14$,

$u_{0.14}=1.475\,791$。

3.3　本章小结

本章主要介绍了概率及其理论分布。首先介绍了概率与概率密度的概念、概率的计算方法、概率分布、大数定理以及中心极限定理等基本知识。其次还介绍了几种常见的概率分布,即二项分布、泊松分布和正态分布,最后还分别介绍了双侧概率和单侧概率的概念。

3.4　拓展阅读

3.4.1　统计学中校正 P 值的 FDR 方法

FDR(false discovery rate)译为"伪发现率",是统计学中一个很重要的概念,其意义为是错误拒绝[拒绝真的(原)假设]的个数占所有被拒绝的原假设个数的比例的期望值。FDR 常见于控制统计分析中概率的"假阳性"问题,例如 RNA-seq 差异表达分析中的 Padj 就是经过 FDR 校正后的 P 值,再比如,chip-seq 的经典 call peak 软件 MACS2 的 $-q$ 参数,就是指定的 FDR 的临界值(cutoff)。

FDR 作用是控制多重比较中大量升高的假阳性概率。统计推断会存在一定的假阳性概率,与 α 值相等,一般是 5%。但在高通量测序分析中,由于多重比较的存在,假阳性概率会急剧升高。假定一次转录组测序需要对 10 000 个基因进行差异表达分析,则会有 10 000 次统计推断,就会有 10 000×5%=500 次错误机会。而这 10 000 个基因不可能都是差异基因。假设有 5 000 个差异基因,假阳性率就是 500/5000=10%,阳性率约升高了 2 倍。而实际情况下,真实差异基因远远没有这么多,假阳性率就会非常高。Benjamini-Hochberg 方法是一种常见的校正方法。

3.4.2　大数定律与中心极限定理

概率论历史上第一个极限定理是由伯努利提出来的,后人称为"大数定律",即研究随机变量序列的算术平均值向随机变量各数学期望的算术平均值收敛的定律。通俗地说,当大量重复某一试验时,最后的频率无限接近事件概率。大数定律分为弱大数定律和强大数定律。

伯努利之后,还有很多数学家为大数定律的发展做出了重要的贡献,主要有拉普拉斯、李雅普诺夫、林德伯格、费勒、切比雪夫、辛钦等。1733 年,拉普拉斯经过推理证明二项分布的极限分布是正态分布,后来又证明其他任何分布都遵循这一规律,为中心极限定理的发展做出了伟大的贡献。20 世纪,李雅普诺夫在拉普拉斯定理的基础上,采用特征函数法,将大数定律的研究延伸到函数层面,再一次推动了中心极限定理的发展。到 1920 年,数学家们开始探讨中心极限定理在什么条件下普遍成立,这才有了后来发表的林德伯格条件和费勒条件,这些成果对中心极限定理的发展都功不可没。

经过几百年的发展,大数定律体系已经很完善了,也出现了更多更广泛的大数定律,例如,切比雪夫大数定律、辛钦大数定律、泊松大数定律、马尔科夫大数定律等。正是这些数学家们的不断研究,大数定律才得以如此迅速发展,才得以完善。

3.5　习题

1. 某单位共有员工 100 名,其中来自山东省的有 25 名,来自河南省的有 10 名。问:任意抽取一名员工,其来自山东、河南两省的概率是多少?

2. 某高校统计的本校学生父母的受教育程序结果如下:母亲为大学文化程度的学生占 30%,父亲为大学文化程度的学生占 20%,而父母双方都具有大学文化程度的学生占 10%。问:从学生中任抽一名,其父母有一人具有大学文化程度的概率是多少?

3. 根据统计结果,男婴出生的概率为 $\frac{22}{43}$;女婴出生的概率为 $\frac{21}{43}$。某单位有两名孕妇,问:这两名孕妇都生男婴、女婴、一男婴一女婴的概率是多少?

4. 鸽子的寿命一般为 25 年,年龄为 15 岁鸽子的存活概率为 0.8,年龄为 20 岁鸽子的存活概率为 0.4。问:年龄 15 岁的鸽子存活到 20 岁的概率是多少?

5. 某学院对全班选修课程情况进行了统计,其中选修"生物统计学"的有 45%,选修"药物信息学"的有 60%,两门课程都选修的有 30%。求:

(1)只选修"生物统计学"的概率;

(2)至少选修以上一门课程的概率;

(3)只选修以上一门课程的概率;

(4)以上两门课程都不选修的概率。

6. 某地区职业代际流动统计,服务性行业的工人代际向下流动的概率为 0.07,静止不流动的概率为 0.85。求服务性行业的代际向上流动的概率是多少。

7. 消费者协会在某地对去国外旅游的动机进行了调查,发现旅游者出于游览名胜的概率为 0.219;出于异族文化吸引的占 0.509;而两种动机兼而有之的占 0.102。问:旅游动机为游览名胜或为异族文化吸引的概率是多少?

8. 根据生命表,年龄为 60 岁的人,有望活到下年的概率为 $p=0.95$。设某单位年龄为 60 岁的人共有 10 人,问:

(1)其中有 9 人活到下年的概率为多少?

(2)至少有 9 人活到下年的概率是多少?

9. 已知随机变量 X 的概率分布如下:

X	0	1	2	3	4
$P(X)$	0.1	0.2	0.4	0.2	0.1

试求:(1)$E(X)$;

(2)$E(X^2)$;

(3)令 $Y=(X-1)^2$,求 $E(Y)$;

(4)$D(X)$;

(5)$D(X^2)$。

10. A、B、C 为三事件,指出以下事件哪些是对立事件:

(1)A、B、C 都发生;

(2)A、B、C 都不发生;

(3)A、B、C 至少有一个发生;

(4)A、B、C 最多有一个发生;

(5)A、B、C 至少有两个发生;

(6)A、B、C 最多有两个发生。

11. 从户籍卡中任抽 1 名,设:A="抽到的是妇女";B="抽到的受过高等教育";C="未婚"。求:

(1)用符号表达"抽到的是受过高等教育的已婚男子";

(2)用文字表达 ABC;

(3)什么条件下 $ABC=A$?

12. 已知 1~1000 号国库券已到期,须抽签还本付息,求以下事件的概率:

(1)抽中 701 号;

(2)抽中的号小于 225 号;

(3)抽中的号大于 600 号;

(4)抽中 1020 号;

(5)抽中的号大于或者等于 700 号;

(6)抽中的号小于 125 号或者大于 725 号;

(7)抽中的号小于 50 号或者大于 700 号。

13. 一个口袋中装有 10 只球,分别编上号码 1,…,10。随机地从这个口袋取 3 个球,试求:

(1)最小号码是 5 的概率;

(2)最大号码是 5 的概率。

14. 共有 5 000 个同龄人参加人寿保险,设死亡率为 0.1%。参加保险的人在年初应交纳保险费 10 元,死亡时家属可领 2 000 元。求保险公司一年内从这些买保险的人中,获利不少于 30 000 元的概率。

第 **4** 章

抽样分布

在统计学研究中,二项分布、泊松分布和正态分布是三大概率分布,而 χ^2 分布、t 分布和 F 分布则分别是三大抽样分布。这三大抽样分布发现于现代统计学的形成时期,对于以参数统计推断为主要内容的现代统计学理论的形成有着重要意义。χ^2 分布的发现来源于卡尔·皮尔逊创立 χ^2 拟合优度理论的过程,而 t 分布的发现来源于戈塞特小样本理论的创立过程,F 分布则是来源于费歇尔创立方差分析理论的过程。

4.1 三大抽样分布的研究意义

三大抽样分布在统计学理论中占据着重要地位,因此,研究三大抽样分布对于科学研究有着重要意义。在实际工作中,统计工作者对于三大抽样分布的研究必不可少,通过研究三大抽样分布的产生、发展和完善,能够充分了解三大抽样分布理论的重要性。具体到统计学三大分布,对于三大分布理论的研究,能够在充分吸收前人研究成果的基础上不断进行理论创新,从而推动科学技术的进步。纵观所有的科技进步,无一不是在充分研究前人成果的基础上发展而来的。研究统计学三大抽样分布,对于我国社会经济发展有着重要的推动作用。三大抽样分布产生于十九世纪末二十世纪初,在统计学的发展过程中,每一次新的分析统计数据概率模型的发现,都会促进统计学理论发生一次重大飞跃。为此,要想研究三大抽样分布,就应该对其发展过程进行研究。统计量是样本的函数,是随机变量,有其概率分布,统计量的分布称为抽样分布。

4.1.1 χ^2 分布的早期发展

由于受到中心极限定理和正态误差理论的影响,正态分布一直在统计学中占据重要地位。在很多数学家和哲学家心目中,正态分布是唯一可用的分析和解释统计数据的方法。但是随着时代的发展,一些学者开始对正态性提出了质疑,随后,在多位科学家的试验验证下,正态分布与实际数据拟合不好的情况日渐凸显出来,科学家纷纷开始研究比正态分布范围更广的分布类型,其中 χ^2 就是最早的偏态分布。最早引入偏态分布的是麦克斯韦(J. C. Maxwel),他在研究气体分子运动的过程中引入了 χ^2 分布。1891 年 χ^2 分布首次被作为统计量的分布导出。皮泽蒂(Pizzetti)在求线性模型最小二乘估计残差平方和的分布时,通过富氏分析法得出了 χ^2 的分布。随着时代的发展,正态分布理论的局限更加明显,更加推动了偏态分布的发展。卡尔·皮尔逊是对偏态分布贡献最大的人,成为一代统计学巨人。按照他的观点,统计学应该把在模型基础上对观测数据进行有效预测作为基本任务,所以他开创了一簇曲线对观测数据进行拟合,使得分布拟合数据的应用范围进一步扩大。

4.1.2　戈塞特与 t 分布

在二十世纪初之前,统计学理论的发展都是在大样本的基础上进行数据分析的。众所周知,中心极限定理在当时占据了统治地位,在社会统计领域发挥着重要作用,但是随着时代的发展,科技的进步,统计学家对人工控制的条件试验越来越重视,统计学家的数据来源也不再局限于自然采集,而是逐渐加强了人工条件的控制。对于统计数据的量也不再是大量的,而是逐渐转向小样本。为此,小样本统计理论获得了发展,从而引发了统计学理论的革命,而戈塞特就成为这场统计学革命的领导者,开创了小样本统计理论的先河。他的论文《均值的或然误差》于 1908 年发表在《生物计量学》杂志上,在论文中提出了小样本理论,从而为统计学的发展做出了重要贡献。戈塞特在学习误差理论和最小二乘的统计学知识时,发现这些书中的传统方法和定理都不能解决他的问题,这些理论都要求观测值具有独立性,但是他的样本是小样本,无论是在农业试验还是在实验室检验条件下,他的观测值都具有明显的相关性。之后他还跟卡尔·皮尔逊有过一次会面,卡尔·皮尔逊向他展示了很多相关系数和或然误差的最新论文,使他获益匪浅。在以后的时间里,戈塞特继续写了很多关于统计方法的文章。1927 年,他在《一般分析的误差》论文中有这样的表述:"这个程序的应用给了一个规则,但是应该记住这个规则应该被当成必需的补助而不是常识的替代"。戈塞特的 t 分布为现代统计学的发展做出了重要贡献,促进了现代统计学的发展。

4.1.3　费歇尔的 F 分布

在二十世纪初,统计学理论的研究仍然以相关和回归为主要研究内容,尤其是多元性模型和多维正态分布,更是在统计学中占据着统治地位,长期没有受到动摇。χ^2 分布来源于线性模型最小二乘方法所得残差平方,t 分布则来源于线性模型,更值得一提的是,F 分布也是来源于线性模型理论。费歇尔对回归方程进行拟合优度检验时发现了 F 分布。此后,F 分布在回归系数显著性的检验和方差分析检验中逐渐得到了广泛应用。

4.2　总体与样本的关系

4.2.1　抽样的概念与抽样方法

4.2.1.1　抽样的概念

从总体中随机地抽取若干个体样本的过程称为抽样(sampling),又称取样。抽样的基本要求是要保证所抽取的样品单位对全部样品具有充分的代表性。抽样的目的是从被抽取样品单位的分析、研究结果来估计和推断全部样品特性,是科学实验、质量检验、社会调查普遍采用的一种经济有效的工作和研究方法。

由总体随机抽样(random sampling)可分为返置抽样和不返置抽样两种。有返置抽样指从总体中每次抽出一个个体后,这个个体应返置回总体。所有可能的样本数为 n 个,其中 n 为样本总量。若每次抽出的个体不返置回原总体,为不返置抽样。对于无限总体,返置与否都可保证各个个体被抽到的机会相等;对于有限总体,就应该采取返置抽样,否则各个个体被抽到的机会就不相等。

4.2.1.2 抽样方式

抽样的基本方式分为两大类:随机抽样和非随机抽样。

若总体中每个个体被抽取的机会是均等的,则称为随机抽样。随机抽样必须遵循两个原则,一是总体中的每个个体都有同等的被抽中的机会。二是抽取应当是完全客观的,不能依据某个人的主观意志加以选择。抽样的人或单位彼此之间没有牵连,每个人或单位的选择都是独立的。

非随机抽样是根据主客观条件而主观选择样本的方式,又称判断抽样。这种方式虽然有省人、省时、省物、易实施的优点,但科学性较差,不能保证样本的代表性。

什么时候采用随机抽样,什么时候采用非随机抽样,应当根据各种条件来决定,例如,研究的性质、对误差容忍的程度、抽样误差与非抽样误差的相对大小、总体中的变差,以及对统计可操作性的考虑等。尽管非随机抽样不能推断总体特征,不能计算抽样误差,但在实际检验中仍经常被应用。一方面是操作的考虑,另一方面也是因为所检验内容不需投射总体。如概念测试、包装测试、名称测试以及广告测试等,这类研究中,主要的兴趣集中在样本给出各种不同应答的比例。随机抽样用于需要对总体特征给出很准确的估计的情况。例如要估计市场占有率、整个市场的销售量等都采取随机抽样。

(1)随机抽样。概率抽样包括简单随机抽样、等距抽样、分层抽样、整群抽样等。在实地检验中,经常把这几种抽样方法相互结合运用。

1)简单随机抽样。简单随机抽样,也叫纯随机抽样。就是从总体中不加任何分组、划类、排队等,完全随机地抽取检验单位。特点是:每个样本单位被抽中的概率相等,样本的每个单位完全独立,彼此间无一定的关联性和排斥性。简单随机抽样是其他各种抽样形式的基础。简单随机抽样要求处于总体的个体之间差异程度较小。

2)等距抽样(机械抽样或系统抽样)。把总体中的所有个体按照一定的标志排列编号,然后以固定的顺序和间隔取样的方法,称为等距抽样。将评估对象总体单位 N 按照一定的标志进行排队编号,并将 N 划分成相等的几个单位,使 $K = N/n$,然后随机抽取 $i, i+K, i+2K, \cdots, i+(n-1)K$ 共 n 个个体组成样本。

等距抽样比单纯随机抽样更能够保证抽到的个体在总体中分布的均匀性,抽样的独立性较强。单纯随机抽样比等距抽样更能够保证总体中的个体被抽到的机会的均等性,即抽样的随机性较强。单纯随机抽样和等距抽样二者也可以结合使用。等距抽样中样本容量的确定可按单纯随机抽样的公式进行计算。

等距抽样方法一般不适用于大容量的评估总体;当评估总体的个体类别间悬殊较大时,等距抽样抽取的样本常常缺乏代表性;等距抽样的间隔接近评估总体中个体类别分布的间隔时,常常形成周期性的偏差。这些都是教学评估测量中应用等距抽样需要注意的基本方面。

3)分层抽样。按与评估内容有关的因素指针等标志先将评估总体加以分组(分层),然后根据样本容量与总体的比例,从各层中进行单纯随机抽样或等距抽样的抽样方法,称为分层抽样。例如,对评估对象数量为 N 的总体中,拟取 n 个个体为样本,可根据一定的标准将 N 个个体分成优(N_1 个)、良(N_2 个)、中(N_3 个)、差(N_4 个)四层,然后从各部分(层)中用单纯随机抽样或机械抽样的方法,各抽取 n/N,即从优、良、中、差等层中分别抽取 $N_i = n/N (i=1,2,3,4)$ 个个体,组成一个评估测量样本。

运用分层抽样抽取评估的测量样本时,首先要尽力缩小各层组内的差异,增大层组间的差异;其次层组的划分也不宜过细,以免层组内个体数目过少而无法抽样;再次划分层次的标准必须明确,以免混淆或遗漏。

特点是:通过划类分层,增大了各类型单位间的共同性,容易抽出具有代表性的检验样本。该方法适用于总体情况复杂,各单位之间差异较大,单位较多的情况。

4)整群抽样。整群抽样就是从总体中成群成组地抽取检验单位,而不是一个一个地抽取检验样本。分层抽样划组层为类,其作用是尽量缩小总体,使总体的变异减少,而抽取的基本单位仍然是总体中的个体。整群抽样是将评估对象总体的各个个体划分成若干群。然后以群为单位从中随机抽取一些群而组成样本的方法,从中抽取若干个群,对抽中的群内的所有单元都进行检验。即整群抽样划组层为群,群的作用是扩大单位,抽取的单位不再是总体单位而是群。例如,要测量某市某年级学生的数学高考成绩,可以以学校为单位进行抽样。

整群抽样的主要缺点是样本分布的均匀性较差,误差也较其他抽样方法大。为了弥补这种缺陷,增强样本对总体的代表性,可以与分层抽样相结合,例如,先按一定的标准把全地区所有学校分成几部分,然后再根据样本容量与总体中个体的比例,从各部分中抽取若干学校,组成整群样本。

特点是:检验单位比较集中,检验工作的组织和进行比较方便。但检验单位在总体中的分布不均匀,准确性较差。因此,在群间差异性不大或者不适宜单个地抽选检验样本的情况下,可采用这种方式。

5)阶段抽样。当评估所要测量的总体很大时,在实践中常采用阶段抽样。首先将评估总体分为 A 组,每组包含 B_i 个单位。从 A 组中随机抽取 a 组,再分别从抽中的 a 组的各组中随机抽取 n_i 个单位,构成一个样本,这种抽样方法就是阶段抽样中的两阶段抽样,其中总体单位数 $N = B_1 + B_2 + B_3 + \cdots + B_a$,各组的单位数 B_i 可以相等,也可以不相等;样本单位数 $n = n_1 + n_2 + \cdots + n_a$,各组抽取的样本单位数可以相等,也可以不等。多阶段抽样的原理与两阶段抽样的原理相同。在阶段抽样中,由于每一阶段的抽样都会产生误差,所以阶段越多,误差越大,经多阶段抽取的样本的代表性越差。因此运用阶段抽样时,要特别谨慎,尽量提高各阶段抽样的精确度,严格控制整群、分层、机构、单纯随机抽样的误差限度。防止误差传递造成阶段抽样的失败。

6) 目的抽样。目的抽样是根据特定的目的,有针对性地随机抽取样本。虽然从广义上说,目的抽样也是随机抽样的一部分,但它与一般的随机抽样却有所不同,它强调抽样的针对性与目的性,而不是泛泛地任意抽取样本。在运用这种抽样方法时,先要根据一定的抽样目的与需要,挑选出符合抽样目的与需要的对象,然后再在这些已挑选出的对象中进行抽样。如检验一个学校优秀教师的情况,事先要把那些符合优秀教师标准的人挑选出来,然后再从这些人中抽样。由于目的抽样是在一定的符合抽样目的的范围内进行,所以用目的抽样法抽出来的样本都具有一定的代表性,可以免去其他随机抽样的任意性与偶然性因素,便于集中精力,取得检验的实际效益。因此,目的抽样就成为抽样法搜集教学评估资料信息的一种行之有效的重要办法。

(2)非随机抽样。非随机抽样是不能计算抽样误差的,因为它是靠调研者个人的判断来进行的抽样。它包括偶遇抽样(方便抽样)、判断抽样、配额抽样、雪球抽样等。

1)偶遇抽样(方便抽样)。常见的未经许可的街头随访或拦截式访问、邮寄式检验、杂志内问卷检验等都属于偶遇抽样的方式。偶遇抽样是所有抽样技术中花费最小的(包括经费和时间)。抽样单元是可以接近的、容易测量的,并且是合作的。尽管有许多优点,但这种形式的抽样还是有严重的局限性。许多可能的选择偏差都会存在,如被检验者的自我选择、抽样的主观性偏差等。这种抽样不能代表总体和推断总体。因此,当我们在进行街头访问或邮寄检验时,一定要谨慎对待检验结果。

2)判断抽样。判断抽样是基于调研者对总体的了解和经验,从总体中抽选"有代表性的""典型的"单位作为样本,例如从全体企业中抽选若干先进的、居中的、落后的企业作为样本,来考察全体企业的经营状况。如果判断准,这种方法有可能取得具有较好代表性的样本,但这种方法受主观因素影响较大。

3)配额抽样。配额抽样是根据总体的结构特征来给检验员分派定额,以取得一个与总体结构特征大体相似的样本,例如根据人口的性别、年龄构成来给检验员规定不同性别、年龄的检验人数。配额保证了在这些特征上样本的组成与总体的组成是一致的。一旦配额分配好了,选择样本元素的自由度就很大。唯一的要求就是所选的元素要适合所控制的特性。这种抽样方法的目的是使样本对总体具有更好的代表性,但仍不一定能保证样本就是有代表性的。如果与问题相关联的某个特征未被考虑进配额,配额样本可能就不具有代表性,但在实施中包括太多的控制特征是十分困难的。另外,用这种方法进行选择时,往往存在检验员的选择偏好,因而也难以避免主观因素的影响。如果在严格控制检验员和检验过程的条件下,可使配额抽样获得与某些概率抽样非常接近的结果。在进行配额抽样时,要特别注意配额与检验结果之间的密切联系。

4)雪球抽样。雪球抽样是先选择一组检验对象,通常是随机地选取的。访问这些检验对象之后,再请他们提供另外一些属于所研究的目标总体的检验对象,根据所提供的线索,选择此后的检验对象。这一过程会继续下去,形成一种滚雪球的效果。此抽样的主要目的是估计在总体中十分稀有的人物特征。由于后来被推荐的人可能类似于推荐他们的那些人,因此这种方式的检验也是非随机的。

4.2.2　抽样的一般程序与原则

4.2.2.1　抽样的一般程序

抽样的一般程序主要由界定总体、确定取样范围、确定样本容量、实际抽取样本、评估样本质量等 5 个有序的步骤构成。

(1)界定总体。界定总体就是在具体抽样前,根据本次研究的目的和任务,明确所要测量属性的范围,首先对抽取样本的总体范围与界限做明确的界定。

(2)确定取样范围。明确总体内抽样的范围并在抽样总体内收集界定全部个体,建立抽样方案。

(3)确定样本容量。根据不同抽样方案的差异程度及评估所要求的目的性,确定最经济的样本容量。

(4)实际抽取样本。实际抽取样本的工作就是在上述几个步骤的基础上,严格按照所选定的抽样方案,采用科学的抽样方法及其组合,从总体中抽取样本并确定测量的对象。

(5)评估样本质量。运用统计学原理对抽取的样本特征进行评估,即对样本的质量、代表性、偏差等进行初步的检验和衡量,其目的是防止由于样本的偏差过大而导致的失误。

4.2.2.2　抽样原则

抽样设计在进行过程中要遵循四项原则,分别是:

(1)随机性原则。随机性原则是统计学抽样中的首要原则,指在抽取调查单位时,样本单位的抽取不受调查者主观因素的影响和其他系统性因素的影响,完全排除人们主观意识的影响,使总体中的每个单位都有同等被抽中的机会,抽选与否纯粹是偶然事件。

在统计抽样调查中,必须坚持随机性原则。这是因为:①坚持随机性原则,使抽样调查建立在概率论的理论基础之上,排除主观因素等非随机因素对抽样调查的影响,保证抽样的科学性。②坚持随机性原则,才能保证所抽样本的分布类似于总体的分布,才能保证样本对总体的代表性。③坚持随机性原则才能计算抽样误差,把它控制在一定的范围内,从而达到抽样推断的目的。

(2)代表性原则。抽样是以从研究总体中所取出的全部样本来代表总体,不应以个别样本来代替,因为单个样本的数值有大有小,当抽取足够多样本时,其平均数即接近总体的参数值。抽样必须具有足够的代表性,否则检验时即使运用最先进方法和技术,也不可能得出准确的统计分析结果,从而会对总体参数或者分布做出错误决策。

(3)可行性原则。抽样的数量及方法,使用的抽样装置和工具,应是合理可行,切合实际,符合进出口商品检验的要求,应在准确的基础上达到快速、经济,节约人力、物力。

(4)先进性原则。改进抽样技术和抽样标准,达到国际先进水平,以符合国际贸易的要求。

4.2.3　抽样误差

设有一个总体,总体平均数为 μ,方差为 σ^2,总体中各变量为 x,将此总体称为原总体。现从这个总体中随机抽取含量为 n 的样本,样本平均数记为 $\bar{x}$。可以设想,从原总体中可以抽出很多甚至无穷多个含量为 n 的样本。由这些样本算得的平均数有大有小,不尽相同,$\bar{x}$

与原总体平均数 μ 相比往往表现出不同程度的差异。这种差异是由随机抽样造成的,称为抽样误差。

4.2.4 总体参数与样本抽样统计量

抽样分布的样本平均数也是一个随机变量,其概率分布为样本平均数的抽样分布。由样本平均数构成的总体称为样本平均数的抽样总体,其平均数和标准差分别为 $\mu_{\bar{x}}$ 和 $\sigma_{\bar{x}}$。$\sigma_{\bar{x}}$ 是样本平均数抽样总体的标准差,简称标准误,它表示平均数抽样误差的大小。统计学上证明抽样 $\bar{x}$ 总体的两个参数与 x 原总体的两个参数有如下关系:

$$\mu_{\bar{x}}=\mu,\sigma_{\bar{x}}=\frac{\sigma}{\sqrt{n}} \tag{4-1}$$

x 变量与抽样 $\bar{x}$ 变量概率分布间的关系可由下列两个定理说明:

若随机变量 x 服从正态分布 $N(\mu,\sigma^2)$,$x_1,x_2,\cdots,x_n$ 是由 x 总体得来的随机样本,则统计量 $\bar{x}=\dfrac{\sum x}{n}$ 的概率分布也是正态分布,且有

$$\mu_{\bar{x}}=\mu,\sigma_{\bar{x}}=\frac{\sigma}{\sqrt{n}} \tag{4-2}$$

抽样 $\bar{x}$ 服从正态分布 $N(\mu,\sigma^2/n)$。若随机变量 x 服从平均数为 μ,方差是 σ^2 的分布(不是正态分布),$x_1,x_2,\cdots,x_n$ 是由此总体得来的随机样本,统计量 $\bar{x}=\dfrac{\sum x}{n}$ 的概率分布,当 n 相当大时,逼近正态分布 $N(\mu,\sigma^2/n)$,这就是中心极限定理。中心极限定理告诉我们:不论 x 变量是连续型还是离散型,也无论 x 服从何种分布,一般只要 $n>30$,就可认为 x 的分布是正态的。若 x 的分布不很偏倚,在 $n>20$ 时,x 的分布就接近于正态分布了。这就是正态分布比其他分布应用更为广泛的原因。

标准误差大小反映样本平均数 $\bar{x}$ 的抽样误差大小,即精确性高低。标准误大,说明样本平均数 $\bar{x}$ 间差异程度大,样本平均数的精确性低。反之,$\sigma_{\bar{x}}$ 小,说明 $\bar{x}$ 间的差异程度小,样本平均数的精确性高。

$\sigma_{\bar{x}}$ 的大小与原总体的标准差 σ 成正比,与样本含量 n 的平方根成反比。从某特定总体抽样,因为 σ 是一常数,所以只有增大样本含量才能降低样本平均数 $\bar{x}$ 的抽样误差。

4.3 统计量的分布

4.3.1 抽样试验与无偏估计

从总体中抽样必须符合随机性原则,即保证总体中的每一个个体在每一次抽样中都有相同的概率被抽取为样本。从理论上讲,从一个总体中抽取所有可能的样本,就能获得抽样实验,如在一批产品中随机抽取的一些部件上进行的实验。但是,这样的抽样实验不仅在无

限总体中无法做到,就是在许多有限总体中也难以做到。解决这一矛盾的方法是:仅抽取一部分样本进行研究,或对小的有限总体进行放回式抽样,又称为复置抽样。实践证明,部分抽样比较接近实际。在有放回的小总体中抽样,样本可以从不会耗尽的总体中获得,所以从理论上可以看成容量是无限的,因此具有无限总体抽样的性质,即所获得样本是等概率的和随机的。

无偏估计是样本估计量参数的期望值等于参数的真实值。估计量的数学期望等于被估计参数,称此为无偏估计。对于待估参数,不同的样本会得到不同的估计值。要确定一个估计量的好坏,就不能仅依据某次抽样的结果来衡量,必须由大量抽样的结果来衡量。尽管在一次抽样中得到的估计值不一定恰好等于待估参数的真值,但在大量重复抽样时,得到的估计值平均起来应与待估参数的真值相同。希望估计量的均值等于未知参数的真值。

设有一个 $N=3$ 的近似正态分布总体,具有变量 $3,4,5$,计算出 $\mu=4$、$\sigma^2=0.666\,7$、$\sigma=0.816\,5$。现在 $n=2$ 作独立的放回式抽样,总共可得 $N^n=3^2=9$ 个样本,其抽样结果列于表 4-1。

表 4-1　$n=2$ 的独立放回式抽样结果

样本编号	样本值	$\bar{x}$	s^2	s
1	3,3	3.0	0.0	0.000 0
2	3,4	3.5	0.5	0.707 1
3	3,5	4.0	2.0	1.414 2
4	4,3	3.5	0.5	0.707 1
5	4,4	4.0	0.0	0.000 0
6	4,5	4.5	0.5	0.707 1
7	5,3	4.0	2.0	1.414 2
8	5,4	4.5	0.5	0.707 1
9	5,5	5.0	0.0	0.000 0
Σ		36.0	6.0	5.656 8

样本平均数 $\bar{x}$ 的平均 $\mu_{\bar{x}}=\dfrac{36}{9}=4=\mu$,样本方差 S^2 的平均数 $\mu_{S^2}=\dfrac{6}{9}=0.666\,7=\sigma^2$,样本标准差 S 的平均数 $\mu_S=\dfrac{5.656\,8}{9}=0.628\,5\neq\sigma$。

在统计上,如果所有可能样本的某一统计数的平均数等于总体的相应参数,则称该统计数为总体相应参数的无偏估计值。根据上述计算结果,可以知道:

(1)样本平均数 $\bar{x}$ 是总体平均数 μ 的无偏估计值。

(2)样本方差 S^2 是总体方差 σ^2 的无偏估计值。

(3)样本标准差 S 不是总体标准差 σ 的无偏估计值。

4.3.2 样本平均数的分布

对上述 $N=3, n=2$ 抽样实验所得的 9 个样本平均数,可整理成次数分布表,列于表 4-2。如果对这个 3,4,5 组成的总体再进行 $n=4$ 的抽样实验,则共可得到 $N^n=3^4=81$ 个样本平均数,其平均数的次数分布也列于表 4-2。由于从总体中抽出的样本为每一个可能样本,且每个样本中的变量均为随机变量,所以其样本平均数也为随机变量,也形成一定的理论分布,这种理论分布称为样本平均数的概率分布,或称样本平均数的分布。

表 4-2 样本容量不同的样本平均数的次数分布

\multicolumn{4}{c}{$n=2$}				\multicolumn{4}{c}{$n=4$}			
$\bar{x}$	f(次数)	$f\bar{x}$	$f\bar{x}^2$	$\bar{x}$	f(次数)	$f\bar{x}$	$f\bar{x}^2$
3.0	1	3	9.0	3.00	1	3	9.00
				3.25	4	13	42.25
3.5	2	7	24.5	3.50	10	35	122.50
				3.75	16	60	225.00
4.0	3	12	48.0	4.00	19	76	304.00
				4.25	16	68	289.00
4.5	9	9	40.5	4.50	10	45	202.50
				4.75	4	19	90.25
5.0	1	5	25.0	5.00	1	5	25.00
$\sum$	9	36	147.0	$\sum$	81	324	1 309.50

样本平均数的分布与其他分布一样有两个重要参数:一个是样本平均数的平均数,记作 $\mu_{\bar{x}}$;另一个是样本平均数的方差,记作 $\sigma_{\bar{x}}^2$。根据表 4-2,可求得 $n=2$ 的样本平均数 $\mu_{\bar{x}}$ 和方差 $\sigma_{\bar{x}}^2$ 为

$$\mu_{\bar{x}} = \frac{\sum f\bar{x}}{N^n} = \frac{36}{9} = 4 = \mu$$

$$\sigma_{\bar{x}}^2 = \frac{1}{N^n}\left[\sum f x^2 - \frac{\left(\sum f\bar{x}\right)^2}{N^n}\right] = \frac{1}{9} \times \left(147 - \frac{36^2}{9}\right) = 0.333\ 3 = \frac{\sigma^2}{n}$$

同样,可求得 $n=4$ 时样本平均数的平均数 $\mu_{\bar{x}}$ 和方差 $\sigma_{\bar{x}}^2$ 为

$$\mu_{\bar{x}} = \frac{324}{81} = 4 = \mu$$

$$\sigma_{\bar{x}}^2 = \frac{1}{81} \times \left(1\ 309.50 - \frac{324^2}{81}\right) = 0.166\ 7 = \frac{\sigma^2}{n}$$

由以上抽样实验,可得出样本平均数分布具有以下基本性质:

(1)样本平均数分布的平均数等于总体平均数,即

$$\mu_{\bar{x}} = \mu \tag{4-3}$$

（2）样本平均数分布的方差等于总体方差除以样本总量,即

$$\sigma_{\bar{x}}^2 = \frac{\sigma^2}{n} \tag{4-4}$$

样本平均数的标准误差,即平均数的标准误为

$$\sigma_{\bar{x}} = \frac{\sigma}{\sqrt{n}} \tag{4-5}$$

（3）如果从正态总体 $N(\mu,\sigma^2)$ 进行抽样,其样本平均数 $\bar{x}$ 是一个具有平均数 μ、方差 $\frac{\sigma^2}{n}$ 的正态分布,记作 $N\left(\mu,\frac{\sigma^2}{n}\right)$。

（4）如果被抽样总体不是正态总体,但具有平均数 μ 和方差 σ^2,当样本容量 n 不断增大,样本平均数 $\bar{x}$ 的分布也越来越接近正态分布,且具有平均数 μ、方差 $\frac{\sigma^2}{n}$,即中心极限定理。这个性质对于连续型变量或非连续型变量都能适用。不论总体为何种分布,一般只要样本容量 $n \geqslant 30$,属于大样本,就可应用中心极限定理,认为样本平均数 $\bar{x}$ 的分布是正态分布。在计算样本平均数出现的概率时,样本平均数 $\bar{x}$ 可按下面公式进行标准化:

$$u = \frac{\bar{x} - \mu_{\bar{x}}}{\sigma_{\bar{x}}} = \frac{\bar{x} - \mu}{\frac{\sigma}{\sqrt{n}}} \tag{4-6}$$

4.3.3　样本平均数差数的分布

设有两个相互独立的正态总体,总体一为 $N_1 = 2$,具有变量 3,6,其平均数 $\mu_1 = 4.5$,方差 $\sigma_1^2 = 2.25$,当以 $n_1 = 3$ 进行抽样实验,共可得 $2^3 = 8$ 个样本,求得 $\mu_{\bar{x}} = 4.5$,$\sigma_{\bar{x}}^2 = 0.75$;总体二为 $N_2 = 3$,具有变量 2,4,6,其平均数 $\mu_2 = 4$,方差 $\sigma_{\bar{x}}^2 = 2.6667$。当 $n_2 = 2$ 进行抽样实验,共得 $3^2 = 9$ 个样本,求得 $\mu_{\bar{x}} = 4$,$\sigma_{\bar{x}}^2 = 1.3333$。将来自两个总体的样本平均数进行所有可能的比较,得到 72 个样本平均数差 $(\bar{x}_1 - \bar{x}_2)$。

根据统计计算,可得样本平均数差数分布的基本性质:

（1）样本平均差数的平均数等于总体平均数的差数(或样本平均数分布的平均数的差数),即

$$\mu_{\overline{x_1} - \overline{x_2}} = \mu_1 - \mu_2 = \mu_{\overline{x_1}} - \mu_{\overline{x_2}} \tag{4-7}$$

（2）样本平均数差数的方差等于总体方差除以各自样本量之和(或两样本平均数方差之和)

$$\sigma_{\overline{x_1} - \overline{x_2}}^2 = \frac{\sigma_1^2}{n_1} + \frac{\sigma_2^2}{n_2} \tag{4-8}$$

进而,有样本平均数差数标准误(standard error of the sample mean difference)

$$\sigma_{\overline{x_1} - \overline{x_2}} = \sqrt{\frac{\sigma_1^2}{n_1} + \frac{\sigma_2^2}{n_2}} \tag{4-9}$$

当 $\sigma_1^2 = \sigma_2^2 = \sigma^2$，可简化为

$$\sigma_{\bar{x}_1-\bar{x}_2}^2 = \sigma^2 \left(\frac{1}{n_1} + \frac{1}{n_2} \right) \tag{4-10}$$

当 $n_1 = n_2 = n$ 时，可进一步简化为

$$\sigma_{\bar{x}_1-\bar{x}_2}^2 = \frac{2\sigma^2}{n} \tag{4-11}$$

（3）从两个独立正态总体中抽出的样本平均差数的分布也是正态分布，并具有平均数 $\mu_1 - \mu_2$ 和方差 $\sigma_{\bar{x}_1-\bar{x}_2}^2$，记作 $N(\mu_1-\mu_2, \sigma_{\bar{x}_1-\bar{x}_2}^2)$。

4.4 t 分布

4.4.1 标准差已知时的平均数分布

从平均数 μ，标准差 σ 的正态总体中，独立随机地抽取含量为 n 的样本，则 $\mu_{\bar{y}} = \mu$，$\sigma_{\bar{y}} = \frac{\sigma}{\sqrt{n}}$。样本平均数是一个服从正态分布的随机变量，记为 $\bar{Y}$，$\bar{Y}$ 服从 $N\left(\mu, \frac{\sigma^2}{n}\right)$，将其标准化后 $u = \frac{\bar{y}-\mu}{\frac{\sigma}{\sqrt{n}}}$，$S = \frac{\sigma}{\sqrt{n}}$ 为平均数的标准误差。如果变量是正态的或者近似正态的，则标准化的变量服从或近似服从 $N(0,1)$ 分布；如果总体是非正态的，当样本含量 n 充分大时，其样本平均数亦服从正态分布。

4.4.2 标准差未知时平均数的分布——t 分布

根据抽样分布的性质知道：若 $x \sim N(\mu, \sigma^2)$，将随机变量 x 标准化为：$u = (x-\mu)/\sigma$，则 $u \sim N(0,1)$。当总体标准差 σ 未知时，以样本标准差 S 代替 σ 所得到的统计量 $\frac{(x-\mu)}{S_x}$ 记为 t。在计算 S_x 时，由于采用 S 来代替 σ，使得 t 变量不再服从标准正态分布，而是服从 t 分布。由 t 值所组成的分布叫 t 分布。

用样本标准差代替总体标准差，标准化变量 $\frac{\bar{y}-\mu}{\frac{S}{\sqrt{n}}}$ 并不服从正态分布，而服从具有 $n-1$ 自由度的 t 分布：

$$t = \frac{\bar{y}-\mu}{\frac{S}{\sqrt{n}}} \tag{4-12}$$

其中，$\frac{S}{\sqrt{n}}$ 称为样本标准误差。t 分布类似于正态分布，也是一种对称分布，它只有一个参数，即自由度（degree of freedom, df）。自由度指独立观测值的个数。

概率分布密度函数如下：

$$f(t) = \frac{1}{\sqrt{\pi df}} \frac{T[(df+1)/2]}{T(df/2)} \left(1+\frac{t^2}{df}\right)^{-\frac{df+1}{2}} \tag{4-13}$$

其中 T 的取值范围为 $(-\infty, +\infty)$；$df = n-1$ 为自由度。

故 t 分布的概率分布函数为

$$F_{t(df)} = P(t < t_1) = \int_{-\infty}^{t_1} f(t) \, dt \tag{4-14}$$

因为 t 在区间 $(t_1, +\infty)$ 取值的概率——右尾概率为 $1-F_{t(df)}$；由于 t 分布左右对称，t 在区间 $(-\infty, -t_1)$ 取值的概率也为 $1-F_{t(df)}$；t 分布曲线下由 $-\infty$ 到 $-t_1$ 和由 t_1 到 $+\infty$ 两个相等的概率之和为两尾概率 $2(1-F_{t(df)})$。

t 分布是一簇曲线，其形态变化与 n 的大小有关。对应于每一个自由度 df，就有一条 t 分布曲线，自由度越小，t 分布曲线越低平；自由度越大，t 分布曲线越接近标准正态分布曲线（u 分布）。每条曲线都有其曲线下统计量 t 的分布规律，计算较为复杂。t 分布在概率统计中，在置信区间估计、显著性检验等问题的计算中发挥重要作用。t 分布情况出现时，总体标准偏差是未知的，并要从数据估算。

与标准正态分布曲线相比，t 分布曲线顶部略低，两尾部稍高而平。df 越小，这种趋势越明显。df 越大，t 分布越趋近于标准正态分布。当 $n > 30$ 时，t 分布与标准正态分布的区别很小；当 $n > 100$ 时，t 分布基本与标准正态分布相同；当 $n \to +\infty$ 时，t 分布与标准正态分布完全一致。

4.5　χ^2 分布

4.5.1　样本方差的分布

χ^2 分布于 1875 年由赫尔默特（F. R. Helmert）提出。若 n 个相互独立随机变量 ε_1，$\varepsilon_2, \cdots, \varepsilon_n$ 均服从标准正态分布，则这 n 个服从标准正态分布的随机变量的平方和构成一组新的随机变量，其分布规律为 χ^2 分布（chi-square distribution），其参数称为自由度。χ^2 分布的自由度 $df = k-1$。

$$\chi^2 = u_1^2 + u_2^2 + \cdots + u_k^2 = \sum_{i=1}^{k} u_i^2 = \sum_{i=1}^{k} \left(\frac{x-\mu}{\sigma}\right)^2 \tag{4-15}$$

χ^2 的概率密度函数为

$$f(\chi^2) = \frac{(\chi^2)^{\frac{df}{2}-1} e^{-\frac{1}{2}\chi^2}}{2^{\frac{df}{2}} \Gamma\left(\frac{df}{2}\right)} \tag{4-16}$$

χ^2 分布是连续型变量的分布，每个不同的自由度都有一个相应的 χ^2 分布曲线，所有 χ^2 分布是一组曲线，其分布特征如下：

（1）χ^2 分布于区间 $[0, +\infty)$，并且呈反 J 形的偏斜分布。

（2）χ^2 分布的偏斜度随自由度降低而增大，当自由度 df=1 时，曲线以纵轴为渐近线。

（3）随自由度 df 增大，χ^2 分布曲线渐趋左右对称，当 df≥30 时，χ^2 分布已接近正态分布。

从方差为 σ^2 的正态总体中，随机抽取含量为 n 的样本，计算出样本方差 S^2。在讨论样本方差的分布时，通常并不直接谈 S^2 的分布，而是将它标准化，得到一个不带有任何单位的纯数，讨论标准化后的变量分布。标准化的方法如下：

$$\chi^2_{df} = \frac{df S^2}{\sigma^2} = \frac{(n-1)S^2}{\sigma^2} \qquad (4-17)$$

其中变量 χ^2 服从自由度为 $n-1$ 的 χ^2 分布。χ^2 分布是概率曲线随自由度 df 而改变的一类分布，它的密度函数为

$$f_{df}(\chi^2) = \begin{cases} K(\chi^2)^{\frac{df}{2}-1} e^{-\frac{\chi^2}{2}}, & \chi^2 > 0 \\ 0, & \chi^2 < 0 \end{cases} \qquad (4-18)$$

4.6 F 分布

设从一正态总体 $N(\mu, \sigma^2)$ 中随机抽取样本容量为 n_1 和 n_2 的两个独立样本，其样本方差分别为 S_1^2 和 S_2^2，则定义 S_1^2 和 S_2^2 的比值 F：

$$F = \frac{S_1^2}{S_2^2} \qquad (4-19)$$

此 F 值具有 S_1^2 的自由度 $df_1 = n_1 - 1$ 和 S_2^2 的自由度 $df_2 = n_2 - 1$。如果对一正态总体在特定的 df_1 和 df_2 下进行一系列随机独立抽样，则所有可能的 F 值就构成一个 F 分布。F 分布的概率密度函数是由两个独立 χ^2 变量的概率密度所构成的联合概率密度函数，其方程为

$$f(F) = \frac{\Gamma\left(\frac{df_1 + df_2}{2}\right)}{\Gamma\left(\frac{df_1}{2}\right)\Gamma\left(\frac{df_2}{2}\right)} df_1^{\frac{df_1}{2}} df_2^{\frac{df_2}{2}} \frac{F^{\frac{df_1}{2}-1}}{(df_1 F + df_2)^{\frac{df_1 + df_2}{2}}} \qquad (4-20)$$

F 分布有以下特征：

（1）F 的取值区间为 $[0, +\infty)$；

（2）F 分布的平均数 $\mu_F = 1$；

（3）F 分布曲线的性状仅取决于 df_1 和 df_2。在 $df_1 = 1$ 和 $df_2 = 2$ 时，F 分布曲线呈严重倾斜的反向 J 形；

设 X_1 服从自由度为 m 的 χ^2 分布，X_2 服从自由度为 n 的 χ^2 分布，且 X_1、X_2 相互独立，则称变量 $F = \frac{X_1/m}{X_2/n}$ 所服从的分布为 F 分布，其中第一自由度为 m，第二自由度为 n。其性质为

1）期望 $E(F)=n/(n-2)$，方差 $D(F)=\dfrac{2n^2(m+n-2)}{m(n-2)^2(n-4)}$；

2）$F\sim F(m,n)$，则 $\dfrac{1}{F}\sim F(n,m)$；

3）$F\sim F(1,n)$，$T\sim T(n)$，则 $F=T^2$。

4.7 本章小结

本章主要介绍了统计学中的抽样分布。首先介绍了在统计学中常见的三种抽样分布的研究意义。明确了抽样的概念、抽样方法、抽样的一般程序与抽样原则、抽样误差，简要介绍了总体参数与经过科学抽样的样本之间的关系。在样本统计量的分布中介绍了抽样实验与无偏估计、样本平均数的分布、样本平均数差数的分布。本章的最后分别介绍了 t 分布、χ^2 分布与 F 分布。

4.8 拓展阅读

（1）t 分布的发现

当总体标准差未知，需要运用 t 分布进行检验其均值的差异显著性。戈塞特（W. S. Gosset），笔名是大家都熟悉的学生（Student），他发现的是 t 分布。戈塞特是化学、数学双学位，依靠自己的化学知识进酿酒厂工作，工作期间考虑酿酒配方实验中的统计学问题，追随卡尔·皮尔逊学习了一年的统计学，最终依靠自己的数学知识打造出了 t 分布而青史留名。1908 年，戈塞特提出了正态样本中样本均值和标准差的比值的分布，并给出了应用中极其重要的第一个分布表。戈塞特在 t 分布的工作开创了小样本统计学的先河。之后 t 检验以及相关理论经由费歇尔的工作发扬光大，而正是他将此分布称为学生 t 分布。

（2）χ^2 分布的发现

最早发现这个分布的其实是物理学家麦克斯韦，他在推导空气分子的运动速度的分布时，发现分子速度在三个坐标轴上的分量是正态分布，而分子运动速度的平方符合自由度为 3 的 χ^2 分布。麦克斯韦虽然发现了这个分布，但真正完善并推广的是卡尔·皮尔逊。在分布曲线和数据拟合优度检验中 χ^2 分布可是一个利器。而且卡尔·皮尔逊的这个工作被认为是假设检验的开山之作。卡尔·皮尔逊在统计学上研究颇深，在十九世纪末到二十世纪初的很长一段时间，一直都是数理统计方面的执牛耳者。

（3）F 分布的发现

F 分布是为了纪念费歇尔（R. A. Fisher）而用他的名字首字母命名的。费歇尔统计造诣极高，受高斯的启发，他系统地创立了极大似然估计法，这套理论在统计学参数估计中用处最广。

4.9 习题

1. 在总体 $N(52,6.3^2)$ 中随机地抽取一个容量为 36 的样本,求样本均值 X 落在 50.8 与 53.8 之间的概率。

2. 某市居民家庭人均年收入是服从 $\mu=4.5$ 万元, $\sigma=1.2$ 万元的正态分布,求该市居民家庭人均年收入。

3. 从均值为 200、标准差为 50 的总体中,抽取 $n=100$ 的简单随机样本,用样本均值 $\bar{x}$ 估计总体均值。

(1) $\bar{x}$ 的数学期望是多少?

(2) $\bar{x}$ 的标准差是多少?

(3) $\bar{x}$ 的抽样分布是什么?

(4) 样本方差 S^2 的抽样分布是什么?

4. 假定总体共有 1 000 个单位,均值 $\mu=32$,标准差 $\sigma=5$。从中抽取一个样本量为 30 的简单随机样本用于获得总体信息。

(1) $\bar{x}$ 的数学期望是多少?

(2) $\bar{x}$ 的标准差是多少?

5. 从一个标准差为 5 的总体中抽出一个样本量为 40 的样本,样本均值为 25。样本均值的抽样标准差 $\sigma_{\bar{x}}$ 等于多少?

6. 设总体均值 $\mu=17$,标准差 $\sigma=10$。从该总体中抽取一个样本量为 25 的随机样本,其均值为 $\bar{x}_{25}$;同样,抽取一个样本量为 100 的随机样本,样本均值为 $\bar{x}_{100}$。

(1) 描述 $\bar{x}_{25}$ 的抽样分布;

(2) 描述 $\bar{x}_{100}$ 的抽样分布。

7. 从 $\sigma=10$ 的总体中抽取样本容量为 50 的随机样本,求样本均值的抽样标准差:

(1) 重复抽样;

(2) 不重复抽样,总体单位数分别为 50 000、5 000、500。

8. 从总体比例 $\pi=0.4$ 的总体中,抽取一个样本量为 100 的简单随机样本。

(1) p 的数学期望是多少?

(2) p 的标准差是多少?

(3) p 的分布是什么?

9. 假定总体比例 $\pi=0.55$,从该总体中分别抽取样本量为 100、200、500 和 1 000 的样本。

(1) 分别计算样本比例的标准差 σ_p;

(2) 当样本量增大时,样本比例的标准差有何变化?

10. 假定顾客在超市一次性购物的平均消费是 85 元,标准差是 9 元。从中随机抽取 40 个顾客,每个顾客消费金额大于 87 元的概率是多少?

11. 在校大学生每月的平均支出是 448 元,标准差是 21 元。随机抽取 49 名学生,样本均值在 441~446 之间的概率是多少?

12. 假设一个总体共有 8 个数值:54,55,59,63,64,68,69,70。从该总体中按重复抽样方式抽取 $n=2$ 的随机样本。

(1)计算总体的均值和标准差;

(2)一共有多少个可能的样本?

(3)抽出所有可能的样本,并计算每个样本的均值;

(4)画出样本均值的抽样分布的直方图,并说明样本均值分布的特征;

(5)计算所有样本均值的平均数和标准差,并与总体的均值和标准差进行比较,得到的结论是什么?

第 5 章

参数估计

参数估计(parametric estimation)是统计推断的重要内容,用样本统计量来估计总体参数,用样本平均数 $\bar{x}$ 估计总体平均数 μ,用平均数方差 S^2 估计总体方差 σ^2,用样本百分数 $\hat{p}$ 估计总体百分数 p 等。统计学的任务之一就是用样本来推断总体,以便对样本所属总体做出符合客观实际的结论。估计量是估计总体参数的统计量。参数是描述总体特征的量,要了解总体的特征就必须知道与该总体有关的参数。由样本计算统计数的目的在于对总体参数进行估计,参数估计有点估计和区间估计。

5.1 点估计

将样本统计量直接作为总体相应参数的估计值叫点估计(point estimation),点估计只给出了未知参数估计值的大小,没有考虑实验误差的影响,也没有指出估计的可靠程度。例如,以均值 $\bar{x}$ 估计 μ,这种估计称为点估计,因为 $\bar{x}$ 来自样本,有抽样误差,不同样本将有不同的 $\bar{x}$ 值,哪一个 $\bar{x}$ 最能代表 μ 是需要考虑的一个问题。

如果一个统计量的理论平均数,即它的数学期望等于总体参数,这个统计量就称为无偏估计量(unbiased estimator)。样本平均数的数学期望等于总体平均数: $E(\bar{y}) = \mu$。因此,样本平均数是总体平均数的无偏估计量。样本方差(以 $n-1$ 为除数)的理论平均数等于总体方差: $E(S^2) = \sigma^2$,故样本方差是总体方差的无偏估计。只有用 $n-1$ 作为除数求得的方差才是 σ^2 的无偏估计量,用 n 作除数求得的结果并不是 σ^2 的无偏估计量。虽然样本方差是总体方差的无偏估计量,但是样本标准差并不是总体标准差的无偏估计量 $E(S) \neq \sigma$。随着样本含量 n 的增加,偏离的程度越来越小。

在样本含量相同的情况下,如果一个统计量的方差小于另一个统计量的方差,则前一个统计量是更有效的估计量(efficient estimator)。从一个正态总体中,抽取出含量为 n 的样本,样本平均数的方差为 $\sigma_{\bar{y}}^2 = \dfrac{\sigma^2}{n}$。当 n 充分大时,中位数 m 的方差为 $\sigma_m^2 = \dfrac{\pi\sigma^2}{2n}$。中位数的方差是平均数的方差的 $\dfrac{\pi}{2}$ 倍,作为 μ 的估计量,样本平均数是比中位数更有效的估计量。

　　若统计量的取值,任意接近于参数值的概率随样本含量 n 的无限增加而趋近于 1,则该统计量称为参数的相容估计量(consistent estimator)。样本平均数是总体平均数的相容统计量,可以做以下直观说明。样本平均数的一切可能值都围绕在 μ 附近,它们的变异程度,可用样本均数的方差 $\sigma_{\bar{y}}^2$ 来衡量。$\sigma_{\bar{y}}^2 = \dfrac{\sigma^2}{n}$,随着 n 的无限增加,$\sigma_{\bar{y}}^2$ 越来越小。当 $n \to +\infty$ 时,$\sigma_{\bar{y}}^2 \to 0$,这时 $\bar{y}$ 唯一可能的值就是 μ。因此,样本平均数是总体样本平均数的相容估计量,样本方差 S^2 也是 σ^2 的相容估计值。

　　样本平均数和方差都符合无偏性、最小方差和相容性。因此样本平均数和样本方差分别为 μ 和 σ^2 的最优估计。

　　由于点估计没有考虑实验误差的影响,也没有指出估计的可靠程度,故有必要在一定的概率保证下,估计出一个范围或区间能覆盖参数 μ。区间估计在一定概率保证下指出总体参数的可能范围,所给出的可能范围叫作置信区间;给出的概率保证称为置信度或置信概率。区间的上、下限称为置信限。置信上、下限之差称为置信距,置信距越小,估计的精度就越高。置信区间不仅在一定概率保证下指出总体参数的可能范围,同时也指出了这种预测的可靠程度。

5.1.1　矩估计

　　矩估计法是用一阶样本原点矩来估计总体的期望而用二阶样本中心矩来估计总体的方差。它是由英国统计学家卡尔·皮尔逊于 1894 年提出的,也是最古老的估计法之一。对于随机变量来说,矩是其最广泛、最常用的数字特征,主要有中心矩和原点矩。由辛钦大数定律知,简单随机样本的原点矩依概率收敛到相应的总体原点矩,这就启发我们用样本矩替换总体矩,进而找出未知参数的估计,基于这种思想求估计量的方法称为矩法。用矩法求得的估计称为矩法估计,简称矩估计。

　　记总体 k 阶原点矩为 $\mu_k = E(X^k)$,样本 k 阶原点矩为 $A_k = \dfrac{1}{n} \sum\limits_{i=1}^{n} X_i^k$;记总体 k 阶中心矩为 $V_k = E[X - E(X)]^k$,样本 k 阶中心矩为 $B_k = \dfrac{1}{n} \sum\limits_{i=1}^{n} (X_i - \bar{X})^k$。用相应的样本矩去估计总体矩的估计方法就称为矩估计法。用样本均值 $\bar{x}$ 作为总体均值 $E(X)$ 的估计量:$\hat{E}(X) = \bar{X} = \dfrac{1}{n} \sum\limits_{i=1}^{n} X_i$,用二阶中心矩 M_2 作为总体方差 $D(X)$ 的估计量:$\hat{D}(X) = M_2 = \dfrac{1}{n} \sum\limits_{i=1}^{n} (X_i - \bar{X})^2$。

　　矩估计的基本步骤为:设待估计的参数为 $\theta_1, \theta_2, \cdots, \theta_n$,先找总体矩与参数之间的关系,设总体的 r 阶矩($r = 1, 2, \cdots, k$)存在,且 $E(X^r) = \mu_r(\theta_1, \theta_2, \cdots)$。用样本矩替换总体矩,得到关于估计量的方程组,样本 $X_1, X_2, \cdots, X_n$ 的 r 阶矩为

$$A_r = \frac{1}{n} \sum_{i=1}^{n} X_i^r \tag{5-1}$$

　　根据大数定律,$X_1, X_2, \cdots, X_n$ 是独立同分布的,$X_{1k}, X_{2k}, \cdots, X_{nk}$ 也是独立同分布的,且样本 k 阶矩 A_k 以概率收敛于总体 k 阶矩 μ_k,即:

$$E(X_1^k) = E(X_2^k) = \cdots = E(X_n^k) = E(X^k) = \mu_k \tag{5-2}$$

$$\frac{1}{n} \sum_{i=1}^{n} X_i^k \to E(X^k) = \mu_k \tag{5-3}$$

5.1.2　极大似然估计

极大似然估计又叫最大似然估计。极大似然估计法的思想起源于德国数学家高斯在 1921 年提出的误差理论。英国统计学家费歇尔在 1922 年将该方法作为估计方法提出，并首先研究了这种方法的一些性质。可以用以下示例来说明极大似然估计的思想。若一位大学生与一位猎人一起外出打猎，一只野兔从前方穿过，只听一声枪响，野兔应声倒下。只发一枪便打中，猎人命中的概率一般大于这位大学生命中的概率。若推测兔子是谁打中的，猎人的可能性比较高。似然估计的思想为：判断一次实验就出现的事件有较大的概率。

设总体 X 服从 0-1 分布，且 $P\{X=1\} = p (0<p<1)$，设 $x_1, x_2, \cdots, x_n$ 为总体样本 $X_1, X_2, \cdots, X_n$ 的样本值，用极大似然法的思想求 p 的估计值。总体 X 的概率分布为：$P\{X=x\} = p^x (1-p)^{1-x}, x=0,1$。则

$$P\{X_1 = x_1, X_2 = x_2, \cdots, X_n = x_n\} = p^{\sum_{i=1}^{n} x_i} (1-p)^{n-\sum_{i=1}^{n} x_i} = L(p), x_i = 0,1 \tag{5-4}$$

对于不同的 $p, L(p)$ 不同。经过一次试验，事件 $\{X_1 = x_1, X_2 = x_2, \cdots, X_n = x_n\}$ 发生了，则 p 的取值应使这个事件发生的概率最大。在容许范围内选择 p，使 $L(p)$ 最大。$\ln L(p)$ 是 L 的单调增函数，故若某个 p 使得 $\ln L(p)$ 最大，则这个 p 必使 $L(p)$ 最大

$$\frac{\mathrm{d} \ln L}{\mathrm{d} p} = \frac{\sum_{i=1}^{n} x_i}{p} - \frac{n - \sum_{i=1}^{n} x_i}{1-p} = 0 \tag{5-5}$$

$$\hat{p} = \frac{1}{n} \sum_{i=1}^{n} x_i = \bar{x} \tag{5-6}$$

$$\frac{\mathrm{d}^2 \ln L}{\mathrm{d} p^2} = -\frac{\sum_{i=1}^{n} x_i}{p^2} - \frac{n - \sum_{i=1}^{n} x_i}{(1-p)^2} < 0 \tag{5-7}$$

故 $\hat{p} = \bar{x}$ 为所求 p 的最大似然估计值。

对离散型总体参数进行极大似然估计时，设分布律 $P\{X=x\} = P(x; \theta)$，θ 为待估参数，$\theta \in \Theta$（其中 Θ 是 θ 的取值范围）。$X_1, X_2, \cdots, X_n$ 是来自总体 X 的样本，则 $X_1, X_2, \cdots, X_n$ 的联合分布为 $\prod_{i=1}^{n} p(x_i; \theta)$。设 $x_1, x_2, \cdots, x_n$ 为相应于样本 $X_1, X_2, \cdots, X_n$ 的一个样本值，则样本 $X_1, X_2, \cdots, X_n$ 取到观察值 $x_1, x_2, \cdots, x_n$ 的概率，即事件 $X_1 = x_1, X_2 = x_2, \cdots, X_n = x_n$ 发生的概率为 $L(\theta) = L(x_1, x_2, \cdots, x_n; \theta) = \prod_{i=1}^{n} p(x_i; \theta)$，$\theta \in \Theta$，$L(\theta)$ 即为样本似然函数。取到样本值 $x_1, x_2, \cdots, x_n$ 时，选取使似然函数 $L(\theta)$ 取得最大值的 $\hat{\theta}$ 作为未知参数 θ 的估计值，即 $L(x_1, x_2, \cdots, x_n; \hat{\theta}) = \max_{\theta \in \Theta} L(x_1, x_2, \cdots, x_n; \theta)$，这样得到的 $\hat{\theta}$ 与样本值 $x_1, x_2, \cdots, x_n$ 有关，记为 $\hat{\theta}(x_1, x_2, \cdots, x_n)$，为参数 θ 的最大似然估计值。

对连续型总体参数进行极大似然估计时,设概率密度为 $f(x;\theta)$,θ 为待估参数,$\theta \in \Theta$,其中 Θ 是 θ 可能的取值范围。$X_1,X_2,\cdots,X_n$ 是来自总体 X 的样本,则 $X_1,X_2,\cdots,X_n$ 的联合分布为 $\prod_{i=1}^{n} f(x_i;\theta)$。设 $x_1,x_2,\cdots,x_n$ 为相应于样本 $X_1,X_2,\cdots,X_n$ 的一个样本值,则随机点 $(X_1,X_2,\cdots,X_n)$ 落在点 $(x_1,x_2,\cdots,x_n)$ 的概率近似为

$$\prod_{i=1}^{n} f(x_i;\theta)\,\mathrm{d}x_i \tag{5-8}$$

$$L(\theta) = L(x_1,x_2,\cdots,x_n;\theta) = \prod_{i=1}^{n} f(x_i;\theta) \tag{5-9}$$

$L(\theta)$ 称为样本的似然函数,若

$$L(x_1,x_2,\cdots,x_n;\hat{\theta}) = \max_{\theta \in \Theta} L(x_1,x_2,\cdots,x_n;\theta) = \max_{\theta \in \Theta} \prod_{i=1}^{n} f(x_i;\theta)$$

$\hat{\theta}(x_1,x_2,\cdots,x_n)$ 是参数 θ 的最大似然估计值。

【例 5.1】设 X 服从参数为 $\lambda(\lambda>0)$ 的泊松分布,$X_1,X_2,\cdots,X_n$ 是来自 X 的一个样本,求 λ 的最大似然估计量。

解:设 X 的分布律为 $P\{X=x\} = \dfrac{\lambda^x}{x!}\mathrm{e}^{-\lambda}$,$(x=0,1,2,\cdots)$

所以 λ 的似然函数为

$$L(\lambda) = \prod_{i=1}^{n}\left(\frac{\lambda^{x_i}}{x_i!}\mathrm{e}^{-\lambda}\right) = \mathrm{e}^{-n\lambda}\frac{\lambda^{\sum_{i=1}^{n}x_i}}{\prod_{i=1}^{n}(x_i!)}$$

$$\ln L(\lambda) = -n\lambda + \left(\sum_{i=1}^{n} x_i\right)\ln\lambda - \sum_{i=1}^{n}\ln(x_i!)$$

令 $\dfrac{\mathrm{d}}{\mathrm{d}\lambda}\ln L(\lambda) = -n + \dfrac{\sum_{i=1}^{n}x_i}{\lambda} = 0$

解得 λ 的最大似然估计值 $\hat{\lambda} = \dfrac{1}{n}\sum_{i=1}^{n} x_i = \bar{x}$

λ 的最大似然估计量为 $\hat{\lambda} = \dfrac{1}{n}\sum_{i=1}^{n} X_i = \bar{X}$

求极大似然估计的基本步骤为:写出似然函数 $L(\theta)$,取对数 $\ln L(\theta)$ 后对 θ 求导 $\dfrac{\mathrm{d}\ln L(\theta)}{\mathrm{d}\theta}$,令 $\dfrac{\mathrm{d}\ln L(\theta)}{\mathrm{d}\theta}=0$,解方程即得到未知参数 θ 的最大似然估计值 $\hat{\theta}$。

5.1.3 贝叶斯估计

事件 A 在事件 B 的条件下的概率,与事件 B 在事件 A 条件下的概率是不一样的;然而这两者之间存在确定的关系,贝叶斯就是这种关系的描述。贝叶斯法则又称为贝叶斯定理、贝叶斯规则,指概率统计中的应用所观察的现象对有关概率分布的主观判断(即先验概率)进行修正的标准方法。当分析样本大到接近总体数时,样本中事件发生的概率接近于总体中

事件发生的概率。

作为一个规范的原理,贝叶斯法则对于所有概率的解释是有效的;然而频率主义者和贝叶斯主义者对于在应用中概率如何被赋值有着不同的看法;频率主义者根据随机事件发生的频率,或者总体样本里面的个数来赋值概率;贝叶斯主义者要根据未知的命题来赋值概率。

贝叶斯估计中的两个基本概念是先验分布和后验分布。先验分布是总体分布参数 θ 的一个概率分布。贝叶斯学派的根本观点认为在关于总体分布参数 θ 的任何统计推断问题中,除了使用样本所提供的信息外,还必须规定一个先验分布,它是在进行统计推断时不可缺少的要素。他们认为先验分布不必有客观的依据,可以部分或完全地基于主观信念。后验分布是根据样本分布和未知参数的先验分布,用概率论中求条件概率分布的方法,求出在已知样本条件下,未知参数的条件分布。这个分布是在抽样后得到的,故称为后验分布。

贝叶斯推断方法的关键是任何推断都必须是且只是后验分布,不再涉及样本分布。贝叶斯公式为

$$P(A \cap B) = P(A) \times P(B|A) = P(B) \times P(A|B) \tag{5-10}$$

$$P(A|B) = P(B|A) \times P(A)/P(B) \tag{5-11}$$

$P(A)$ 是 A 的先验概率或边缘概率;$P(A|B)$ 是已知 B 发生后 A 的条件概率,也称为 A 的后验概率;$P(B|A)$ 是已知 A 发生后 B 的条件概率,也称作 B 的后验概率,也称为似然度;$P(B)$ 是 B 的先验概率或边缘概率,称作标准化常量;$P(A|B)$ 随着 $P(A)$ 和 $P(B|A)$ 的增长而增长,随着 $P(B)$ 的增加而减少,即如果 B 独立于 A 时被观察到的可能性越大,B 对 A 的支持度越小。

贝叶斯方法的思路是假定要估计的模型参数是服从一定分布的随机变量,根据经验给出待估参数的先验分布(主观分布),根据这些先验信息,并与样本信息相结合,应用于贝叶斯定理求出待估参数的后验分布;再应用损失函数,得出后验分布的一些特征值,并把它们作为待估参数的估计量。贝叶斯估计为利用搜集到的信息对原有判断进行修正提供了有效手段。在采样之前,主体对各种假设有先验概率的判断,当无任何信息时,一般假设各先验概率相同,较复杂精确的可利用最大熵技术或边际分布密度及互信息原理等方法来确定先验概率分布。

贝叶斯方法与经典估计方法的主要不同之处是:①经典估计方法认为待估参数具有确定值,它的估计量才是随机的,如果估计量是无偏的,该估计量的期望等于那个确定的参数,而贝叶斯方法认为待估参数是一个服从某种分布的随机变量;经典方法只利用样本信息。②贝叶斯方法要求事先提供一个参数的先验分布,即人们对有关参数的主观认识,被称为先验信息,是非样本信息,在参数估计过程中,这样非样本信息与样本信息一起被利用;经典方法,除了最大似然法,在参数估计过程中并不要求知道随机误差项的具体分布形式,但是在假设检验和区间估计时是需要的。③贝叶斯方法需要知道随机误差项的具体分布形式。经典估计方法以残差平方和最小,或者以似然函数值最大为准则,构架极值条件,求解参数估计量。④贝叶斯方法则需要构造一个损失函数,并以损失函数最小化为准则求得参数估计量。

20 世纪 50 年代,以 H. Robbins 为代表提出了在计量经济模型中将贝叶斯方法与经典方法相结合,得到了广泛的应用。在模型估计中只利用样本信息和关于总体分布的先验信息,而关于分布的先验信息仍然需要通过样本信息的检验,故在大样本情况下模型估计才具有一定的优良性质。在许多实际应用研究中,人们无法重复大量的实验以得到观测结果,只能得到少量的观测结果。在小样本情况下,最小二乘估计、最大似然估计和广义矩估计不再具有优良性质。因此,在小样本情况下具有优良特性的贝叶斯估计方法得到了广泛应用。

【例 5.2】假设某个 SNP 的两个等位基因 A 和 T 在一个群体内等分布,若一个样本在这个位点上测到了 8 个 A 和 2 个 T,测序正确的概率为 0.99。请问这个样本的等位基因型是 A 的概率多高?

解:假设事件 A 为测到了 8 个 A 和 2 个 T,B 事件为等位基因型为 A,则 $P(A) = 8/(8+2) = 0.8$,$P(B) = 0.5$,$P(A|B) = 0.99$,$P(B|A) = P(A|B) \times P(B)/P(A) = 0.5 \times 0.99/0.8 = 0.62$。

【例 5.3】有两个容器 A、B,在容器 A 内有 8 个红球和 2 个白球,在容器 B 里有 2 个红球和 8 个白球,现从这两个容器内任意抽出一个球,且是红球。问:这个红球来自 A 容器的概率是多少?

解:假设抽出红球事件为 B,从容器 A 中抽出球事件为 A,则有:$P(B) = 10/20 = 0.5$,$P(A) = 1/2$,$P(B|A) = 8/10 = 0.8$,按照公式:$P(A|B) = P(B|A) \times P(A)/P(B) = 0.8 \times 0.5/0.5 = 0.8$。

5.1.4 优良准则

参数估计的目的是依据样本 $X = (X_1, X_2, \cdots, X_n)$ 估计总体分布所含的未知参数 θ 或 θ 的函数 $g(\theta)$。一般 θ 或 $g(\theta)$ 是总体的某个特征值,如数学期望和方差等。例如,设一批产品的废品率为 θ,为估计 θ,从这批产品中随机地抽出 n 个做检查,以 X 记其中的废品个数,用 X/n 估计 θ,就是一个点估计。可以用来估计 $g(\theta)$ 的估计量很多,于是产生了怎样选择一个优良估计量的问题。首先必须对"优良性"定出准则。这种准则不是唯一的,它可以根据问题的实际背景和理论上的方便进行选择。

优良性准则有两大类:一类是小样本准则,即在样本大小固定时的优良性准则;另一类是大样本准则,即在样本大小趋于无穷时的优良性准则。最重要的小样本优良性准则是无偏性及与此相关的一致最小方差无偏估计。

5.1.4.1 小样本优良性准则

若一个估计量 $\hat{\theta}(X)$ 的数学期望等于被估计的 $g(\theta)$,即对一切 θ,则称 $\hat{\theta}(X)$ 为 $g(\theta)$ 的无偏估计,这种估计的特点是:在多次重复用时,$\hat{\theta}(X)$ 与 $g(\theta)$ 的偏差的算术平均值随使用次数的增加而趋于零。因此,无偏性只在重复使用中,并且各次误差能相互抵消时,才显出其意义。

无偏估计并不总是存在。例如,设总体服从二项分布 $B(n,\theta)$,$0<\theta<1$,则 $1/\theta$ 的无偏估计就不存在。有时,无偏估计虽然存在,但很不合理。在一些问题中,无偏估计有很多,它们的优良性由其方差来衡量,方差越小越好。若一无偏估计的方差比任何别的无偏估计的方

差都小,或至多相等,则称它为一致最小方差无偏估计。

在点估计问题中还使用其他一些小样本准则,如容许性准则、最小化最大准则、最优同变准则等。

5.1.4.2 大样本优良性准则

(1)相合性

若 $g(\theta)$ 的估计量 $\hat{\theta}_n(X_1, X_2, \cdots, X_n)$ 在 n 趋于无穷时,在某种收敛意义下收敛于 $g(\theta)$,则称 $\hat{\theta}_n(X_1, X_2, \cdots, X_n)$ 是 $g(\theta)$ 的在这种收敛意义下的相合估计。这是点估计最基本的大样本准则。例如依概率收敛意义下的相合性称为弱相合,几乎必然收敛意义下的相合性称为强相合。

(2)最优渐近正态估计

简称 BAN 估计。设 $X_1, X_2, \cdots, X_n$ 为从一总体中随机独立地抽出的样本,总体分布具有密度函数或概率函数 $f(x, \theta)$,满足一定的正则条件,设 $g(\theta)$ 为待估函数,若 $g(\theta)$ 的估计量为 $\hat{\theta}_n(X_1, X_2, \cdots, X_n)$,当 $n \to +\infty$ 时,依分布收敛于正态分布 $N(0, v^2(\theta))$,就称此估计量为 $g(\theta)$ 的 BAN 估计。在 $g(\theta)$ 的一类渐近正态估计中,以这种估计的渐近方差最小,故称为最优渐近正态估计。在一般条件下,最大似然估计是 BAN 估计。

(3)渐近有效估计

当样本大小为 n 时,C-R 不等式的右边(即 C-R 下界)就是 $v^2(\theta)/n$。在 BAN 估计定义中,并未要求估计量 $\hat{\theta}_n(X_1, X_2, \cdots, X_n)$ 的方差存在,如果去掉渐近正态性的要求,而要求 $\hat{\theta}_n(X_1, X_2, \cdots, X_n)$ 的方差存在且渐近于 C-R 下界,则得到克拉默于 1946 年定义的渐近有效估计的概念。不少情况下,BAN 估计也是渐近有效估计。

5.2 区间估计

5.2.1 置信区间与置信水平

置信区间是指样本统计量所构造的总体参数的估计区间。在统计学中,一个概率样本的置信区间是对这个样本的某个总体参数的区间估计。置信区间展现的是这个参数的真实值按一定概率落在测量结果周围的程度。置信区间给出的是被测量参数测量值的可信程度,即前面所要求的一定概率。这个概率被称为置信水平。例如,在一次疾病分析中,具有 A 等位基因型的个体得疾病 B 的概率是 60%,而置信水平 0.95 的置信区间是 (55%, 65%),那么他会真正得疾病 B 的概率有 95% 的概率落在 55% 和 65% 之间。置信水平一般用百分比表示,置信水平在 0.95 以上的置信区间可以表达为:95% 置信区间。置信区间的两端被称为置信极限。对于同一个问题,置信水平越高,对应的置信区间越大。在置信水平相同的情况下,样本量越多,置信区间越窄。置信区间变窄的速度不像样本量增加的速度那么快。

5.2.2　区间估计的一般步骤

区间估计可以分为三步：①求一个样本的均值。②计算出抽样误差，通常认为 100 个样本的抽样误差为 ±10%，500 个样本的抽样误差为 ±5%，1 200 个样本的抽样误差为 ±3%。③用第①步求出的"样本均值"加、减第②步计算的抽样误差，得出置信区间的两个端点。在对总体参数进行区间估计时，对总体正态性的要求与统计假设时是一样的。

假设一个动物总体，它的 $\sigma = 0.40$ g，μ 未知。从该总体中抽出样本含量 $n = 10$ 的样本，其平均数 $\bar{y} = 10.23$ g。由以上数据推断该总体的平均数 μ 是否等于给定的值 μ_0，$\mu_0 = 10.00$ g。因此零假设 $H_0 : \mu = \mu_0$，备择假设 $H_A : \mu \neq \mu_0$。由已知条件可以求出：

$$u = \frac{10.23 - 10.00}{\frac{0.40}{\sqrt{10}}} = 1.82$$

$\alpha = 0.05$ 时的双侧临界值分别为 $-u_{\frac{\alpha}{2}} = -1.96$ 和 $u_{\frac{\alpha}{2}} = 1.96$，可见统计量 u 落在接受域内，接受 H_0。

如果零假设不是 $H_0 : \mu_0 = 10.00$ g，而是 $\mu_0 = 10.20$ g，这时的检验统计量 $u = 0.24$；若 $H_0 : \mu_0 = 10.40$ g，则 $u = -1.34$，它们全部落在接受域内。由此可见由样本平均数推断总体平均数所得到的结果不是单一的值，而是一个区间。只要标准化的样本平均数落在 $-u_{\frac{\alpha}{2}}$ 和 $u_{\frac{\alpha}{2}}$ 区间内，所有的 H_0 都将被接受，于是得到一个包含总体平均数的区间，用这种方法对总体参数所做的估计称为区间估计（interval estimate）。

从一个正态总体 $N(\mu, \sigma^2)$ 中，抽取含量为 n 的样本，样本平均数 $\bar{Y}$ 服从正态分布 $N\left(\mu, \frac{\sigma^2}{n}\right)$。标准化的平均数 $u = \frac{\bar{y} - \mu}{\frac{\sigma}{\sqrt{n}}}$ 服从 $N(0, 1)$ 分布。u 落在任一区间内的概率可以从正态分布表中查出。如 u 落在 $(-1.96, 1.96)$ 内的概率从正态分布表中可以查出：$P(-1.96 < u < 1.96) = 0.95$，在这个区间内曲线下的面积由 1 减去两个尾区面积之和 0.05 得到，即：

$$P\left(-1.96 < \frac{\bar{y} - \mu}{\frac{\sigma}{\sqrt{n}}} < 1.96\right) = 0.95$$

$$P\left(\bar{y} - 1.96 \frac{\sigma}{\sqrt{n}} < \mu < \bar{y} + 1.96 \frac{\sigma}{\sqrt{n}}\right) = 0.95$$

代入数据 $\bar{y} = 10.23$，$n = 10$，$\sigma = 0.40$，得到

$$P\left(10.23 - 1.96 \times \frac{0.40}{\sqrt{10}} < \mu < 10.23 + 1.96 \times \frac{0.40}{\sqrt{10}}\right) = 0.95$$

$$P(9.98 < \mu < 10.48) = 0.95$$

其中 $\bar{y} - 1.96 \frac{\sigma}{\sqrt{n}}$ 为置信下限（lower confidence limit，LCLM）；$\bar{y} + 1.96 \frac{\sigma}{\sqrt{n}}$ 为置信上限（upper confidence limit，UCLM）。μ 落在置信区间 $(9.98, 10.48)$ 内的概率为 0.95，即在区间 $(9.98, 10.48)$ 内包含 μ 的概率为 0.95。

5.2.3 一个正态总体的情形

5.2.3.1 μ 的置信区间估计

μ 的置信区间依 σ 已知和未知不同。在 σ 已知的情况下,根据上面的计算,μ 的 $1-\alpha$ 置信区间可由下面公式确立:

$$P\left(\bar{y}-u_{\frac{\alpha}{2}}\frac{\sigma}{\sqrt{n}}<\mu<\bar{y}+u_{\frac{\alpha}{2}}\frac{\sigma}{\sqrt{n}}\right)=1-\alpha \tag{5-12}$$

因此 μ 的置信区间为 $\bar{y}\pm u_{\frac{\alpha}{2}}\frac{\sigma}{\sqrt{n}}$。当 σ 未知时,可用 s 代替 σ,变量 $\dfrac{\bar{y}-\mu}{\frac{S}{\sqrt{n}}}$ 服从 $n-1$ 自由度的

t 分布,即

$$t=\frac{\bar{y}-\mu}{\frac{S}{\sqrt{n}}} \tag{5-13}$$

建立 μ 的 $1-\alpha$ 置信区间:

$$P\left(-t_{\frac{\alpha}{2}}<\frac{\bar{y}-\mu}{\frac{S}{\sqrt{n}}}<t_{\frac{\alpha}{2}}\right)=1-\alpha \tag{5-14}$$

因此 μ 的 $1-\alpha$ 置信区间为

$$\bar{y}\pm t_{\frac{\alpha}{2}}\frac{S}{\sqrt{n}}\,(t\ 具有\ n-1\ 自由度) \tag{5-15}$$

5.2.3.2 σ 的置信区间

根据样本方差的分布 $\chi^2_{n-1}=\dfrac{(n-1)S^2}{\sigma^2}$,建立 σ 的 $1-\alpha$ 置信区间

$$P\left(\chi^2_{1-\frac{\alpha}{2}}<\frac{(n-1)S^2}{\sigma^2}<\chi^2_{\frac{\alpha}{2}}\right)=1-\alpha \tag{5-16}$$

$$P\left(\frac{(n-1)S^2}{\chi^2_{\frac{\alpha}{2}}}<\sigma^2<\frac{(n-1)S^2}{\chi^2_{1-\frac{\alpha}{2}}}\right)=1-\alpha \tag{5-17}$$

$$P\left(S\sqrt{\frac{n-1}{\chi^2_{\frac{\alpha}{2}}}}<\sigma<S\sqrt{\frac{n-1}{\chi^2_{1-\frac{\alpha}{2}}}}\right)=1-\alpha \tag{5-18}$$

故 σ 的 $1-\alpha$ 置信区间为:$S\sqrt{\dfrac{n-1}{\chi^2_{\frac{\alpha}{2}}}}$,$S\sqrt{\dfrac{n-1}{\chi^2_{1-\frac{\alpha}{2}}}}$。

5.2.4 两个正态总体的情形

两样本平均差数的置信区间计算时,会出现三种不同的情形:σ_i 已知,σ_i 未知且相等,σ_i 未知且不相等。标准差 σ_i 已知,根据样本差得分布:

$$P\left(-u_{\frac{\alpha}{2}}<\frac{(\overline{y_1}-\overline{y_2})-(\mu_1-\mu_2)}{\sqrt{\frac{\sigma_1^2}{n_1}+\frac{\sigma_2^2}{n_2}}}<u_{\frac{\alpha}{2}}\right)=1-\alpha \tag{5-19}$$

解该不等式可得到 $\mu_1-\mu_2$ 的 $1-\alpha$ 置信区间：

$$(\overline{y_1}-\overline{y_2})\pm u_{\frac{\alpha}{2}}\sqrt{\frac{\sigma_1^2}{n_1}+\frac{\sigma_2^2}{n_2}} \tag{5-20}$$

当标准差 σ_i 未知但相等，$\mu_1-\mu_2$ 的 $1-\alpha$ 置信区间为

$$(\overline{y_1}-\overline{y_2})\pm t_{\frac{\alpha}{2}}\sqrt{\frac{(n_1-1)S_1^2+(n_2-1)S_2^2}{n_1+n_2-2}\left(\frac{1}{n_1}+\frac{1}{n_2}\right)}，t\text{ 具有 }n_1+n_2-2\text{ 自由度} \tag{5-21}$$

当 $n_1=n_2$ 时，$(\overline{y_1}-\overline{y_2})\pm t_{\frac{\alpha}{2}}\sqrt{\frac{S_1^2+S_2^2}{n}}$，$t$ 具有 $2n-2$ 自由度。

标准差 σ_i 未知且不相等 $\sigma_1\neq\sigma_2$，$\mu_1-\mu_2$ 的 $1-\alpha$ 置信区间为

$$(\overline{y_1}-\overline{y_2})\pm t_{\frac{\alpha}{2}}\sqrt{\frac{S_1^2}{n_1}+\frac{S_2^2}{n_2}} \tag{5-22}$$

5.3 本章小结

本章主要介绍了统计学的参数估计方法。在点估计部分主要介绍了点估计的概念、准则以及常用的方法。在区间估计部分主要介绍了区间估计与点估计的区别、置信区间与置信水平的概念、区间估计的一般步骤以及在一个或两个正态总体中的应用情况。

5.4 拓展阅读

（1）矩估计与极大似然估计。

矩估计与极大似然估计是统计学中参数点估计两种常用方法。当数据资料样本量较大时，依据已知模型计算出样本统计量，进而估计出产生这些样本的总体参数。

在矩估计方法中，首先要建立样本统计量与矩之间的关系。矩估计之所以有效，是因为：如果数据是从公共分布中独立采样得到的，而且采样得到的数据量很大，那么样本统计量就可以作为公共分布的统计量看待。在概率学中拥有一些常见分布的"矩"，例如"一阶原点矩""二阶中心距"等。这里的"矩"通常是一个模型参数的函数（即矩的表达式中包含了参数）。当面对大样本时，可通过样本直接计算得到样本（原点/中心）矩，即可直接用样本矩来计算分布矩，再通过等式变换算出真正的模型参数值。

极大似然估计的目的是寻找一组能够使抽样样本出现概率最大的参数。在给定的样本中，模型参数具有较大的取值空间，其中某一个取值肯定会使得似然函数值最大，即在这组参数下，这组样本出现的可能性最高。

正态分布的矩估计与极大似然估计相等。在矩估计中，一阶原点矩是样本的期望值，二

阶中心距是样本的方差。即样本均值和方差可直接用于模型。在极大似然估计方法中,令似然函数导数为 0 直接求解,可得模型参数的均值与方差分别是样本的一阶样本原点矩和二阶中心距。这反映出正态分布的重要性质:模型参数(均值和方差)直接就是样本矩(一阶样本原点矩和二阶样本中心距)。

(2)区间估计中准确程度与可靠程度的关系。

区间估计就是以一定的概率保证估计包含总体参数的一个值域,即根据样本指标和抽样平均误差推断总体指标的可能范围。它包括两部分内容:一是这一可能范围的大小;二是总体指标落在这个可能范围内的概率。区间估计既说清了估计结果的准确程度,又同时表明这个估计结果的可靠程度,所以区间估计是比较科学的。

用样本指标来估计总体指标,要达到 100% 的准确而没有任何误差,几乎是不可能的,所以在估计总体指标时就必须同时考虑估计误差的大小。从人们的主观愿望上看,总是希望花较少的钱取得较好的效果,也就是说希望调查费用和调查误差越少越好。但是,在其他条件不变的情况下,缩小抽样误差就意味着增加调查费用,它们是一对矛盾。因此,在进行抽样调查时,应该根据研究目的和任务以及研究对象的标志变异程度,科学确定允许的误差范围。

区间估计必须同时具备三个基本要素,即估计值、抽样极限误差和概率保证程度。

抽样误差范围决定抽样估计的准确性,概率保证程度决定抽样估计的可靠性,二者密切联系,但同时又相对矛盾。所以,对估计的精确度和可靠性的要求应慎重考虑。

5.5 习题

1. 列举几种常见的参数估计方法。

2. 简单叙述贝叶斯估计的思想。

3. 简单叙述置信区间与置信水平的概念以及置信区间与置信水平的关系。

4. 简单叙述区间估计的一般步骤。

5. 灯泡厂从某日生产的一批电子元器件中抽取 10 个进行寿命试验,得到的灯泡寿命(小时)数据如下:

1 050,1 100,1 080,1 120,1 200,1 250,1 040,1 130,1 300,1 200

设灯泡的寿命服从指数分布 $E(\lambda)$,求 λ 的极大似然估计值。

6. 从一个标准差为 5 的总体中抽出一个样本量为 40 的样本,样本均值为 25。

(1)样本均值的抽样标准差 $\sigma_{\bar{x}}$ 等于多少?

(2)在 95% 的置信水平下,边际误差是多少?

7. 某工厂生产螺帽,从某日生产的产品中随机抽取 9 个,测得直径(单位:mm)如下:

14.6,14.7,15.1,14.9,14.8,15.0,15.1,15.2,14.8

(1)估计该日生产的螺帽直径的平均值。

(2)如果螺帽直径服从正态分布,并且已知标准差为 0.15 mm,求直径平均值的对应于置信区间为 0.95 的置信区间。

第 **6** 章

假设检验

统计推断是根据总体理论分布,由样本的统计数对总体参数做出的推断。统计推断包括假设检验和参数估计。假设检验是在总体理论分布和小概率原理基础上,通过提出假设、确定显著水平、计算统计量、做出推断等步骤来完成的在一定概率意义上的推断。假设检验会出现两类错误。常见的样本假设检验有平均数的检验、频率的检验、方差的检验等。根据条件不同应采用不同的检验方法,如 u 检验、t 检验 χ^2 检验、F 检验等。总体参数估计又分为区间估计和点估计,与假设检验比较,二者主要是表示结果的形式不同,其本质是一样的。

6.1 假设检验问题

在生物学实验和研究过程中,应当检验一种实验方法的效果。

由于实验结果中处理效应和随机误差往往混淆在一起,从表面上是不容易分开的,因此必须通过概率的计算,采用假设检验的方法,才能做出正确的推断。

假设检验,又称为显著性检验,是根据总体的理论分布和小概率原理,对未知或不完全知道的总体提出两种彼此对立的假设,然后由样本的实际结果经过一定的计算,做出在一定概率意义上应该接受的那种假设的推断。如果抽样结果使小概率事件发生,则拒绝假设;如果抽样结果没有使小概率事件发生,则接受假设。统计学中,一般认为等于或小于 0.05 或 0.01 的概率为小概率,而概率等于或小于 0.05 或 0.01 的事件则为小概率事件。通过假设检验,可以正确辨别处理效应和随机误差效应,从而做出可靠结论。

6.2 参数假设检验

6.2.1 检验的一般步骤

假设检验一般包括以下四个步骤:

(1)提出假设

假设检验首先要对总体提出假设,一般应做出两个彼此对立的假设,一个是无效假设或零假设,记作 H_0;另一个是备择假设,记作 H_A。无效假设是直接检验的假设,是对总体提出的一个假想目标。所谓"无效"意指处理效应与总体参数之间没有真实的差异,实验结果中的差异为误差所致,即处理"无效"。备择假设是与无效假设相反的一种假设,即认为实验结果中的差异是由于总体参数不同所致,即处理"有效"。因此,无效假设与备择假设是对立事件。在检验中,如果接受 H_0,则否定 H_A;否定 H_0,则接受 H_A。无效假设形式多种多样,随研究内容不同而不同,但必须遵循两个原则:①无效假设必须是有意义的,根据无效假设是否成立,可以对问题做出回答;②根据无效假设可以算出因有误差而获得样本结果的概率。

以样本平均数的假设为例:

①对一个样本平均数的假设。

假设一个样本平均数 $\bar{x}$ 来自一个具有平均数 μ 的总体,可以提出:

无效假设 $H_0 : \mu = \mu_0$;

备择假设 $H_A : \mu \neq \mu_0$。

②对两个样本平均数相比较的假设。

假设两个样本平均数 $\overline{x_1}$ 和 $\overline{x_2}$ 分别来自具有平均数 μ_1 和 μ_2 的两个总体,则提出:

无效假设 $H_0 : \mu_1 = \mu_2$;

备择假设 $H_A : \mu_1 \neq \mu_2$

提出上述无效假设的目的在于:可从假设的总体中推论其平均数的随机抽样分布,从而可以算出某一个样本平均数指定值出现的概率,这样就可以根据样本与总体的关系,作为假设检验的理论依据。

(2)确定显著水平

在提出无效假设和备择假设后,要确定一个否定 H_0 的概率标准,这个概率标准为显著水平或概率水平,记作 α。显著水平是人为规定的小概率界限,统计学中常用 $\alpha = 0.05$ 和 $\alpha = 0.01$ 两个显著水平。

(3)计算统计数与相应概率

在假设 H_0 正确的前提下根据样本平均数的抽样分布计算出有抽样误差造成的概率,即:

$$u = \frac{\bar{x} - \mu}{\sigma_{\bar{x}}} \tag{6-1}$$

(4)判断是否接受假设

根据小概率原理做出是否接受 H_0 的判断。小概率原理指出:如果假设一些条件,并在假设条件下能够准确地计算出事件 A 出现的概率 α 很小,则在假设条件下的 n 次独立重复试验中,事件 A 将按照预定概率发生,而在一次试验中几乎不可能发生。简言之,小概率事件是在一次抽样试验中几乎不可能发生的。如果计算的概率大于 0.05 或 0.01,则认为不是小概率事件,H_0 的假设可能是正确的,应该接受,同时否定 H_A;反之,如果计算的概率小于或等于 0.05 或 0.01,则认为是小概率事件,则否定 H_0,接受 H_A。通常把概率小于或等于 0.05 称为差异显著标准,或差异显著水平;概率小于或等于 0.01 称为差异极显著标准,或差异极显著水平。一般差异达到显著水平,则在资料右上方标以" $*$ ";差异达到极显著水平,则在右上方标以"＊＊"。

6.2.2　一个正态总体的情形

是一个样本平均数的假设检验,适用于判断一个样本平均数 $\bar{x}$ 所属总体平均数 μ 与已知总体平均数 μ_0 是否有真实差异的检验。

6.2.2.1　总体方差 σ^2 已知时的检验

当总体方差 σ^2 已知,无论是大样本($n \geq 30$)还是小样本($n<30$),样本平均数的分布服从于正态分布,标准化后则服从于标准正态分布,即 u 分布。因此,用 u 检验法进行假设检验。

6.2.2.2　总体方差 σ^2 未知时的检验

(1)总体方差 σ^2 未知,但 $n \geq 30$,用 u 检验

当总体方差 σ^2 未知时,只要样本为样本容量 $n \geq 30$,根据中心极限定理,样本平均数的分布近似服从于正态分布,因此,可用样本方差 S^2 来估计总体方差 σ^2,仍然用 u 检验法。

(2)总体方差 σ^2 未知,且 $n<30$,用 t 检验

当样本容量 $n<30$ 且总体方差 σ^2 未知时,就无法使用 u 检验法对样本平均数进行假设检验。这时,要检验样本平均数 $\bar{x}$ 与指定总体平均数 u_0 的差异显著性,必须使用 t 检验法。

6.2.3 两个正态总体的情形

两个样本平均数比较的 u 检验是检验两个样本平均数 $\bar{x}_1$ 和 $\bar{x}_2$ 所属的总体平均数 μ_1 和 μ_2 是否来自同一个总体。

6.2.3.1　总体方差 σ_1^2 和 σ_2^2 已知时的检验

在两个总体方差 σ_1^2 和 σ_2^2 已知时,不论其样本容量是否大于30,样本平均数差数的分布都服从于正态分布,可以用 u 检验法。

在进行两个大样本平均数比较时,需要计算样本平均数差数的标准误 $\sigma_{\bar{x}_1-\bar{x}_2}$ 和 u 值。当两个样本方差 σ_1^2 和 σ_2^2 已知,两个样本平均数差数的标准误为

$$\sigma_{\bar{x}_1-\bar{x}_2} = \sqrt{\frac{\sigma_1^2}{n_1}+\frac{\sigma_2^2}{n_2}} \tag{6-2}$$

当 $\sigma_1^2=\sigma_2^2=\sigma^2$ 时,为

$$\sigma_{\bar{x}_1-\bar{x}_2} = \sigma\sqrt{\frac{1}{n_1}+\frac{1}{n_2}} \tag{6-3}$$

当 $n_1=n_2=n$ 时,为

$$\sigma_{\bar{x}_1-\bar{x}_2} = \sqrt{\frac{\sigma_1^2+\sigma_2^2}{n}} \tag{6-4}$$

当 $\sigma_1^2=\sigma_2^2=\sigma^2$ 时,且当 $n_1=n_2=n$ 时,为

$$\sigma_{\bar{x}_1-\bar{x}_2} = \sigma\sqrt{\frac{2}{n}} \tag{6-5}$$

u 值的计算公式为

$$u = \frac{(\bar{x}_1 - \bar{x}_2) - (\mu_1 - \mu_2)}{\sigma_{\bar{x}_1 - \bar{x}_2}} \tag{6-6}$$

再假设 $H_0 : \mu_1 = \mu_2 = \mu$ 的条件下,u 值为

$$u = \frac{\bar{x}_1 - \bar{x}_2}{\sigma_{\bar{x}_1 - \bar{x}_2}} \tag{6-7}$$

6.2.3.2 总体方差 σ_1^2 和 σ_2^2 未知时的检验法

(1)总体方差 σ_1^2 和 σ_2^2 未知,$n_1 \geqslant 30$ 和 $n_2 \geqslant 30$,用 u 检验

当两样本方差 σ_1^2 和 σ_2^2 未知时,由于两个样本都是大样本,故可用样本平均数的标准误 $S_{\bar{x}_1 - \bar{x}_2}$ 代替 $\sigma_{\bar{x}_1 - \bar{x}_2}$,其计算公式为

$$S_{\bar{x}_1 - \bar{x}_2} = \sqrt{\frac{S_1^2}{n_1} + \frac{S_2^2}{n_2}} \tag{6-8}$$

在假设 $H_0 : \mu_1 = \mu_2 = \mu$ 的条件下,u 值计算公式为

$$u = \frac{\bar{x}_1 - \bar{x}_2}{S_{\bar{x}_1 - \bar{x}_2}} \tag{6-9}$$

(2)总体方差 σ_1^2 和 σ_2^2 未知,n_1 或 n_2 小于 30 时,用 t 检验

当总体方差 σ_1^2 和 σ_2^2 未知,n_1 或 n_2 小于 30 时,其平均数差数不再服从正态分布,而是服从 t 分布,因此用 t 检验。

t 值的计算公式为

$$t = \frac{(\bar{x}_1 - \bar{x}_2) - (\mu_1 - \mu_2)}{S_{\bar{x}_1 - \bar{x}_2}} \tag{6-10}$$

在假设 $H_0 : \mu_1 = \mu_2 = \mu$ 的条件下,t 值的计算公式为

$$t = \frac{\bar{x}_1 - \bar{x}_2}{S_{\bar{x}_1 - \bar{x}_2}} \tag{6-11}$$

1)成组数据平均数比较的 t 检验。成组数据是两个样本的各个变量从各自总体中抽取,两个样本之间的变量没有任何关联,即两个抽样样本彼此独立。这样,不论两个样本容量是否相同,抽取数据皆为成组数据。两组数据以组平均数进行相互比较,来检验其差异的显著性。当总体方差 σ_1^2 和 σ_2^2 已知,或当总体方差 σ_1^2 和 σ_2^2 未知,但两个样本均为大样本时,采用 u 检验方法检验两组平均数据的差异显著性,而当总体方差 σ_1^2 和 σ_2^2 未知,n_1 或 n_2 小于 30 时,进行两组平均数差异显著性检验的是 t 检验。有以下三种情况:

①两个总体方差 σ_1^2 和 σ_2^2 未知,但通过方差的同性质检验 $\sigma_1^2 = \sigma_2^2 = \sigma^2$ 时的检验。首先用样本方差 S_1^2 和 S_2^2 进行加权求出平均数的方差 S_e^2,作为对 σ^2 的估算,计算公式为

$$S_e^2 = \frac{S_1^2(n_1 - 1) + S_2^2(n_2 - 1)}{(n_1 - 1) + (n_2 - 1)} \tag{6-12}$$

其次,得出两样本平均数差数的标准误 $S_{\bar{x}_1 - \bar{x}_2}$:

$$S_{\bar{x}_1 - \bar{x}_2} = \sqrt{\frac{S_e^2}{n_1} + \frac{S_e^2}{n_2}} \tag{6-13}$$

当 $n_1 = n_2 = n$ 时,可变为

$$S_{\bar{x}_1 - \bar{x}_2} = \sqrt{\frac{2S_e^2}{n}} \tag{6-14}$$

②两个总体方差 σ_1^2 和 σ_2^2 未知,且 $\sigma_1^2 \neq \sigma_2^2$,但 $n_1 = n_2 = n$ 时的检验。这种情况仍可以用 t 检验法,其计算值也与假设两个总体方差 σ_1^2 和 σ_2^2 的情况一样,只是在查 t 值表时,所用自由度 df$=n-1$。

③两个总体方差 σ_1^2 和 σ_2^2 未知,且 $\sigma_1^2 \neq \sigma_2^2$,但 $n_1 \neq n_2$ 时的检验。这种情况所构成的统计数 $\dfrac{\bar{x}_1 - \bar{x}_2}{S_{\bar{x}_1 - \bar{x}_2}}$ 不再服从 t 分布,因而只能进行近似的 t 检验。由于 $\sigma_1^2 \neq \sigma_2^2$,所以计算两个样本平均数差数的标准误时不能再使用加权方差,需用两个样本方差 S_1^2 和 S_2^2 和分别估计出总体方差 σ_1^2 和 σ_2^2,即:

$$S_{\bar{x}_1 - \bar{x}_2} = \sqrt{\frac{\overline{S_1^2}}{n_1} + \frac{\overline{S_2^2}}{n_2}} \tag{6-15}$$

作 t 检验时,需先计算 R 和 df$'$:

$$R = \frac{S_{\bar{x}_1}^2}{S_{\bar{x}_1}^2 + S_{\bar{x}_2}^2} \tag{6-16}$$

$$df' = \frac{1}{\dfrac{R^2}{n_1 - 1} + \dfrac{1 - R^2}{n_2 - 1}} \tag{6-17}$$

$$t_{df'} = \frac{\bar{x}_1 - \bar{x}_2}{S_{\bar{x}_1 - \bar{x}_2}} \tag{6-18}$$

2) 成对数据平均数比较的 t 检验。成对数据的比较要求两个样本间配偶成对,每一对样本除了随机地给以不同的处理外,其他条件应尽量一致。成对数据,由于同一配对样本内两个供试单位的实验条件非常接近,而不同配对样本之间的差异条件又可以通过各个配对样本予以消除,因而,可以较大程度地控制实验误差,具有较高的精度。

设两个样本的变量分别为 x_1 和 x_2,共配成 n 对,各对的差数为 $d = x_1 - x_2$,则本样本差数平均数 $\bar{d}$ 为

$$\bar{d} = \frac{\sum d}{n} = \frac{\sum (x_1 - x_2)}{n} = \frac{\sum x_1}{n} - \frac{\sum x_2}{n} = \bar{x}_1 - \bar{x}_2 \tag{6-19}$$

样本差数方差 S_d^2 为

$$S_d^2 = \frac{\sum (d - \bar{d})^2}{n - 1} = \frac{\sum d^2 - \dfrac{(\sum d)^2}{n}}{n - 1} \tag{6-20}$$

样本差数标准差 $S_{\bar{d}}$ 为

$$S_{\bar{d}} = \sqrt{\frac{S_d^2}{n}} = \sqrt{\frac{\sum (d - \bar{d})^2}{n(n - 1)}} = \sqrt{\frac{\sum d^2 - \dfrac{(\sum d)^2}{n}}{n(n - 1)}} \tag{6-21}$$

因而, t 值为

$$t = \frac{\overline{d} - \mu_d}{S_{\overline{d}}} \tag{6-22}$$

在假设 $H_0: \mu_d = 0$ 的情况下, t 为

$$t = \frac{\overline{d}}{S_{\overline{d}}} \tag{6-23}$$

它具有自由度 df $= n-1$。

6.2.4 功效函数与功效检验

6.2.4.1 一个样本频率的假设检验

适应于检验一个样本频率 $\hat{p}$ 的总体频率 p 与某一理论频率 p_0 的差异显著性。根据 n 和 p 的大小,其检验方法是不一样的。当 np 或者 nq 小于 5,则由二项式 $(p+q)^2$ 展开式直接检验;当 $5<np$ 或 $np<30$ 时,二项分布趋近于正态分布,可用 u 检验 $(n \geqslant 30)$ 或 t 检验 $(n \leqslant 30)$,但需要进行连续矫正;如果 np, nq 均大于 30 时,则不需要连续性矫正,用 u 检验法。

从一个总体抽取容量为 n 的样本,其中具有"目标性状"的个数为 x ,则该形状的概率估计值为

$$\hat{p} = \frac{x}{n} \tag{6-24}$$

总体标准误 σ_p 为

$$\sigma_p = \sqrt{\frac{pq}{n}} \tag{6-25}$$

在不需要进行连续性矫正时, u 值的计算公式为

$$u = \frac{\hat{p} - p}{\sigma_p} \tag{6-26}$$

需要进行连续性矫正时, u_c 值的计算公式为

$$u_c = \frac{(\hat{p} - p) \mp \dfrac{0.5}{n}}{\sigma_p} = \frac{|\hat{p} - p| - \dfrac{0.5}{n}}{\sigma_p} \tag{6-27}$$

如果 σ_p 未知,可用 $\hat{p}$ 的标准误 $S_{\hat{p}}$ 来估计, $S_{\hat{p}}$ 的计算公式为

$$S_{\hat{p}} = \sqrt{\frac{\hat{p}\hat{q}}{n}} \tag{6-28}$$

当 $n<30$ 时, u 值应以 t 值 $(\mathrm{df} = n-1)$ 取代。

6.2.4.2 两个样本的频率假设检验

适用于检验两个样本频率 $\hat{p}_1$ 和 $\hat{p}_2$ 所属总体频率 p_1 和 p_2 差异的显著性。一般假定两个样本所属总体的方差是相等的,即 $\sigma_{p_1}^2 = \sigma_{p_2}^2$ 。这类检验在实际应用中具有更重要的意义。由于在抽样实验中,其理论频率 p_0 常为未知数,就无法将样本某属性出现的频率与理论频率进行比较,只能将两个样本的频率进行比较。与单个样本频率的假设检验一样,当 np 或

者 nq 小于 5,则由二项式 $(p+q)^2$ 展开式直接检验;当 $5<np$ 或 $np<30$ 时,二项分布趋近于正态分布,可用 u 检验($n \geqslant 30$)或 t 检验($n \leqslant 30$),但需要进行连续矫正;如果 np,nq 均大于 30 时,则不需要连续性矫正,用 u 检验。

若从两个总体中分别抽取容量为 n_1 和 n_2 的样本,其中具"目标性状"的个数分别为 x_1,x_2,则该性状的概率估计值分别为

$$\hat{p}_1 = \frac{x_1}{n_1}, \hat{p}_2 = \frac{x_2}{n_2} \tag{6-29}$$

总体方差未知,故用样本统计数来估计。两个样本频率差数的标准误 $S_{\hat{p}_1-\hat{p}_2}$ 为

$$S_{\hat{p}_1-\hat{p}_2} = \sqrt{\frac{\hat{p}_1\hat{q}_1}{n_1} + \frac{\hat{p}_2\hat{q}_2}{n_2}} \tag{6-30}$$

在 $H_0 : P_1 = P_2$ 的条件下,两个样本频率差数的标准误 $S_{\hat{p}_1-\hat{p}_2}$ 为

$$S_{\hat{p}_1-\hat{p}_2} = \sqrt{\bar{p}\bar{q}\left(\frac{1}{n_1} + \frac{1}{n_2}\right)} \tag{6-31}$$

式中,$\bar{p} = \frac{x_1+x_2}{n_1+n_2}$,$\bar{q} = 1-\bar{p}$。当 $n_1 = n_2 = n$ 时,可简化为

$$S_{\hat{p}_1-\hat{p}_2} = \sqrt{\frac{2\bar{p}\bar{q}}{n}} \tag{6-32}$$

不需进行连续矫正,u 的值为

$$u = \frac{(\hat{p}_1-\hat{p}_2)-(p_1-p_2)}{S_{\hat{p}_1-\hat{p}_2}} \tag{6-33}$$

在 $H_0 : P_1 = P_2$ 条件下,u 值为

$$u = \frac{\hat{p}_1-\hat{p}_2}{S_{\hat{p}_1-\hat{p}_2}} \tag{6-34}$$

此时需要连续性矫正,u_c 的值为

$$u_c = \frac{|\hat{p}_1-\hat{p}_2| - \frac{0.5}{n_1} - \frac{0.5}{n_2}}{S_{\hat{p}_1-\hat{p}_2}} \tag{6-35}$$

6.3　拟合优度检验

6.3.1　拟合优度检验问题

适合性检验是用来检验实际观察数据与依照某种假设或模型计算出来的理论数之间是否一致,所以又称为吻合度检验或拟合优度检验。这种检验根据是否已知总体的分部类型分为两种情况:一种是已知总体的分部类型,检验各种类别的比例是否符合某个假设或理论比例;另一种是总体分布类型未知,要检验的是该分布的类型是否符合某个假设或理论的分部类型。

适合性检验的一般程序为：

设某个总体有 k 个类别或组合，每一类别（组）个体出现的概率依次为 $p_1, p_2, \cdots, p_k$，在 n 次独立观察试验中，各组的理论频数依次为 $E_1 = np_1, E_2 = np_2, \cdots, E_k = np_k$，各组实际观察频数为 $O_1, O_2, \cdots, O_k$，则有：

$$\sum_{i=1}^{k} \frac{(O_i - E_i)^2}{E_i} \tag{6-36}$$

近似服从 χ^2 分布。在实际应用中自由度的确定：①若已知各种类型的理论概率，可以直接计算出各类别（组）理论频数。为满足各理论频数之和等于实际频数之和这个约束条件，自由度类型为 $k-1$。②若总体分布中含有 m 个未知参数需要用样本统计数估计，以此代替参数值来计算各类组的理论概率和理论频数，则自由度为 $k-m-1$，其中 m 是所代替的参数总个数。

由 χ^2 分布可以对实际观察频数与根据某种理论或需要预期的理论频数是否相符做出检验。检验步骤为：

（1）提出无效假设 H_0 和备择假设 H_A。

（2）选择适宜的计算公式。

（3）求得各个理论频数 $E_i = np_i$，并根据实际频数 O_i，代入公式得 χ^2 值。

（4）若实际计算的 $\chi^2 < \chi^2_\alpha(\mathrm{df})$，接受 H_0；否则，接受 H_A。

由于 χ^2 分布是连续分布，而分布数据资料是离散性的，所以计算出的统计量只是近似服从 χ^2 分布，近似程度取决于样本含量和类别数。为使这类检验更确切，一般要求：

（1）每个理论类别数不少于5，即 $E_i \geqslant 5$；若某些类别的理论频数过少，可将相邻的列别进行合并以产生较大的理论频数。合并后的统计量同样服从 χ^2 分布，自由度应做相应调整。

（2）当自由度等于1时，需要进行连续性矫正，矫正的检验统计量为

$$x_c^2 = \sum_{i=1}^{k} \frac{(|O_i - E_i| - 0.5)^2}{E_i} \tag{6-37}$$

（3）对于大自由度（$\mathrm{df} > 100$）的 χ^2 检验，可利用近似公式计算 χ^2 临界值：

$$x_{1-\alpha}^2(\mathrm{df}) = 0.5(\sqrt{2\mathrm{df}-1} - Z_{1-\alpha})^2 \tag{6-38}$$

6.3.2　Kolmogorov-Smirnov 检验

Kolmogorov-Smirnov 检验简写为 K-S 检验，常译为柯尔莫哥洛夫-斯米尔诺夫检验。它也是一种拟合优度检验。它涉及一组样本数据的实际分布与某一指定的理论分布间相符合程度的问题，用来检验所获取的样本是否来自具有某一理论分布的总体。

6.3.2.1　基本方法

K-S 检验是用两个俄罗斯数学家的名字命名的，他们对这种非参数统计技术发展做出了贡献。若 $S_n(x)$ 表示一个 n 次观察的随机样本观察值的累积概率分布函数，$S_n(x) = i/n$，i 是等于或小于 x 的所有观察结果的数目，$i = 1, 2, \cdots, n$。$F_0(x)$ 表示一个特定的累积概率分布函数，也就是说，对于任一 x 值，$F_0(x)$ 值代表小于或等于 x 值的那些预期结果所占的比例。

于是,可以定义 $S_n(x)$ 与 $F_0(x)$ 之间的差值,即:

$$D = |S_n(x) - F_0(x)| \tag{6-39}$$

其中,$S_n(x)$ 为经验分布函数,$F_0(x)$ 为理论分布函数。若对于每一个 x 值来说,$S_n(x)$ 与 $F_0(x)$ 十分接近,也就是差异很小,则表明经验分布函数与特定分布函数的拟合程度很高,有理由认为样本数据来自具有该理论分布的总体。K-S 检验集中考察的是 $|S_n(x) - F_0(x)|$ 中那个最大的偏差,即利用统计量:

$$D = \max |S_n(x) - F_0(x)| \tag{6-40}$$

做出判定。

K-S 检验步骤为

建立假设:

$$H_0 : S_n(x) = F_0(x) \quad \text{对所有 } x$$

$$H_A : S_n(x) \neq F_0(x) \quad \text{对一些 } x$$

计算 D 统计量:

$$D = \max |S_n(x) - F_0(x)|$$

查找临界值:根据给定的显著性水平 α,样本数据个数 n,查附表可得到临界值 d_α(双尾检验)。

做出判定:若 $D < d_\alpha$,则 α 在水平上不拒绝 H_0;若 $D \geq d_\alpha$,则在 α 水平上拒绝 H_0。

6.3.2.2 χ^2 检验与 K-S 检验

χ^2 检验与 K-S 检验均属于拟合优度检验,但 χ^2 检验常用于定类尺度测量数据,K-S 检验还用于定序尺度测量数据。当预期频数较小时,χ^2 检验常需合并邻近的类别才能计算,K-S 检验则不需要,因此他能比 χ^2 检验保留更多信息。对于特别小的样本数目,χ^2 检验不能应用,而 K-S 检验不受限制,因此,K-S 检验的功效比 χ^2 检验要更强。

6.3.3 独立性检验

6.3.3.1 2×2 列联表的独立性检验

检验的步骤主要为:

(1)提出无效假设 H_0:事件 A 和事件 B 无关,即事件 A 和事件 B 相互独立。同时给出 H_A:事件 A 和事件 B 有关联关系。

(2)给出显著水平 α。

(3)依据 H_0,可以推算出理论值,计算 χ^2 的值。

(4)确定自由度 $df = (r-1)(c-1)$,进行推断。如果所计算的 $\chi^2 > \chi_\alpha^2$,则 $P < \alpha$,应否定 H_0 接受 H_A,表明事件 A 和事件 B 有关联关系,观测值与理论值不一致;若 $\chi^2 < \chi_\alpha^2$,则 $P > \alpha$,应接受 H_0 否定 H_A,表明事件 A 和事件 B 相互独立。

6.3.3.2 2×c 列联表的独立性检验

2×c 列联表理论值的计算和 2×2 列联表一样,自由度 $df = (2-1)(c-1) = c-1$。由于 $c \geq 3$,故 $df \geq 2$ 不需要连续矫正。

6.3.3.3 $r \times c$ 列联表的独立性检验

$r \times c$ 列联表理论值的计算和 2×2 列联表及 $2 \times c$ 列联表一样, 即 $E_{ij} = \dfrac{R_i C_j}{T}$, 其自由度 $\mathrm{df} = (r-1)(c-1)$, 由于 $r \geqslant 3, c \geqslant 3$, 所以 $\mathrm{df} > 1$, 计算 χ^2 不需要连续矫正。其 χ^2 值为

$$\chi^2 = T\left(\sum \frac{O_{ij}^2}{R_i C_j} - 1 \right) \tag{6-41}$$

式中 $i = 1, 2, \cdots, r; j = 1, 2, \cdots, c$。

6.4 非参数假设检验

6.4.1 符号检验

符号检验是一种最为简易的非参数检验方法, 它通过符号变化判断总体分布位置。分析时不是直接利用观察值, 而是利用观察值与中位数之间差异的正负符号多少来检验总体分布的位置; 或用配对观察值之间的正负号检验两个总体分布位置的异同。用来检验的数据资料可以是定量的, 也可以是非定量的。

6.4.1.1 符号检验的一般方法

设有一个分布类型未知的总体, 其中位数为 ξ。从该总体中随机抽取 n 个观察值 x_1, $x_2, \cdots, x_n$, 则有 $\dfrac{1}{2}$ 的 $(x_i - \xi) > 0$(记为"+"号) 和 $\dfrac{1}{2}$ 的 $(x_i - \xi) < 0$(记为"-"号)。在这些差数中, n 个"+"即 0 个"-"、$(n-1)$ 个"+"即 1 个"-"、$(n-2)$ 个"+"即 2 个"-"、$\cdots$、0 个"+"即 n 个 "-"的概率分布, 与 $p = q = \dfrac{1}{2}$ 时 $(p+q)^n$ 的展开对应。依此可以准确地计算出各种符号组合出现的概率, 从而做出所需要的假设检验。

其检验步骤为:

(1)提出无效假设和备择假设。$H_0: \xi = C$, 即假设所检验的总体中位数等于常数 C(C 为已知的中位数), 对 $H_A: \xi \neq C$。

(2)确定显著水平 α。一般用 $\alpha = 0.05$。

(3)计算差值并赋予符号。计算各观察值与中位数之差, 差值为正时赋予"+", 用 n_+ 表示出现"+"号的频数; 负值赋予"-"符号, 用 n_- 表示出现"-"号的频数; 因此有 $n = n_+ + n_-$。

(4)计算概率值。如果 H_0 正确, 中位数两侧观察值数目应该相等, 则 n_+ 和 n_- 的频数应该相等, 即 $n_+ = n_- = y$。因此有 $n_+ = y$ 或 $n_- = y$ 的概率为

$$P_{n_+ = y} = C_n^y \left(\frac{1}{2} \right)^y \left(\frac{1}{2} \right)^{n-y} \tag{6-42}$$

(5)统计推断。只要计算出 $n_+ \neq y$ 或 $n_- \neq y$ 的概率, 就可以判断 $n_+ \neq y$ 或 $n_- \neq y$ 的概率是否是由实验误差所造成的。若计算出的概率值较大(大于 α), 则认为 $n_+ \neq y$ 或 $n_- \neq y$ 的概

率是误差所造成的,接受 $H_0: \xi = C$。反之,否定 H_0。

显然这种检验比较的是中位数而不是平均数。当所研究总体的分布对称时,中位数与平均数相等。此时,符号检验与 t 检验的结果是一致的。

6.4.1.2　两个样本符号检验

主要用于配对数据资料的分析。假设两个总体分布为位置相同,即 $H_0: \xi_1 = \xi_2$,则每对数据之差,出现"+"与"−"的概率均为 $\dfrac{1}{2}$。尾区概率计算与单个样本符号检验一样为

$$P_{n_+ \leqslant y} = \sum_{n_+ = 0}^{y} P(n_+) = \sum_{n_+ = 0}^{y} C_n^{n_+} \left(\frac{1}{2}\right)^n \tag{6-43}$$

或

$$P_{n_- \leqslant y} = \sum_{n_- = 0}^{y} P(n_-) = \sum_{n_- = 0}^{y} C_n^{n_-} \left(\frac{1}{2}\right)^n \tag{6-44}$$

其中 $n = n_+ + n_-, y = \min(n_+, n_-)$。

将尾区概率 P 与显著水平 α 相比,可做出统计推断。

6.4.2　秩和检验

秩和检验是通过将观察值按由小到大的次序排列,每一个观察值给编以秩,计算出秩和进行检验。其检验效率较符号检验效率高,因为它除了比较各个数据差值的符号外,还比较各对数据差值大小的秩次高低。

6.4.2.1　成组数据比较的秩和检验

(1)一般原理

从两个分布未知的总体中,分别独立抽取容量为 n_1 和 n_2 的两个样本,并将两个样本数据放在一起按照取值大小依次进行编号,每个数据的位置编号即为秩。利用秩 $1, 2, \cdots, n$ 来代替原始 n 个数据。如果 $H_0: \xi_1 = \xi_2$,即两个样本所属总体样本的位置没有差异,那么对应于第一个样本的秩和应与对应于第二个样本的秩和大致相等。如果一个样本的秩和明显小于另一个样本。计算较小的秩和 T 出现的概率 p。若 p 大于显著水平 α,接受 $H_0: \xi_1 = \xi_2$;否则,若 $p < \alpha$,否定 H_0。在实际应用时,一般不直接求出概率值,而是根据秩和检验表,查出秩和临界值进行比较。

(2)检验步骤

1)将两样本数据混合,从小到大排列编秩。若有两个或多个数据相等,则它们的秩和等于其所占位置的平均值。

2)把数据按样本不同分开。当 $n_1 < n_2$ 时,计算较小样本容量的秩和 T。若 $n_1 = n_2$,则计算平均数较小的样本的秩和 T。

3)查秩和检验表中单侧检验或双侧检验临界值 T_1 和 T_2。如果 $T_1 < T < T_2$,则接受 H_0;如果 $T < T_1$ 或 $T \geqslant T_2$,则否定 H_0,接受 H_A。

秩和检验表只适用于 $n_1 \leqslant 10, n_2 \leqslant 10$。当 n_1, n_2 都大于 10 时其秩和 T 的抽样分布已知:

平均数：
$$\mu_T = \frac{n_1(n+1)}{2} \tag{6-45}$$

标准差：
$$\sigma_T = \sqrt{\frac{n_1 n_2(n+1)}{12}} \tag{6-46}$$

因此有：

$$Z = \frac{T-\mu_T}{\sigma_T} = \frac{T-\dfrac{n_1(n+1)}{2}}{\sqrt{\dfrac{n_1 n_2(n+1)}{12}}} \tag{6-47}$$

据此可做出单侧 Z 检验和双侧 Z 检验。

当存在 m_i 个并列数据时，要近似地进行 Z 检验，需进行矫正，矫正后的 σ_T 为

$$\sigma_T = \sqrt{\frac{n_1 n_2(n^3 - n - \sum C_i)}{12n(n-1)}} \tag{6-48}$$

其中，C_i 是并列秩数据 m_i 的函数：

$$C_i = (m_i - 1)\, m_i(m_i + 1) \tag{6-49}$$

如果 $\sum C_i = 0$，即没有并列数据，仍用 Z 检验。

6.4.2.2 成对比较的秩和检验

有两个同分布的总体，从中随机抽取两两成对的样本，计算每对观察值的差数 d，然后将这些差数按其绝对值从小到大排列，并依次给以秩次 $1, 2, \cdots, n$（若 $d = 0$，则不参加秩次编排）。再统计差数为正（$d>0$）的秩和及差数为负（$d<0$）的秩和，即差数为正（或为负）的秩和为 T。若不断重复抽样，就可以得到一个间断性的、左右对称的 T 分布。具有

平均数：
$$\mu_T = \frac{1}{4}n(n+2) \tag{6-50}$$

标准差：
$$\sigma_T = \sqrt{\frac{n(n+1)(2n+1)}{24}} \tag{6-51}$$

若没有并列秩次可得到：

$$Z = \frac{T-\mu_T}{\sigma_T} \sim N(0,1) \tag{6-52}$$

上式可对 $n>50$ 的成对质量做单侧或双侧的秩和检验。若 $n \leqslant 50$ 可直接利用配对比较的秩和检验 T 临界值表做秩和检验。

6.4.3 秩相关

6.4.3.1 Kendall 秩相关

Kendall 秩相关即肯德尔秩相关，与等级相关一样，也是用于两个样本相关程度的测量，要求数据至少是定序尺度的。它也是利用两组秩次测定两个样本间相关程度的一种非参数统计方法。

（1）基本方法

n 个配对数据 $(x_1, y_1), (x_2, y_2), \cdots, (x_n, y_n)$ 分别抽选自联合随机变量 X、Y，X、Y 都至少是可以用定序尺度测量的。将 X 的 n 个数据的秩按自然顺序排列，则 Y 的 n 个秩也相应地发生变动。

由于 X 的秩次已经按自然顺序由小到大排列，因此 X 的观察值每两个之间都是一致对。考察 Y 的秩次情况，凡一致对记作 +1，非一致对记作 -1。

在 X 的秩评定完全按自然顺序排列时，Y 的秩对所能给予的最大的评分，应该也是完全按自然顺序排列的秩对的评分，即每一数对的评分均为 +1。这样，在 X、Y 的评秩完全一致的情况下，最大可能的评分总数应是一个组合。一般情况，n 个观察值对两两秩对之间评分，最大可能的总分为 $\binom{n}{2}$。将实际的评分与最大可能的总分相比，可以测定两组秩之间的相关程度。

若以 U 表示 Y 的一致对数目，V 表示 Y 的非一致对数目，则一致对评分与最大可能总分之比为 $\dfrac{U}{\binom{n}{2}} = \dfrac{2U}{n(n-1)}$，非一致对评分与最大可能总分之比为 $\dfrac{V}{\binom{n}{2}} = \dfrac{2V}{n(n-1)}$。

当 Y 的秩对完全按自然顺序排列时，$\dfrac{U}{\binom{n}{2}} = \dfrac{2U}{n(n-1)}$ 的值为 1，$\dfrac{V}{\binom{n}{2}} = \dfrac{2V}{n(n-1)}$ 的值为 0；而当 Y 的秩对全部为非一致对时，$\dfrac{V}{\binom{n}{2}} = \dfrac{2V}{n(n-1)}$ 的值为 1，$\dfrac{U}{\binom{n}{2}} = \dfrac{2U}{n(n-1)}$ 的值为 0。为测定两组秩之间的相关程度，定义的相关系数从 -1 到 +1，因此，Kendall 秩相关系数为

$$T = \frac{4T}{n(n-1)} - 1 \tag{6-53}$$

或者

$$T = 1 - \frac{4V}{n(n-1)} \tag{6-54}$$

若记 $S = U - V$，则 Kendall 秩相关系数为

$$T = \frac{2S}{n(n-1)} \tag{6-55}$$

这里 Kendall 秩相关系数 T 是 Tau 的缩写，也常记作 τ。$T = 1$，表明两组秩次完全正相关；$T = -1$，表明两组秩次间完全负相关。一般 $|T| > 0.8$ 时，可以认为相关程度较高。

（2）同分的处理

当两个样本中无论哪一个或者两个均有同分观察值时，仍采用通常的办法，将每一个同分值的秩记作其应有秩的平均值。由于同分值的影响，也需要对 T 计算公式中的分母进行

校正。在同分情况下应变为

$$T=\frac{S}{\sqrt{\binom{n}{2}-u'}\sqrt{\binom{n}{2}-v'}} \tag{6-56}$$

式中，$u'=\sum\binom{u}{2}$，u 是 X 中同分观察值的数目；$v'=\sum\binom{v}{2}$，v 是 Y 中同分观察值的数目。由于 $\binom{u}{2}$ 也可以表示为 $\frac{u(u-1)}{2}$，因此 $u'=\frac{1}{2}\sum u(u-1)$，$v'=\frac{1}{2}\sum v(v-1)$。$u,v$ 仍分别表示 X、Y 的每一同分组中同分观察值的数目。上式也可以写成

$$T=\frac{S}{\sqrt{\frac{n(n-1)}{2}-u'}\sqrt{\frac{n(n-1)}{2}-v'}} \tag{6-57}$$

（3）T 的显著性检验

与 Spearman 秩相关系数 R 一样，Kendall 秩相关系数 T 的显著性也应进行检验。这一检验实际上是检验两个总体的相关是否真实存在，是正相关或是负相关，从而说明以 T 的大小反映相关程度的高低是否可信。如果研究关心的是相关是否存在，而不是考虑方向，则应建立双侧备择，假设组为

$$H_0:不相关;H_A:存在相关$$

若关心的是相关的方向，则应建立单侧备择，假设组为

$$H_0:不相关;H_+:正相关$$

$$H_0:不相关;H_-:负相关$$

为对假设做出判定，所需数据至少是定序尺度测量的。通过对数据求出一致对或非一致对数目，计算出 Kendall 秩相关系数 T。

T 的抽样分布表可以从网络中找到。当 $n\leqslant10$ 时，只要根据 n、T 的值，就可以在表的第一部分查找到 H_0 为真时，T 为某一值的概率 P；当 $10<n\leqslant30$ 时，在表的第二部分查找相应的概率 P。表 6-1 为判定指导表。若 $n>30$，则按式 6-58 计算 Z。

表 6-1　T 检验判定指导表

备择假设	P 值
H_+:正相关	T 的右尾概率
H_-:负相关	T 的左尾概率
H_A:存在相关	T 的较小尾巴概率的 2 倍

$$Z=\frac{3T\sqrt{n(n-1)}}{\sqrt{2(2n+5)}}=\frac{S}{\sqrt{\frac{n(n-1)(2n+5)}{18}}} \tag{6-58}$$

由于 Z 近似正态分布，可在正态分布表中查找相应概率。

（4）等级相关系数和 Kendall 秩相关系数的比较

Spearman 秩相关系数 R 和 Kendall 秩相关系数 T，都要求数据至少是在定序尺度上测

量,都是计算的秩相关系数,用于测度两个相关样本之间的相关程度,并都能用于零假设;两个样本无关的检验。它们的取值都是在-1 到+1 之间,它们的抽样分布都容易确定,当 $n \leqslant 30$,是通过 X、Y 配对样本的秩,在 H_0 成立时出现的概率计算。当 X 的评秩给定,或按自然顺序排列好后,在 H_0 成立时,秩的所有可能为 $n!$ 于是,在 H_0 为真时,Y 指的任一特定顺序出现的概率为 $1/n!$。借助 R,T 和 n,可以计算得到附表中的 P 值。当 $n>30$ 时,R、T 被标准化后都渐近正态分布,因而可以借助附表查到 P 值。

R 和 T 的实质即使对于同一组数也是不同的,多数情况下,R 的绝对值大于 T 的绝对值。虽然 R 和 T 都使用了资料中相同的信息,但由于两者有着不同的基础尺度,R 利用的是秩差,而 T 利用的是秩的顺序,即一致对和非一致对,因此,不能将它们的数值加以比较,以说明相关度的高低。如果 $R_{xy}>T_{xz}$,不能说明 X、Y 的相关程度高于 X、Z 之间的相关程度。T 的解释比起 R 来更容易。两个观察的数对 (x_i,y_i),(x_j,y_j),当 $x_i<x_j$ 时,总有 $y_i<y_j$,称为顺序一致对,若每个 $x_i<x_j$ 都有 $y_i>y_j$,则为不一致对。T 的准确意义为:一致对与非一致对数目之差占全部可能对 $\binom{n}{2}$ 的比重。

尽管 R 与 T 的数值不同,但是在显著性检验上,它们往往在相同的显著性水平上拒绝零假设。

6.4.3.2 偏秩相关

当研究两个样本的相关性时,可能计算出的相关系数,并不反映量样本间存在的真正的或直接的关系。这种相关性是因为两个样本都和第三个样本有关系而产生的。这个问题在参数统计中是通过偏秩相关解决的。在 Spearman 秩相关系数阐述统计中也可以用偏秩相关方法处理。本书介绍的是 Kendall 偏秩相关系数 $T_{xy,z}$。

若 X、Y 与第三个样本 Z 有关,也就是说由于 Z 的变化对 X、Y 之间的关系有影响,那么,考察去掉 Z 的影响,仅仅研究 X、Y 之间的关系,就是偏秩相关。在统计上,偏秩相关就是在第三个样本 Z 保持恒定的情况下,X、Y 之间的相关。

若有三个样本 Z、X、Y,每个样本均有 n 个数据,且都在定序尺度上测量,那么根据 Kendall 秩相关系数,T_{xy} 表示 X 与 Y 之间的秩相关程度,T_{xz} 表示 X 与 Z 之间的相关程度,T_{yz} 则表示 Y 与 Z 之间的相关程度。Kendall 偏秩相关系数 $T_{xy,z}$ 为

$$T_{xy,z} = \frac{T_{xy} - T_{xz}T_{yz}}{\sqrt{(1-T_{xz}^2)(1-T_{yz}^2)}} \tag{6-59}$$

$T_{xy,z}$ 是 Z 不变时,X 和 Y 之间的相关系数,有时也写作 $\tau_{xy,z}$。$T_{xy,z}$ 取值也是在-1 到+1 之间,但它的抽样分布至今未知,因而无法对其进行显著性检验。

6.4.4 游程检验

游程检验亦称连贯检验或串检验,是一种随机性检验方法,应用范围很广。例如生产过程是否需要调整,即不合格产品是否随机生产;奖券的购买是否随机;期货价格的变化是否随机,等等。若事物的发生并非随机,即有着某种规律,则往往可寻找规律,建立相应模型,

进行分析,做出适宜决策。

6.4.4.1 单样本非参数的游程检验

(1)游程检验的含义

一个可以两分的总体,如按性别区分的人群,按产品是否有毛病区分的总体,等等,随机从中抽取一个样本,样本也可以分为两类:类型Ⅰ和类型Ⅱ。若凡属于类型Ⅰ的给以符号A,属于类型Ⅱ的给以符号B,则当样本按照某种顺序排列(如按抽取时间先后顺序排列)时,一个或者一个以上相同符号连续出现的段,就被称为游程,也就是说,由城市在一个两种类型的符号的有序排列中,相同符号连续出现的段。例如,将售票处排队等候的人按性别区分,男以A表示,女以B表示。按到来时间的先后观察序列为$AABABB$。在这个序列中,AA为一个游程,连续出现两个A;B是一个游程,领先它的是符号A,跟随它的也是符号A;显然,A也是一个游程,BB也是一个游程。于是在这个序列中A的游程有2个,B的游程也有2个,序列总共有4个游程。每个游程所包含的符号的个数,称为游程的长度。如上面的序列中,有一个长度为2的A游程,有一个长度为2的B游程,长度为1的A游程、B游程也各有一个。

(2)基本方法

随机抽取一个样本,其观察值按某种顺序排列,如果研究所关心的问题是:被有序排列的两种类型符号是否随机排列,则可以建立双侧备择,假设组为

H_0:序列是随机的;H_A:序列不是随机的

如果关心序列是否具有某种倾向,则应建立单侧备择选择,假设组为

H_0:序列是随机的;H_+:序列具有混合倾向

或

H_0:序列是随机的;H_-:序列具有成群倾向

为了对假设做出判定,被收集的样本数据仅需定类尺度测量,但要求进行有意义的排序,按一定次序排列的样本观察值能够被变换为两种类型的符号。如某售票处按到来的先后顺序将排队购票的人的性别分别记作A、B两种类型的符号,可以得到一个序列:$AABABB$。第一种类型的符号数目记作m,第二种记作n,则$N=m+n$。

检验统计量。在H_0为真的情况下,两种类型符号出现的可能性相等,其在序列中是交互的。相对于一定的m、n,序列游程的交互总是在一定范围内。若游程总数过少,表明某一游程总数长度过长,意味着较多同一符号相连,序列存在成群倾向;若游程总数过多,表明游程长度很短,意味着两个符号频繁交替,序列具有混合倾向。因此,无论游程总数过多或过少,都不能表明序列是随机的。根据两种类型符号变化,选择的检验统计量为U。

$$U=游程的总数目$$

确定P值。游程总数目U的抽样分布在附表中给出。序列中数目比较少的符号记作类型Ⅰ,数目多的符号记作类型Ⅱ。对于$m \leqslant n$,且$m+n \leqslant 20$,或$m \leqslant n \leqslant 12$,可以在附表中查到相应的$P$值。若$P$相对于给定的显著水平$\alpha$很小,则数据不支持$H_0$;若足够大,则不拒绝$H_0$。表6-2为判定的指导表:

表 6-2　U 检验判定指导表

备择假设	P 值
H_+:序列具有混合倾向	U 的右尾概率
H_-:序列具有成群倾向	U 的左尾概率
H_A:序列不是随机的	U 的较小尾巴概率的 2 倍

当 $m+n:N>20$ 或 $m>12,n>12$ 时,检验统计量 U 的近似均值为 $1+\dfrac{2mn}{N}$,标准差为

$\sqrt{\dfrac{2mn(2mn-N)}{N^2(N-1)}}$,正态分布通过连续修正,计算 Z_L 或 Z_R,查附表,可以得到相应的 P 值。

Z_L,Z_R 的计算公式如下:

$$Z_L=\frac{U+\dfrac{1}{2}-1-\dfrac{2mn}{N}}{\sqrt{\dfrac{2mn(2mn-N)}{N^2(N-1)}}} \qquad (6-60)$$

$$Z_R=\frac{U-\dfrac{1}{2}-1-\dfrac{2mn}{N}}{\sqrt{\dfrac{2mn(2mn-N)}{N^2(N-1)}}} \qquad (6-61)$$

判定指导表如表 6-3:

表 6-3　检验判定指导表

备择假设	P 值
H_+:序列具有混合倾向	Z_R 的右尾概率
H_-:序列具有成群倾向	Z_L 的左尾概率
H_A:序列不是随机的	Z 的较小尾巴概率的 2 倍

Z 的取值如下:

$$Z=\begin{cases} -Z_L & \left(U<\dfrac{1+2mn}{N}\right) \\ Z_R & \left(U>\dfrac{1+2mn}{N}\right) \end{cases} \qquad (6-62)$$

6.4.4.2　基于上下游程的检验

上、下游程亦称升降串。这个检验不是单纯地用两个符号的多少以及游程的数目来进行,而是利用每个观察值与紧挨着其前面的一个数值比较大小,决定升、降,利用形成的升降串进行检验。因此它比普通的游程检验能够提供更多的信息。

(1)上、下游程的含义

随机抽样得到的观察值按某一顺序排列,序列中每个观察值与其前面的一个数值比较,如果前面的数值较小,就构成一个升串,即一个上游程;如果前面的数值比较大,就构成一个

降串,即一个下游程。一个上游程包含的观察值数目,就是上游程的长度。例如,观察值为 7,15,1,2,5,8。这个序列有一个长度是 1 的上游程,因为第二个值 15 比前面的 7 要大,而且比后面的值 1 要大,紧跟着一个长度为 1 的下游程,然后是一个长度为 3 的上游程。如果用+、-标识上升或下降的变化方向,那么上序列的变动结果是+,-,+,+,+。这个序列观察值数目,及样本数据的个数 $N=6$,上下游程的总数为 3。

（2）基本方法

和普通游程检验类似,如果研究的问题为序列是否随机,可以建立双侧备择,若关心的是序列是否用某种倾向,则建立单侧备择。基于上、下游程的检验所建立的假设组为

H_0:序列是随机的;H_A:序列不是随机的

如果关心序列是否具有某种倾向,则应建立单侧备择选择,假设组为

H_0:序列是随机的;H_+:序列具有混合倾向

或

H_0:序列是随机的;H_-:序列具有成群倾向

为对假设做出判定,所需要的数据至少是定序尺度测量的。在 H_0 为真的情况下,观察值之间差值的符号为+或为-的可能性相等。因此,上、下游程的总数可以反映序列的变动。如果相同的符号成群,游程的总数就会太少,表明序列有一个恒定方向的倾向,或序列增加,或序列减少;如果符号不断地变化,游程总数就会很多,表明序列有经常的波动或循环移动或漂浮不定的变动。

检验统计量。N 个不同的观察值按某一顺序先后排列后,可以得到一个 $N-1$ 个正号或负号组成的相应次序的序列,这个序列的上、下游程总数就是检验统计量,记作 V,即有:

$$V=上、下游程总数$$

确定 P 值,检验统计量 V 与 U 的分布不同,V 的抽样分布在附表中给出。V 的取值范围可以从 1 到 $N-1$,N 是观察值及样本数据的数目。当 $N \leqslant 25$ 时,根据 N、V,可以在附表中查到相应的 P 值。表 6-4 是检验判定指导表:

表 6-4　V 检验判定指导表

备择假设	P 值
H_+:序列具有混合倾向	V 的右尾概率
H_-:序列具有成群倾向	V 的左尾概率
H_A:序列不是随机的	V 的较小尾巴概率的 2 倍

当 $N>25$ 时,检验统计量 V 近似正态分布,均值为 $\dfrac{2N-1}{3}$,标准差是 $\sqrt{\dfrac{16N-29}{90}}$,通过连续性修正,计算得到 Z_L、Z_R,查附表。可以得到相应的 P 值。Z_L、Z_R 的计算如下:

$$Z_L = \frac{V+\dfrac{1}{2}-\dfrac{2N-1}{3}}{\sqrt{\dfrac{16N-29}{90}}} \tag{6-63}$$

$$Z_R = \frac{V - \frac{1}{2} - \frac{2N-1}{3}}{\sqrt{\frac{16N-29}{90}}} \tag{6-64}$$

$$Z = \begin{cases} -Z_L & \left(V < \frac{2N-1}{3}\right) \\ Z_R & \left(V > \frac{2N-1}{3}\right) \end{cases} \tag{6-65}$$

当 $N>25$ 时,检验判定指导表如表 6-5。

表 6-5　V 检验判定指导表

备择假设	P 值
H_+:序列具有混合倾向	Z_R 的右尾概率
H_-:序列具有成群倾向	Z_L 的左尾概率
H_A:序列不是随机的	Z 的较小尾巴概率的 2 倍

6.4.4.3　两个独立样本的 Wald-Wolfowitz 游程检验

Mann-Whitney-Wilconxon 检验主要应用于检验两个样本是否来自具有相同位置的总体,是对两个总体在集中趋势方面有无差异的一种考察,而不研究其他方面的差异。Wald-Wolfowitz 游程检验可以考察任何一种差异。Wald-Wolfowitz Runs Test 常译为沃尔德-沃尔福威茨连串检验或游程检验,简写为 W-W 串检验。

（1）基本方法

设有 X、Y 的两个总体具有连续分布,其累计分布函数分别为 F_x、F_y。若考虑两个总体是否存在某种差异,即检验两个总体分布于相同的的位置是否成立。建立假设组为

$$H_0 : F_y(u) = F_x(u) \quad \text{对所有 } u$$
$$H_A : F_y(u) \neq F_x(u) \quad \text{对某个 } u$$

为了对假设做出判定,需要从 X 中随机抽取 m 个数据 $x_1, x_2, \cdots, x_m$,从 Y 抽取 n 个数据 $y_1, y_2, \cdots, y_n$。数据的测量层次至少定序尺度。将两个独立样本的 $m+n=N$ 个数据按大小排列,即将所有 N 个数据排列成一个有序的序列,确定这个序列的游程数,也就是联串数。一个游程定义为取自同一样本的一连串相连数据。例如,观察两组学生的考试成绩如下:

$$X : 72, 78, 63$$
$$Y : 65, 79, 82, 85$$

将 7 个数据从小到大排列如表 6-6:

表 6-6　学生考试成绩排列表

63	65	72	78	79	82	85
X	Y	X	X	Y	Y	Y

将观察的 X、Y 出现的次序用以确定游程的数目。序列中有 4 个游程;一个来自 X 的 63 分构成的游程,随后是一个由来自 Y 的 65 分构成的游程,再后是一个来自 X 的两个分数 78

和 79 构成的游程,最后是三个来自 Y 的分数构成的 1 个游程。如果 H_0 为真,则两个样本的数据期望能相互混合地排列,游程数会相对较大。若 X 的游程或 Y 的游程过长,也就是来自同一总体的数据在有序序列中过多地相互连接,则游程数会相当的小,这样,数据将不支持 H_0,所以,可以用序列游程数作为检验统计量。定义 U 为 Wald-Wolfowitz 检验的统计量,$U=$ 游程的总数目,确定 P 值。当 $m+n=N \leqslant 20$ 时,与单样本游程检验相同,在附表中,依据 m、n 及 U 查找相应的 P 值。由于 Wald-Wolfowitz 检验通常是双侧检验,随意按判定指导表指导原则确定 P 时,应选双侧备择。若 $m+n=N>20$ 或 $m>12$、$n>12$,则 U 的抽样分布近似正态分布,计算 Z 并查找相应 P 值。

(2)同分的处理

假设总体是连续分布的,因而若能精确测量,观察值不会有同分出现。但是实际上,测量有时很难准确,所以常会有同分出现。如果同分值来自同一个样本,游程数 U 不会受到影响;但同分值来自两个样本时,U 可能会受到影响,并影响后续结论。在运用 Wald-Wolfowitz 检验时,若计算值来自两个不同的样本,一般应将各种排序的可能性都进行考察,分别计算出每种情况下的游程总数 U,并查找相应的 P 值。如果得出的结论一致,表明同分没有带来什么问题;如果得到的结果不一致,可以将几个 P 值求简单的平均数,依次作为是否拒绝 H_0 的依据。如果同分在两个样本之间多次出现,U 实际上是不确定的,因而不易采用 Wald-Wolfowitz 游程检验。

6.5 本章小结

本章主要介绍了统计学中的参数假设检验、拟合优度检验和非参数假设检验三种检验方法。参数假设检验是统计学中最为常用的方法,主要介绍了假设检验的一般步骤、一个或两个正态总体假设检验的情形,最后介绍了功效函数与功效检验。在拟合优度检验中主要介绍了检验的概念、Kolmogorov-Smirnov 检验和独立性检验两种常见的拟合优度检验方法。在非参数检验中主要介绍了符号检验、秩和检验、秩相关与游程检验。

6.6 拓展阅读

(1)假设检验的反证法

反证法,又称为归谬法、背理法。在证明数学问题时,先假定命题结论的反面成立,在这个前提下,若推出的结果与定义、公理、定理相矛盾,或与命题中的已知条件相矛盾,或与假定相矛盾,从而证明命题结论的反面不可能成立,由此断定命题的结论成立。

反证法证明命题的一般步骤:①假设结论的反面成立,即反设;②由这个假设出发,经过正确的推理导出矛盾,即归谬;③由矛盾判定假设不正确,从而肯定命题结论正确,即结论。这三个步骤中,归谬是最重要的,常见的归谬包括这三类:与已知条件矛盾;与已知的公理、定理、定义矛盾;自相矛盾。

王戎不取道旁李的典故:王戎七岁,尝与诸小儿游,看道边李子树多子折枝,诸儿竞走取之,唯戎不动。人问之,答说曰:"树在道边而多子,此必苦李"。取之信然。——南朝·宋·刘义庆《世说新语·雅量》。

王戎是魏晋时期名士,竹林七贤之一。这里,王戎假设李子甜,然后推理出李树在路边但却有很多的果子与常理不符,因此,反向推测李子苦。同伴们尝后证明王戎推断准确。

(2)参数检验和非参数检验的区别

①定义不同。参数检验:假定数据服从某分布(一般为正态分布),通过样本参数的估计量($\bar{x}\pm S$)对总体参数(μ)进行检验,比如 t 检验、u 检验、方差分析。非参数检验:不需要假定总体分布形式,直接对数据的分布进行检验。由于不涉及总体分布的参数,故名非参数检验。比如,卡方检验。②参数检验的集中趋势的衡量为均值,而非参数检验为中位数。③参数检验需要关于总体分布的信息;非参数检验不需要关于总体的信息。④参数检验只适用于变量,而非参数检验同时适用于变量和属性。⑤测量两个定量变量之间的相关程度,参数检验用 Pearson 相关系数,非参数检验用 Spearman 秩相关。

简而言之,若可以假定样本数据来自具有特定分布的总体,则使用参数检验。如果不能对数据集做出必要的假设,则使用非参数检验。

6.7 习题

1. 何谓假设检验? 假设检验的基本思想是什么? 常见的假设检验有哪些?

2. 简单叙述参数假设检验的一般步骤。

3. 何谓拟合优度检验? 简单叙述 χ^2 检验与 K-S 检验的区别。

4. 常见的非参数假设检验方法有哪些? 这些方法之间的联系与区别是什么?

5. 有 10 例健康人和 10 例克山病人的血磷测定值(mg%)如表 6-1,问:克山病人的血磷是否高于健康人?

表 6-7 健康人与克山病人的血磷测定值 (mg/100 g)

| 健康人 | 170 | 155 | 140 | 115 | 235 | 125 | 130 | 145 | 105 | 145 |
| 患者 | 150 | 125 | 150 | 140 | 90 | 120 | 100 | 100 | 90 | 125 |

6. 应用克矽平治疗矽肺患者 12 名,其治疗前后血红蛋白的含量如表 6-2,问:该药是否引起血红蛋白含量的显著变化($\alpha=0.05$)?

表 6-8 克矽平治疗矽肺患者,治疗前后血红蛋白的含量 (mg/100 g)

病例号	1	2	3	4	5	6	7	8	9	10	11	12
治疗前	11.3	15.0	15.0	13.6	12.8	11.2	12.6	11.8	12.5	13.2	14.2	14.8
治疗后	15.1	14.9	14.0	13.7	11.5	12.4	13.1	12.8	12.6	13.6	12.0	14.2

第 7 章

方差分析

t 检验法适用于样本平均数与总体平均数及两样本平均数间的差异显著性检验,但在生产和科学研究中经常会遇到比较多个处理优劣的问题,即需进行多个平均数间的差异显著性检验。这时,若仍采用 t 检验法就不适宜了。这是因为:

(1)检验过程烦琐。例如,一个实验包含 5 个处理,采用 t 检验法要进行 $C_5^2 = 10$ 次两两平均数的差异显著性检验;若有 k 个处理,则要作 $k(k-1)/2$ 次类似的检验。

(2)无统一的实验误差。误差估计的精确性和检验的灵敏性低。对同一实验的多个处理进行比较时,应该有一个统一的实验误差的估计值。若用 t 检验法做两两比较,由于每次比较需计算一个 $s_{\bar{x}_1-\bar{x}_2}$,故各次比较误差的估计不统一,同时没有充分利用资料所提供的信息而使误差估计的精确性降低,从而降低检验的灵敏性。例如,实验有 5 个处理,每个处理重复 6 次,共有 30 个观测值。进行 t 检验时,每次只能利用两个处理共 12 个观测值估计实验误差,误差自由度为 $2 \times (6-1) = 10$;若利用整个实验的 30 个观测值估计试验误差,显然估计的精确性高,且误差自由度为 $5 \times (6-1) = 25$。可见,在用 t 检验法进行检验时,由于估计误差的精确性低,误差自由度小,使检验的灵敏性降低,容易掩盖差异的显著性。

(3)推断的可靠性低,检验的 I 型错误率大。即使利用资料所提供的全部信息估计了实验误差,若用 t 检验法进行多个处理平均数间的差异显著性检验,由于没有考虑相互比较的两个平均数的秩次问题,会增大犯 I 型错误的概率,降低推断的可靠性。

由于上述原因,多个平均数的差异显著性检验不宜用 t 检验,须采用方差分析法。

方差分析(analysis of variance)是由英国统计学家费歇尔于 1923 年提出的。这种方法是将 k 个处理的观测值作为一个整体看待,把观测值总变异的平方和及自由度分解为相应于不同变异来源的平方和及自由度,进而获得不同变异来源总体方差估计值;通过计算这些总体方差的估计值的适当比值,就能检验各样本所属总体平均数是否相等。方差分析实质上是关于观测值变异原因的数量分析,它在科学研究中应用十分广泛。

本章在讨论方差分析基本原理的基础上,重点介绍单因素试验资料及两因素试验资料的方差分析法。在此之前,先介绍几个常用术语。

(1)实验指标(experimental index)。为衡量实验结果的好坏或处理效应的高低,在实验中具体测定的性状或观测的项目称为实验指标。由于实验目的不同,选择的实验指标也不相同。在畜禽、水产实验中常用的实验指标有日增重、产仔数、产奶量、产蛋率、瘦肉率、某些生理生化和体型指标(如血糖含量、体高、体重)等。

(2)实验因素(experimental factor)。实验中所研究的影响实验指标的因素叫作实验因素。如研究如何提高猪的日增重时,饲料的配方、猪的品种、饲养方式、环境温湿度等都对日增重有影响,均可作为实验因素来考虑。当实验中考察的因素只有一个时,称为单因素实验;若同时研究两个或两个以上因素对实验指标的影响时,则称为两因素或多因素试验。实验因素常用大写字母 A、B、C…表示。

(3)因素水平(level of factor)。实验因素所处的某种特定状态或数量等级称为因素水平,简称水平。如比较 3 个品种奶牛产奶量的高低,这 3 个品种就是奶牛品种,即这个实验因素的 3 个水平;研究某种饲料中 4 种不同能量水平对肥育猪瘦肉率的影响,这 4 种特定的能量水平就是饲料能量这一实验因素的 4 个水平。因素水平用代表该因素的字母加添足标 $1,2,\cdots,$ 来表示。如 A_1、$A_2\cdots$、B_1、$B_2\cdots$。

(4)实验处理(treatment)。事先设计好的实施在实验单位上的具体项目叫作实验处理,简称处理。在单因素实验中,实施在实验单位上的具体项目就是实验因素的某一水平。例如进行饲料的比较实验时,实施在实验单位(某种畜禽)上的具体项目就是喂饲某一种饲料。所以进行单因素实验时,实验因素的一个水平就是一个处理。在多因素实验中,实施在实验单位上的具体项目是各因素的某一水平组合。例如进行 3 种饲料和 3 个品种对猪日增重影响的两因素实验,整个实验共有 3×3＝9 个水平组合,实施在实验单位(试验猪)上的具体项目就是某品种与某种饲料的结合。所以,在多因素实验时,实验因素的一个水平组合就是一个处理。

(5)实验单位(experimental unit)。在实验中能接受不同实验处理的独立的实验载体叫作实验单位。在畜禽、水产实验中,一只家禽、一头家畜、一只小白鼠、一尾鱼,即一个动物;或几只家禽、几头家畜、几只小白鼠、几尾鱼,即一组动物都可作为实验单位。实验单位往往也是观测数据的单位。

(6)重复(repetition)。在实验中,将一个处理实施在两个或两个以上的实验单位上,称为处理有重复;处理实施的实验单位数称为处理的重复数。例如,用某种饲料喂 4 头猪,就说这个处理(饲料)有 4 次重复。

7.1　方差分析的基本原理与步骤

方差分析有很多类型,无论简单与否,其基本原理与步骤是相同的。本节结合单因素实验结果的方差分析介绍其原理与步骤。

7.1.1　线性模型与基本假定

假设某单因素实验有 k 个处理,每个处理有 n 次重复,共有 nk 个观测值。这类实验资料的数据模式如表 7-1 所示。

表 7-1　k 个处理,每个处理有 n 个观测值的数据模式

处理	观测值						合计 $x_{i.}$	平均 $\bar{x}_{i.}$
A_1	x_{11}	x_{12}	$\cdots$	x_{1j}	$\cdots$	x_{1n}	$x_1\cdot$	$\bar{x}_1\cdot$
A_2	x_{21}	x_{22}	$\cdots$	x_{2j}	$\cdots$	x_{2n}	$x_2\cdot$	$\bar{x}_2\cdot$
$\vdots$	$\vdots$	$\vdots$	$\cdots$	$\vdots$	$\cdots$	$\vdots$	$\vdots$	$\vdots$
A_i	x_{i1}	x_{i2}	$\cdots$	x_{ij}	$\cdots$	x_{in}	$x_i\cdot$	$\bar{x}_i\cdot$
$\vdots$	$\vdots$	$\vdots$	$\cdots$	$\vdots$	$\cdots$	$\vdots$	$\vdots$	$\vdots$
A_k	x_{k1}	x_{k2}	$\cdots$	x_{kj}	$\cdots$	x_{kn}	$x_k\cdot$	$\bar{x}_k\cdot$
合计							$x..$	$\bar{x}..$

表中,x_{ij} 表示第 i 个处理的第 j 个观测值($i=1,2,\cdots,k;j=1,2,\cdots,n$);$x_{i.}=\sum\limits_{j=1}^{n}x_{ij}$ 表示第 i 个处理 n 个观测值的和;$x..=\sum\limits_{i=1}^{k}\sum\limits_{j=1}^{n}x_{ij}=\sum\limits_{i=1}^{k}x_{i.}$ 表示全部观测值的总和;$\bar{x}_{i.}=\sum\limits_{j=1}^{n}\dfrac{x_{ij}}{n}=\dfrac{x_{i.}}{n}$ 表示第 i 个处理的平均数;$\bar{x}..=\sum\limits_{i=1}^{k}\sum\limits_{j=1}^{n}x_{ij}/(kn)=x../(kn)$ 表示全部观测值的总平均数;x_{ij} 可以分解为

$$x_{ij}=\mu_i+\varepsilon_{ij} \tag{7-1}$$

μ_i 表示第 i 个处理观测值总体的平均数。为了看出各处理的影响大小,将 μ_i 再进行分解,令

$$\mu=\frac{1}{k}\sum_{i=1}^{k}\mu_i \tag{7-2}$$

$$\alpha_i=\mu_i-\mu \tag{7-3}$$

则

$$x_{ij}=\mu+\alpha_i+\varepsilon_{ij} \tag{7-4}$$

式中,μ 表示全实验观测值总体的平均数;α_i 是第 i 个处理的效应(treatment effects),表示处理 i 对实验结果产生的影响。显然有

$$\sum_{i=1}^{k}\alpha_i=0 \tag{7-5}$$

ε_{ij} 是实验误差,相互独立,且服从正态分布 $N(0,\sigma^2)$。

式(7-4)叫作单因素实验的线性模型(linear model),亦称数学模型。在这个模型中,x_{ij} 表示为总平均数 μ、处理效应 α_i、实验误差 ε_{ij} 之和。由 ε_{ij} 相互独立且服从正态分布 $N(0,\sigma^2)$,可知各处理 $A_i(i=1,2,\cdots,k)$ 所属总体亦应具正态性,即服从正态分布 $N(\mu_i,\sigma^2)$。尽管各总体的均数 μ_i 可以不等或相等,σ^2 则必须是相等的。所以,单因素实验的数学模型可归纳为:效应的可加性(additivity)、分布的正态性(normality)、方差的同质性(homogeneity)。这也是进行其他类型方差分析的前提或基本假定。

若将表(7-1)中的观测值 $x_{ij}(i=1,2,\cdots,k;j=1,2,\cdots,n)$ 的数据结构(模型)用样本符号

来表示,则

$$x_{ij} = \bar{x}.. + (\bar{x}_{i.} - \bar{x}..) + (x_{ij} - \bar{x}_{i.}) = \bar{x}.. + t_i + e_{ij} \tag{7-6}$$

与式(7-4)比较可知,$\bar{x}..$,$(\bar{x}_{i.} - \bar{x}..) = t_i$,$(x_{ij} - \bar{x}_{i.}) = e_{ij}$ 分别是 μ,$(\mu_i - \mu) = \alpha_i$,$(x_{ij} - \mu_i) = \varepsilon_{ij}$ 的估计值。

式(7-4)、式(7-6)告诉我们:每个观测值都包含处理效应($\mu_i - \mu$ 或 $\bar{x}_{i.} - \bar{x}..$),与误差($x_{ij} - \mu_i$ 或 $x_{ij} - \bar{x}_{i.}$),故 kn 个观测值的总变异可分解为处理间的变异和处理内的变异两部分。

7.1.2　平方和与自由度的剖分

我们知道,方差与标准差都可以用来度量样本的变异程度。因为方差在统计分析上有许多优点,而且不用开方,所以在方差分析中是用样本方差即均方(mean squares)来度量资料的变异程度的。表 7-1 中全部观测值的总变异可以用总均方来度量。将总变异分解为处理间变异和处理内变异,就是要将总均方分解为处理间均方和处理内均方。但这种分解是通过将总均方的分子——称为总离均差平方和,简称为总平方和,剖分成处理间平方和与处理内平方和两部分;将总均方的分母——称为总自由度,剖分成处理间自由度与处理内自由度两部分来实现。

7.1.2.1　总平方和的剖分

在表 7-1 中,反映全部观测值总变异的总平方和是各观测值 x_{ij} 与总平均数 $\bar{x}..$ 的离均差平方和,记为 SS_T,即

$$SS_T = \sum_{i=1}^{k} \sum_{j=1}^{n} (x_{ij} - \bar{x}..)^2$$

因为 $\displaystyle\sum_{i=1}^{k} \sum_{j=1}^{n} (x_{ij} - \bar{x}..)^2 = \sum_{i=1}^{k} \sum_{j=1}^{n} \left[(\bar{x}_{i.} - \bar{x}..) + (x_{ij} - \bar{x}_{i.}) \right]^2$

$= \displaystyle\sum_{i=1}^{k} \sum_{j=1}^{n} \left[(\bar{x}_{i.} - \bar{x}..)^2 + 2(\bar{x}_{i.} - \bar{x}..)(x_{ij} - \bar{x}_{i.}) + (x_{ij} - \bar{x}_{i.})^2 \right]$

$= n \displaystyle\sum_{i=1}^{k} (\bar{x}_{i.} - \bar{x}..)^2 + 2 \sum_{i=1}^{k} \left[(\bar{x}_{i.} - \bar{x}..) \sum_{j=1}^{n} (x_{ij} - \bar{x}_{i.}) \right] + \sum_{i=1}^{k} \sum_{j=1}^{n} (x_{ij} - \bar{x}_{i.})^2$

其中 $\displaystyle\sum_{j=1}^{n} (x_{ij} - \bar{x}_{i.}) = 0$

所以　　$\displaystyle\sum_{i=1}^{k} \sum_{j=1}^{n} (x_{ij} - \bar{x}..)^2 = n \sum_{i=1}^{k} (\bar{x}_{i.} - \bar{x}..)^2 + \sum_{i=1}^{k} \sum_{j=1}^{n} (x_{ij} - \bar{x}_{i.})^2$ \qquad(7-7)

式(7-7)中,$n \displaystyle\sum_{i=1}^{k} (\bar{x}_{i.} - \bar{x}..)^2$ 为各处理平均数 $\bar{x}_{i.}$ 与总平均数 $\bar{x}..$ 的离均差平方和与重复数 n 的乘积,反映了重复 n 次的处理间变异,称为处理间平方和,记为 SS_t,即

$$SS_t = n \sum_{i=1}^{k} (\bar{x}_{i.} - \bar{x}..)^2$$

式(7-7)中,$\displaystyle\sum_{i=1}^{k} \sum_{j=1}^{n} (x_{ij} - \bar{x}_{i.})^2$ 为各处理内离均差平方和之和,反映了各处理内的变异

即误差,称为处理内平方和或误差平方和,记为 SS_e,即

$$SS_e = \sum_{i=1}^{k} \sum_{j=1}^{n} (x_{ij} - \bar{x}_{i\cdot})^2$$

于是有

$$SS_T = SS_t + SS_e \tag{7-8}$$

(7-7)、(7-8)两式是单因素试验结果总平方和、处理间平方和、处理内平方和的关系式。这个关系式中三种平方和的简便计算公式如下:

$$SS_T = \sum_{i=1}^{k} \sum_{j=1}^{n} x_{ij}^2 - C$$

$$SS_t = \frac{1}{n} \sum_{i=1}^{k} x_{i\cdot}^2 - C \tag{7-9}$$

$$SS_e = SS_T - SS_t$$

其中,$C = x_{\cdot\cdot}^2 / (kn)$ 称为矫正数。

7.1.2.2　总自由度的剖分

在计算总平方和时,资料中的各个观测值要受 $\sum_{i=1}^{k} \sum_{j=1}^{n} (x_{ij} - \bar{x}_{\cdot\cdot}) = 0$ 这一条件的约束,故总自由度等于资料中观测值的总个数减 1,即 $kn-1$。总自由度记为 df_T,即 $df_T = kn-1$。

在计算处理间平方和时,各处理均数 $\bar{x}_{i\cdot}$ 要受 $\sum_{i=1}^{k} (\bar{x}_{i\cdot} - \bar{x}_{\cdot\cdot}) = 0$ 这一条件的约束,故处理间自由度为处理数减 1,即 $k-1$。处理间自由度记为 df_t,即 $df_t = k-1$。

在计算处理内平方和时,要受 k 个条件的约束,即 $\sum_{j=1}^{n} (x_{ij} - \bar{x}_{i\cdot}) = 0 (i=1,2,\cdots,k)$。故处理内自由度为资料中观测值的总个数减 k,即 $kn-k$。处理内自由度记为 df_e,即 $df_e = kn - k = k(n-1)$。

因为

$$nk-1 = (k-1) + (nk-k) = (k-1) + k(n-1)$$

所以

$$df_T = df_t + df_e \tag{7-10}$$

综合以上各式得:

$$df_T = kn-1$$

$$df_t = k-1$$

$$df_e = df_T - df_t \tag{7-11}$$

各部分平方和除以各自的自由度便得到总均方、处理间均方和处理内均方,分别记为 $(MS_T \ 或 \ S_T^2)$、$MS_t(或 \ S_t^2)$ 和 $MS_e(或 \ S_e^2)$。即

$$MS_T = S_T^2 = \frac{SS_T}{df_T}$$

$$MS_t = S_t^2 = \frac{SS_t}{df_t}$$

$$\mathrm{MS}_e = S_e^2 = \frac{\mathrm{SS}_e}{\mathrm{df}_e} \qquad (7-12)$$

总均方一般不等于处理间均方加处理内均方。

【例 7.1】某水产研究所为了比较四种不同配合饲料对鱼的饲喂效果,选取了条件基本相同的鱼 20 尾,随机分成四组,投喂不同饲料,经一个月试验以后,各组鱼的增重结果列于表 7-2。

表 7-2　饲喂不同饲料的鱼的增重　　　　　　　　　　单位:10 g

饲料	鱼的增重(x_{ij})					合计 $x_i.$	平均 $\bar{x}_i.$
A_1	31.9	27.9	31.8	28.4	35.9	155.9	31.18
A_2	24.8	25.7	26.8	27.9	26.2	131.4	26.28
A_3	22.1	23.6	27.3	24.9	25.8	123.7	24.74
A_4	27.0	30.8	29.0	24.5	28.5	139.8	27.96
合计							$x.. = 550.8$

解:这是一个单因素试验,处理数 $k=4$,重复数 $n=5$。各项平方和及自由度计算如下:

矫正数:$C = \dfrac{x^2}{nk} = \dfrac{5\,508^2}{4 \times 5} = 15\,169.03$

总平方和:$\mathrm{SS}_T = \sum \sum x_{ijl}^2 - C = 31.9^2 + 27.9^2 + \cdots + 28.5^2 - C$

$\qquad\qquad = 15\,368.7 - 15\,169.03 = 199.67$

处理间平方和:$\mathrm{SS}_t = \dfrac{1}{n} \sum x_i^2. - C = \dfrac{1}{5}(155.9^2 + 131.4^2 + 123.7^2 + 139.8^2) - C$

$\qquad\qquad = 15\,283.3 - 15\,169.03 = 114.27$

处理内平方和:$\mathrm{SS}_e = \mathrm{SS}_T - \mathrm{SS}_t = 199.67 - 114.27 = 85.40$

总自由度:$\mathrm{df}_T = nk - 1 = 5 \times 4 - 1 = 19$

处理间自由度:$\mathrm{df}_t = k - 1 = 4 - 1 = 3$

处理内自由度:$\mathrm{df}_e = \mathrm{df}_T - \mathrm{df}_t = 19 - 3 = 16$

用 SS_t、SS_e 分别除以 df_t 和 df_e 便得到处理间均方 MS_t 及处理内均方 MS_e。

$$\mathrm{MS}_t = \mathrm{SS}_t / \mathrm{df}_t = 114.27/3 = 38.09$$

$$\mathrm{MS}_e = \mathrm{SS}_e / \mathrm{df}_e = 85.40/16 = 5.34$$

因为方差分析中不涉及总均方的数值,所以不必计算之。

7.1.3　期望均方

如前所述,方差分析的一个基本假定是要求各处理观测值总体的方差相等,即 $\sigma_1^2 = \sigma_2^2 = \cdots = \sigma_k^2 = \sigma^2$,$\sigma_i^2(i=1,2,\cdots,k)$ 表示第 i 个处理观测值总体的方差。如果所分析的资料满足这个方差同质性的要求,那么各处理的样本方差 $S_1^2, S_2^2, \cdots, S_k^2$ 都是 σ^2 的无偏估计(unbiased estimate)量。$S_i^2(i=1,2,\cdots,k)$ 是由实验资料中第 i 个处理的 n 个观测值算得的方差。

显然,各 S_i^2 的合并方差 S_e^2(以各处理内的自由度 $n-1$ 为权的加权平均数)也是 σ^2 的无偏估计量,且估计的精确度更高。很容易推证处理内均方 MS_e 就是各 S_i^2 的合并。

$$MS_e = \frac{SS_e}{df_e} = \frac{\sum\sum(x_{ij} - \bar{x}_{i.})^2}{k(n-1)} = \frac{\sum SS_i}{k(n-1)} = \frac{SS_1 + SS_2 + \cdots + SS_k}{df_1 + df_2 + \cdots + df_k}$$

$$= \frac{df_1 S_1^2 + df_2 S_2^2 + \cdots + df_k S_k^2}{df_1 + df_2 + \cdots + df_k} = S_k^2 \xrightarrow{\text{估计}} \sigma^2$$

其中 SS_i、$df_i (i=1,2,\cdots,k)$ 分别表示由实验资料中第 i 个处理的 n 个观测值算得的平方和与自由度。这就是说,处理内均方 MS_e 是误差方差 σ^2 的无偏估计量。

实验中各处理所属总体的本质差异体现在处理效应 α_i 的差异上。我们把 $\sum\frac{\alpha_i^2}{k-1} = \sum\frac{(\mu^2-\mu)^2}{k-1}$ 称为效应方差,它也反映了各处理观测值总体平均数 μ_i 的变异程度,记为 σ_α^2。

$$\sigma_\alpha^2 = \frac{\sum\alpha_i^2}{k-1} \tag{7-13}$$

因为各 μ_i 未知,所以无法求得 σ_α^2 的确切值,只能通过试验结果中各处理均数的差异去估计。然而,$\sum\frac{(\bar{x}_{i.}-\bar{x}_{..})^2}{k-1}$ 并非 σ_α^2 的无偏估计量。这是因为处理观测值的均数间的差异实际上包含了两方面的内容:一是各处理本质上的差异即 α_i(或 μ_i)间的差异,二是本身的抽样误差。统计学上已经证明,$\sum\frac{(\bar{x}_{i.}-\bar{x}_{..})^2}{k-1}$ 是 $\sigma_\alpha^2+\sigma^2/n$ 的无偏估计量。因而,我们前面所计算的处理间均方 MS_t 实际上是 $n\sigma_\alpha^2+\sigma^2$ 的无偏估计量。

因为 MS_e 是 σ^2 的无偏估计量,MS_t 是 $n\sigma_\alpha^2+\sigma^2$ 的无偏估计量,所以 σ^2 为 MS_e 的数学期望(mathematical expectation),$n\sigma_\alpha^2+\sigma^2$ 为 MS_t 的数学期望。又因为它们是均方的期望值(expected value),故又称期望均方,简记为 EMS(expected mean squares)。

当处理效应的方差 $\sigma_\alpha^2=0$,亦即各处理观测值总体平均数 $\mu_i(i=1,2,\cdots,k)$ 相等时,处理间均方 MS_t 与处理内均方一样,也是误差方差 σ^2 的估计值,方差分析就是通过 MS_t 与 MS_e 的比较来推断 σ_α^2 是否为零即 μ_i 是否相等的。

7.1.4　F 分布与 F 检验

7.1.4.1　F 分布

设想我们做这样的抽样试验,即在一正态总体 $N(\mu,\sigma^2)$ 中随机抽取样本含量为 n 的样本 k 个,将各样本观测值整理成表 7-1 的形式。此时所谓的各处理没有真实差异,各处理只是随机分的组。因此,由式(7-12)算出的 S_t^2 和 S_e^2 都是误差方差 σ^2 的估计量。以 S_e^2 为分母,S_t^2 为分子,求其比值。统计学上把两个均方之比值称为 F 值。即

$$F = \frac{S_t^2}{S_e^2} \tag{7-14}$$

F 具有两个自由度:$\mathrm{df}_1 = \mathrm{df}_t = k-1$,$\mathrm{df}_2 = \mathrm{df}_e = k(n-1)$。

若在给定的 k 和 n 的条件下,继续从该总体进行一系列抽样,则可获得一系列的 F 值。这些 F 值所具有的概率分布称为 F 分布(F distribution)。F 分布密度曲线是随自由度 df_1、df_2 的变化而变化的一簇偏态曲线,其形态随着 df_1、df_2 的增大逐渐趋于对称,如图 7-1 所示。

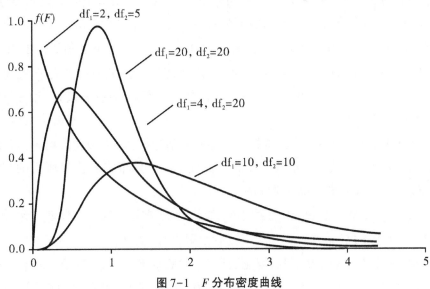

图 7-1 F 分布密度曲线

F 分布的取值范围是 $(0, +\infty)$,其平均值 $\mu_F = 1$。

用 $f(F)$ 表示 F 分布的概率密度函数,则其分布函数 $F(F_\alpha)$ 为

$$F(F_\alpha) = P(F < F_\alpha) = \int_0^{F_\alpha} f(F)\,\mathrm{d}f \tag{7-15}$$

因而 F 分布右尾从 F_α 到 $+\infty$ 的概率为

$$P(F \geqslant F_\alpha) = 1 - F(F_\alpha) = \int_{F_\alpha}^{+\infty} f(F)\,\mathrm{d}f \tag{7-16}$$

在不同的 df_1 和 df_2 下,$P(F \geqslant F_\alpha) = 0.05$ 和 $P(F \geqslant F_\alpha) = 0.01$ 时的 F 值,即右尾概率 $\alpha = 0.05$ 和 $\alpha = 0.01$ 时的临界 F 值,一般记作 $F_{0.05(\mathrm{df}_1, \mathrm{df}_2)}$,$F_{0.01(\mathrm{df}_1, \mathrm{df}_2)}$。如上网查 F 分布临界值表,当 $\mathrm{df}_1 = 3$,$\mathrm{df}_2 = 18$ 时,$F_{0.05(3,18)} = 3.16$,$F_{0.01(3,18)} = 5.09$,表示如以 $\mathrm{df}_1 = \mathrm{df}_t = 3$,$\mathrm{df}_2 = \mathrm{df}_e = 18$ 在同一正态总体中连续抽样,则所得 F 值大于 3.16 的仅为 5%,而大于 5.09 的仅为 1%。

7.1.4.2 F 检验

F 分布临界值表是专门为检验 S_t^2 代表的总体方差是否比 S_e^2 代表的总体方差大而设计的。若实际计算的 F 值大于 $F_{0.05(\mathrm{df}_1, \mathrm{df}_2)}$,则 F 值在 $\alpha = 0.05$ 的水平上显著,我们以 95% 的可靠性(即冒 5% 的风险)推断 S_t^2 代表的总体方差大于 S_e^2 代表的总体方差。这种用 F 值出现

概率的大小推断两个总体方差是否相等的方法称为 F 检验(F-test)。

在方差分析中所进行的 F 检验的目的在于推断处理间的差异是否存在,检验某项变异因素的效应方差是否为零。因此,在计算 F 值时总是以被检验因素的均方作分子,以误差均方作分母。应当注意,分母项的正确选择是由方差分析的模型和各项变异原因的期望均方决定的。

在单因素试验结果的方差分析中,无效假设为 $H_0:\mu_1=\mu_2=\cdots=\mu_k$,备择假设为 H_A:各 μ_i 不全相等,或 $H_0:\sigma_\alpha^2=0$,$H_A:\sigma_\alpha^2\neq 0$;$F=\mathrm{MS}_t/\mathrm{MS}_e$,也就是要判断处理间均方是否显著大于处理内(误差)均方。如果结论是肯定的,我们将否定 H_0;反之,不否定 H_0。反过来理解:如果 H_0 是正确的,那么 MS_t 与 MS_e 都是总体误差 σ^2 的估计值,理论上讲 F 值等于 1;如果 H_0 是不正确的,那么 MS_t 之期望均方中的 σ_α^2 就不等于零,理论上讲 F 值就必大于 1。但是由于抽样的原因,即使 H_0 正确,F 值也会出现大于 1 的情况。所以,只有 F 值大于 1 达到一定程度时,才有理由否定 H_0。

实际进行 F 检验时,是将由实验资料所算得的 F 值与根据 $\mathrm{df}_1=\mathrm{df}_t$(大均方,即分子均方的自由度)、$\mathrm{df}_2=\mathrm{df}_e$(小均方,即分母均方的自由度)查 F 分布临界值表所得的临界 F 值 $F_{0.05(\mathrm{df}_1,\mathrm{df}_2)}$,$F_{0.01(\mathrm{df}_1,\mathrm{df}_2)}$ 比较做出统计推断的。

若 $F<F_{0.05(\mathrm{df}_1,\mathrm{df}_2)}$,即 $P>0.05$,不能否定 H_0,统计学上,把这一检验结果表述为:各处理间差异不显著,在 F 值的右上方标记"ns",或不标记符号;若 $F_{0.05(\mathrm{df}_1,\mathrm{df}_2)}\leqslant F<F_{0.01(\mathrm{df}_1,\mathrm{df}_2)}$,即 $0.01<P\leqslant 0.05$,否定 H_0,接受 H_A,统计学上,把这一检验结果表述为:各处理间差异显著,在 F 值的右上方标记"$*$";若 $F\geqslant F_{0.01(\mathrm{df}_1,\mathrm{df}_2)}$,即 $P\leqslant 0.01$,否定 H_0,接受 H_A,统计学上,把这一检验结果表述为:各处理间差异极显著,在 F 值的右上方标记"$**$"。

对于【例 7.1】,因为 $F=\mathrm{MS}_t/\mathrm{MS}_e=38.09 / 5.34=7.13^{**}$;根据 $\mathrm{df}_1=\mathrm{df}_t=3$,$\mathrm{df}_2=\mathrm{df}_e=16$ 查 F 分布临界值表所,得 $F>F_{0.01(3,16)}=5.29$,$P<0.01$,表明 4 种不同饲料对鱼的增重效果差异极显著,用不同的饲料饲喂,增重是不同的。

在方差分析中,通常将变异来源、平方和、自由度、均方和 F 值归纳成一张方差分析表,见表 7-3。

表 7-3　表 7-2 资料方差分析表

变异来源	平方和	自由度	均方	F 值
处理间	114.27	3	38.09	7.13^{**}
处理内	85.40	16	5.34	
总变异	199.67	19		

表中的 F 值应与相应的被检验因素齐行。因为经 F 检验差异极显著,故在 F 值 7.13 右上方标记"$**$"。

在实际进行方差分析时,只须计算出各项平方和与自由度,各项均方的计算及 F 值检验可在方差分析表上进行。

7.1.5　多重比较

F 值显著或极显著,否定了无效假设 H_0,表明试验的总变异主要来源于处理间的变异,试验中各处理平均数间存在显著或极显著差异,但并不意味着每两个处理平均数间的差异都显著或极显著,也不能具体说明哪些处理平均数间有显著或极显著差异,哪些差异不显著。因而,有必要进行两两处理平均数间的比较,以具体判断两两处理平均数间的差异显著性。统计上把多个平均数两两间的相互比较称为多重比较(multiple comparisons)。

多重比较的方法甚多,常用的有最小显著差数法(LSD 法)和最小显著极差法(LSR 法),现分别介绍如下。

7.1.5.1　最小显著差数法(LSD 法)

此法的基本作法是:在 F 检验显著的前提下,先计算出显著水平为 α 的最小显著差数 LSD_α,然后将任意两个处理平均数的差数的绝对值 $|\bar{x}_{i.} - \bar{x}_{j.}|$ 与其比较。若 $|\bar{x}_{i.} - \bar{x}_{j.}| > LSD_\alpha$ 时,则 $\bar{x}_{i.}$ 与 $\bar{x}_{j.}$ 在 α 水平上差异显著;反之,则在 α 水平上差异不显著,最小显著差数由式(7-17)计算。

$$LSD_\alpha = t_{a(df_e)} S_{\bar{x}_{i.} - \bar{x}_{j.}} \tag{7-17}$$

式中,$t_{\alpha(df_e)}$ 为在 F 检验中误差自由度下,显著水平为 α 的临界 t 值;$S_{\bar{x}_{i.} - \bar{x}_{j.}}$ 为均数差异标准误,由(7-18)式算得。

$$S_{\bar{x}_{i.} - \bar{x}_{j.}} = \sqrt{2MS_e/n} \tag{7-18}$$

式中,MS_e 为 F 检验中的误差均方;n 为各处理的重复数。

当显著水平 $\alpha = 0.05$ 和 0.01 时,从 t 值表中查出 $t_{0.05(df_e)}$ 和 $t_{0.01(df_e)}$,代入式(7-17),得

$$LSD_{0.05} = t_{0.05(df_e)} S_{\bar{x}_{i.} - \bar{x}_{j.}}$$
$$LSD_{0.01} = t_{0.01(df_e)} S_{\bar{x}_{i.} - \bar{x}_{j.}} \tag{7-19}$$

利用 LSD 法进行多重比较时,可按如下步骤进行:

(1)列出平均数的多重比较表,比较表中各处理按其平均数从大到小自上而下排列;

(2)计算最小显著差数 $LSD_{0.05}$ 和 $LSD_{0.01}$;

(3)将平均数多重比较表中两两平均数的差数与 $LSD_{0.05}$、$LSD_{0.01}$ 相比较,做出统计推断。

对于【例 7.1】,各处理的多重比较如表 7-4 所示。

表 7-4　四种饲料平均增重的多重比较表(LSD 法)

处理	平均数 $\bar{x}_{i.}$	$\bar{x}_{i.} - 24.74$	$\bar{x}_{i.} - 26.28$	$\bar{x}_{i.} - 27.96$
A_1	31.18	6.44^{**}	4.90^{**}	3.22^{*}
A_4	27.96	3.22^{*}	1.68^{ns}	
A_2	26.28	1.54^{ns}		
A_3	24.74			

注:表中 A_4 与 A_3 的差数 3.22 用 q 检验法与新复极差法时,在 $\alpha = 0.05$ 的水平上不显著。

因为, $S_{\bar{x}_{i\cdot}-\bar{x}_{j\cdot}} = \sqrt{\dfrac{2MS_e}{n}} = \sqrt{2 \times \dfrac{5.34}{5}} = 1.462$; 查 t 值表, 得 $t_{0.05(dfe)} = t_{0.05(16)} = 2.120$, $t_{0.01(dfe)} =$

$t_{0.01(16)} = 2.921$, 所以, 显著水平为 0.05 与 0.01 的最小显著差数为

$$LSD_{0.05} = t_{0.05(df_e)} S_{\bar{x}_{i\cdot}-\bar{x}_{j\cdot}} = 2.120 \times 1.462 = 3.099$$

$$LSD_{0.01} = t_{0.01(df_e)} S_{\bar{x}_{i\cdot}-\bar{x}_{j\cdot}} = 2.921 \times 1.462 = 4.271$$

将表7-4中的6个差数与 $LSD_{0.05}$ 、 $LSD_{0.01}$ 比较: 小于 $LSD_{0.05}$ 者不显著, 在差数的右上方标记"*ns*", 或不标记符号; 介于 $LSD_{0.05}$ 与 $LSD_{0.01}$ 之间者显著, 在差数的右上方标记"＊"; 大于 $LSD_{0.01}$ 者极显著, 在差数的右上方标记"＊＊"。检验结果除差数 1.68 和 1.54 不显著, 3.22 显著外, 其余两个差数 6.44 和 4.90 极显著。表明 A_1 饲料对鱼的增重效果极显著高于 A_2 和 A_3 , 显著高于 A_4 ; A_4 饲料对鱼的增重效果极显著高于 A_3 饲料; A_4 与 A_2 、 A_2 与 A_3 的增重效果差异不显著, 以 A_1 饲料对鱼的增重效果最佳。

关于 LSD 法的应用有以下几点说明:

(1) LSD 法实质上就是 t 检验法。它是将 t 检验中由所求得的 t 的绝对值 ($t = \dfrac{\bar{x}_{i\cdot} - \bar{x}_{j\cdot}}{S_{\bar{x}_{i\cdot}-\bar{x}_{j\cdot}}}$) 与临界 t_α 值的比较转为将各对均数差值的绝对值 $|\bar{x}_{i\cdot} - \bar{x}_{j\cdot}|$ 与最小显著差数 $t_\alpha S_{\bar{x}_{i\cdot}-\bar{x}_{j\cdot}}$ 的比较而做出统计推断的。但是, 由于 LSD 法是利用 F 检验中的误差自由度 df_e 查临界 t_α 值, 利用误差均方 MS_e 计算均数差异标准误 $S_{\bar{x}_{i\cdot}-\bar{x}_{j\cdot}}$, 因而 LSD 法又不同于每次利用两组数据进行多个平均数两两比较的 t 检验法。它解决了本章开头指出的 t 检验法检验过程烦琐, 无统一的实验误差且估计误差的精确性和检验的灵敏性低这两个问题。但 LSD 法并未解决推断的可靠性降低、犯 I 型错误的概率变大的问题。

(2) 有人提出, 与检验任何两个均数间的差异相比较, LSD 法适用于各处理组与对照组比较而处理组间不进行比较的比较形式。实际上关于这种形式的比较更适用的方法有顿纳特(Dunnett)法。

(3) 因为 LSD 法实质上是 t 检验, 故有人指出其最适宜的比较形式是: 在进行试验设计时就确定各处理只是固定的两个两个相比, 每个处理平均数在比较中只比较一次。例如, 在一个试验中共有 4 个处理, 设计时已确定只是处理 1 与处理 2、处理 3 与处理 4(或 1 与 3、2 与 4; 或 1 与 4、2 与 3)比较, 而其他的处理间不进行比较。因为这种比较形式实际上不涉及多个均数的极差问题, 所以不会增大犯 I 型错误的概率。

综上所述, 对于多个处理平均数所有可能的两两比较, LSD 法的优点在于方法比较简便, 克服一般 t 检验法所具有的某些缺点, 但是由于没有考虑相互比较的处理平均数依数值大小排列上的秩次, 故仍有推断可靠性低、犯 I 型错误概率增大的问题。为克服此弊病, 统计学家提出了最小显著极差法。

7.1.5.2 最小显著极差法(LSR 法)

LSR 法的特点是把平均数的差数看成是平均数的极差, 根据极差范围内所包含的处理数(称为秩次距) k 的不同而采用不同的检验尺度, 以克服 LSD 法的不足。这些在显著水平

α 上依秩次距 k 的不同而采用的不同的检验尺度叫作最小显著极差 LSR。例如有 10 个 $\bar{x}$ 要相互比较,先将 10 个 $\bar{x}$ 依其数值大小依次排列,两极端平均数的差数(极差)的显著性,由其差数是否大于秩次距 $k=10$ 时的最小显著极差决定($\geqslant$ 为显著,$<$ 为不显著);而后是秩次距 $k=9$ 的平均数的极差的显著性,则由极差是否大于 $k=9$ 时的最小显著极差决定;直到任何两个相邻平均数的差数的显著性由这些差数是否大于秩次距 $k=2$ 时的最小显著极差决定为止。因此,有 k 个平均数相互比较,就有 $k-1$ 种秩次距($k,k-1,k-2,\cdots,2$),因而需求得 $k-1$ 个最小显著极差($\mathrm{LSR}_{\alpha,k}$),分别作为判断具有相应秩次距的平均数的极差是否显著的标准。

因为 LSR 法是一种极差检验法,所以当一个平均数大集合的极差不显著时,其中所包含的各个较小集合极差也应一概作不显著处理。

LSR 法克服了 LSD 法的不足,但检验的工作量有所增加。常用的 LSR 法有 q 检验法和新复极差法两种。

(1)q 检验法

此法是以统计量 q 的概率分布为基础的。q 值由式(7-20)求得:

$$q = \omega / S_{\bar{x}} \tag{7-20}$$

式中,ω 为极差;$S_{\bar{x}} = \sqrt{\mathrm{MS}_e / n}$ 为标准误;q 分布依赖于误差自由度 df_e 及秩次距 k。

利用 q 检验法进行多重比较时,为了简便起见,不是将由式(7-20)算出的 q 值与临界 q 值 $q_{\alpha(\mathrm{df}_e,kl)}$ 比较,而是将极差与 $q_{\alpha(\mathrm{df}_e,k)}$ 比较,从而做出统计推断。$q_{\alpha(\mathrm{df}_e,k)}$ 即为 α 水平上的最小显著极差。

$$\mathrm{LSR}_\alpha = q_{\alpha(\mathrm{df}_e,k)} S_{\bar{x}} \tag{7-21}$$

当显著水平 $\alpha=0.05$ 和 0.01 时,从 q 值表中根据自由度 df_e 及秩次距 k 查出 $q_{0.05(\mathrm{df}_e,k)}$ 和 $q_{0.01(\mathrm{df}_e,k)}$,代入(7-20)式,得

$$\mathrm{LSR}_{0.05,k} = q_{0.05(\mathrm{df},k)} S_{\bar{x}}$$
$$\mathrm{LSR}_{0.01,k} = q_{0.01(\mathrm{df},k)} S_{\bar{x}} \tag{7-22}$$

实际利用 q 检验法进行多重比较时,可按如下步骤进行:

①列出平均数多重比较表。

②由自由度 df_e、秩次距 k 查临界 q 值,计算最小显著极差 $\mathrm{LSR}_{0.05,k}$,$\mathrm{LSR}_{0.01,k}$。

③将平均数多重比较表中的各极差与相应的最小显著极差 $\mathrm{LSR}_{0.05,k}$,$\mathrm{LSR}_{0.01,k}$ 比较,做出统计推断。

对于【例 7.1】,各处理平均数多重比较表同表 7-4。在表 7-4 中,极差 1.54,1.68,3.22 的秩次距为 2;极差 3.22,4.90 的秩次距为 3;极差 6.44 的秩次距为 4。

因为 $\mathrm{MS}_e = 5.34$,故标准误 $S_{\bar{x}}$ 为

$$S_{\bar{x}} = \sqrt{\mathrm{MS}_e / n} = \sqrt{5.34/5}$$

根据 $\mathrm{df}_e = 16$,$k=2,3,4$ 由附表 5 查出 $\alpha=0.05$、0.01 水平下临界 q 值,乘以标准误 $S_{\bar{x}}$。求得各最小显著极差,所得结果列于表 7-5。

表 7-5　q 值及 LSR 值

df_e	秩次距 k	$q_{0.05}$	$q_{0.01}$	$LSR_{0.05}$	$LSR_{0.01}$
	2	3.00	4.13	3.099	4.266
16	3	3.65	4.79	3.770	4.948
	4	4.05	5.19	4.184	5.361

将表 7-4 中的极差 1.54,1.68,3.22 与表 7-5 中的最小显著极差 3.099,4.266 比较;将极差 3.22,4.90 与 3.770,4.948 比较;将极差 6.44 与 4.184,5.361 比较。检验结果,除 A_4 与 A_3 的差数 3.22 由 LSD 法比较时的差异显著变为差异不显著外,其余检验结果同 LSD 法。

(2)新复极差法

此法是由邓肯(Duncan)于 1955 年提出,故又称 Duncan 法,此法还称 SSR 法(shortest significant ranges)。

新复极差法与 q 检验法的检验步骤相同,唯一不同的是计算最小显著极差时需查 SSR 临界值表而不是查 q 值表。最小显著极差计算公式为

$$LSR_{\alpha,k} = SSR_{\alpha(df_e,k)} S_{\bar{x}} \tag{7-23}$$

其中 $SSR_{\alpha(df_e,k)}$ 是根据显著水平 α、误差自由度 df_e、秩次距 k,由 SSR 临界值表查得的临界 SSR 值,$S_{\bar{x}} = \sqrt{MS_e/n}$。$\alpha = 0.05$ 和 $\alpha = 0.01$ 水平下的最小显著极差为

$$LSR_{0.05,k} = SSR_{0.05(df_e,k)} S_{\bar{x}}$$
$$LSR_{0.01,k} = SSR_{0.01(df_e,k)} S_{\bar{x}} \tag{7-24}$$

对于【例 7.1】,各处理均数多重比较表同表 7-4。

已算出 $S_{\bar{x}} = 1.033$,依 $df_e = 16$,$k = 2,3,4$,由 SSR 临界值表查临界 $SSR_{0.05(16,k)}$ 和 $SSR_{0.01(16,k)}$ 值,乘以 $S_{\bar{x}} = 1.033$,求得各最小显著极差,所得结果列于表 7-6。

表 7-6　SSR 值与 LSR 值

df_e	秩次距 k	$SSR_{0.05}$	$SSR_{0.01}$	$LSR_{0.05}$	$LSR_{0.01}$
	2	3.00	4.13	3.099	4.266
16	3	3.15	4.34	3.254	4.483
	4	3.23	4.45	3.337	4.597

将表 7-4 中的平均数差数(极差)与表 7-6 中的最小显著极差比较,检验结果与 q 检验法相同。

当各处理重复数不等时,为简便起见,不论是 LSD 法还是 LSR 法,可用(7-25)式计算出一个各处理平均的重复数 n_0,以代替计算 $S_{\bar{x}_i - \bar{x}_j}$ 或 $S_{\bar{x}}$ 所需的 n。

$$n_0 = \frac{1}{k-1}\left(\sum n_i - \frac{\sum n_i^2}{\sum n_i} \right) \tag{7-25}$$

式中,k 为试验的处理数;$n_i(i=1,2,\cdots,k)$ 为第 i 处理的重复数。

以上介绍的三种多重比较方法,其检验尺度有如下关系:

$$LSD\text{ 法} \leqslant \text{新复极差法} \leqslant q\text{ 检验法}$$

当秩次距 $k = 2$ 时,取等号;秩次距 $k \geqslant 3$ 时,取小于号。在多重比较中,LSD 法的尺度最小,q 检验法尺度最大,新复极差法尺度居中。用上述排列顺序前面方法检验显著的差数,用后面方法检验未必显著;用后面方法检验显著的差数,用前面方法检验必然显著。一般地讲,一个实验资料,究竟采用哪一种多重比较方法,主要应根据否定一个正确的 H_0 和接受一个不正确的 H_0 的相对重要性来决定。如果否定正确的 H_0 是事关重大或后果严重的,或对实验要求严格时,用 q 检验法较为妥当;如果接受一个不正确的 H_0 是事关重大或后果严重的,则宜用新复极差法。生物试验中,由于实验误差较大,常采用新复极差法;F 检验显著后,为了简便,也可采用 LSD 法。

7.1.5.3　多重比较结果的表示法

各平均数经多重比较后,应以简明的形式将结果表示出来,常用的表示方法有以下两种。

(1)三角形法。此法是将多重比较结果直接标记在平均数多重比较表上,如表 7-4 所示。由于在多重比较表中各个平均数差数构成一个三角形阵列,故称为三角形法。此法的优点是简便直观,缺点是占的篇幅较大。

(2)标记字母法。此法是先将各处理平均数由大到小自上而下排列;然后在最大平均数后标记字母 a,并将该平均数与以下各平均数依次相比,凡差异不显著标记同一字母 a,直到某一个与其差异显著的平均数标记字母 b;再以标有字母 b 的平均数为标准,与上方比它大的各个平均数比较,凡差异不显著一律再加标 b,直至显著为止;再以标记有字母 b 的最大平均数为标准,与下面各未标记字母的平均数相比,凡差异不显著,继续标记字母 b,直至某一个与其差异显著的平均数标记 c;……;如此重复下去,直至最小一个平均数被标记比较完毕为止。这样,各平均数间凡有一个相同字母的即为差异不显著,凡无相同字母的即为差异显著。用小写字母表示显著水平 $\alpha = 0.05$,用大写字母表示显著水平 $\alpha = 0.01$。在利用字母标记法表示多重比较结果时,常在三角形法的基础上进行。此法的优点是占的篇幅小,在科技文献中常见。

对于【例 7.1】,现根据表 7-4 所表示的多重比较结果用字母标记如表 7-7 所示(用新复极差法检验,表 7-4 中 A_4 与 A_3 的差数 3.22 在 $\alpha = 0.05$ 的水平上不显著,其余的与 LSD 法同)。

表 7-7　**表 7-4 多重比较结果的字母标记(SSR 法)**

处理	平均数 $\bar{x}_{i\cdot}$	$\alpha = 0.05$	$\alpha = 0.01$
A_1	31.18	a	A
A_4	27.96	b	AB
A_2	26.28	b	B
A_3	24.74	b	B

在表 7-7 中,先将各处理平均数由大到小自上而下排列。当显著水平 $\alpha = 0.05$ 时,先在平均数 31.18 行上标记字母 a;由于 31.18 与 27.96 之差为 3.22,在 $\alpha = 0.05$ 水平上显著,所

以在平均数 27.96 行上标记字母 b；然后以标记字母 b 的平均数 27.96 与其下方的平均数 26.28 比较，差数为 1.68，在 $\alpha = 0.05$ 水平上不显著，所以在平均数 26.28 行上标记字母 b；再将平均数 27.96 与平均数 24.74 比较，差数为 3.22，在 $\alpha = 0.05$ 水平上不显著，所以在平均数 24.74 行上标记字母 b。类似地，可以在 $\alpha = 0.01$ 将各处理平均数标记上字母，结果见表 7-7。q 检验结果与 SSR 法检验结果相同。

由表 7-7 看到，A_1 饲料对鱼的平均增重极显著地高于 A_2 和 A_3 饲料，显著高于 A_4 饲料；A_4、A_2、A_3 三种饲料对鱼的平均增重差异不显著。四种饲料其中以 A_1 饲料对鱼的增重效果最好。

应当注意，无论采用哪种方法表示多重比较结果，都应注明采用的是哪一种多重比较法。

7.1.6 单一自由度的正交比较

在从事一项试验时，试验工作者往往有一些特殊问题需要回答。这可以通过有计划地安排一些处理，以便从中获得资料进行统计检验，据此回答各种问题。

【例 7.2】某试验研究不同药物对腹水癌的治疗效果，将患腹水癌的 25 只小白鼠随机分为 5 组，每组 5 只。其中 A_1 组不用药作为对照，A_2、A_3 为用两个不同的中药组，A_4、A_5 为用两个不同的西药组，各组小白鼠的存活天数如表 7-8 所示。

表 7-8　用不同药物治疗患腹水癌的小白鼠的存活天数

药物	各鼠存活天数（x_{ij}）					合计 $x_{i.}$	平均 $\bar{x}_{i.}$
A_1	15	16	15	17	18	81	16.2
A_2	45	42	50	38	39	214	42.8
A_3	30	35	29	31	35	160	32.0
A_4	31	28	20	25	30	134	26.8
A_5	40	35	31	32	30	168	33.6
合计						$x_{..} = 757$	

解：这是一个单因素试验，其中 $k = 5$，$n = 5$，按照前面介绍的方法进行方差分析（具体计算过程略），可以得到方差分析表，见表 7-9。

表 7-9　表 7-8 资料方差分析表

变异来源	平方和	自由度	均方	F 值
处理间	1905.44	4	476.36	34.22**
处理内	277.60	20	13.88	
总变异	2183.04	24		

对于【例 7.2】资料，试验者可能对下述问题感兴趣：

（1）不用药物治疗与用药物治疗。

（2）中药与西药。

（3）中药 A_2 与中药 A_3。

（4）西药 A_4 与西药 A_5。

相比结果如何？

显然，用前述多重比较方法是无法回答或不能很好地回答这些问题的。如果事先按照一定的原则设计好 $k-1$ 个正交比较，将处理间平方和根据设计要求剖分成有意义的各具一个自由度的比较项，然后用 F 检验（此时 $\mathrm{df}_1 = 1$）便可明确地回答上述问题。这就是所谓单一自由度的正交比较（orthogonal comparison of single degree of freedom），也叫单一自由度的独立比较（independent comparison of single degree of freedom）。单一自由度的正交比较有成组比较和趋势比较两种情况，后者要涉及回归分析。这里结合解答【例 7.2】的上述四个问题，仅就成组比较予以介绍。

首先将表 7-8 各处理的总存活天数抄于表 7-10，然后写出各预定比较的正交系数 C_i（orthogonal coefficient）。

表 7-10　【例 7.2】资料单一自由度正交比较的正交系数和平方和的计算

比较	处理和各处理存活总天数					D_i	$\sum C_i^2$	SS_i
	A_1	A_2	A_3	A_4	A_5			
	81	214	160	134	168			
A_1 与 $A_2+A_3+A_4+A_5$	+4	−1	−1	−1	−1	−352	20	1 239.04
A_2+A_3 与 A_4+A_5	0	+1	+1	−1	−1	72	4	259.20
A_2 与 A_3	0	+1	−1	0	0	54	2	291.60
A_4 与 A_5	0	0	0	+1	−1	−34	2	115.60
合计								1 905.44

表 7-10 中各比较项的正交系数是按下述规则构成的：

（1）如果比较的两个组包含的处理数目相等，则把系数+1 分配给一个组的各处理，把系数 −1 分配给另一组的各处理，至于哪一组应取正号还是负号是无关紧要的。如 A_2+A_3 与 A_4+A_5 两组比较（属中药与西药比较），A_2、A_3 两处理各记系数+1，A_4、A_5 两处理各记系数−1。

（2）如果比较的两个组包含的处理数目不相等，则分配到第一组的系数等于第二组的处理数；而分配到第二组的系数等于第一组的处理数，但符号相反。如 A_1 与 $A_2+A_3+A_4+A_5$ 的比较，第一组只有 1 个处理，第二组有 4 个处理，故分配给 A_1 处理的系数为+4，而分配给 A_2、A_3、A_4、A_5 处理的系数为−1。又如，假设在 5 个处理中，前 2 个处理与后 3 个处理比较，其系数应是+3、+3、−2、−2、−2。

（3）把系数约简成最小的整数。例如，2 个处理为一组，与 4 个处理为一组比较，依照规则（2）有系数+4、+4、−2、−2、−2、−2，这些系数应约简成+2、+2、−1、−1、−1、−1。

（4）有时一个比较可能是另两个比较互作的结果。此时，这一比较的系数可用该两个比较的相应系数相乘求得。如包含 4 个处理的肥育实验中，两种水平的试畜（B_1，B_2）和两种水平的饲料（F_1，F_2），其比较举例如表 7-11 所示。

表 7-11 肥育实验比较表

比较	B_1F_1	B_1F_2	B_2F_1	B_2F_2
品种间(B)	-1	-1	$+1$	$+1$
饲料间(F)	-1	$+1$	-1	$+1$
$B\times F$ 间	$+1$	-1	-1	$+1$

表中第 1 和第 2 比较的系数是按照规则(1)得到的;互作的系数则是第 1、2 行系数相乘的结果。

各个比较的正交系数确定后,便可获得每一比较的总和数的差数 D_i,其通式为

$$D_i = \sum C_i x_{i.} \tag{7-26}$$

其中 C_i 为正交系数,$x_{i.}$ 为第 i 处理的总和。这样表 7-10 中各比较的 D_i 为

$$D_1 = 4\times81 - 1\times214 - 1\times160 - 1\times134 - 1\times168 = -352$$

$$D_2 = 1\times214 + 1\times160 - 1\times134 - 1\times168 = 72$$

$$D_3 = 1\times214 - 1\times160 = 54$$

$$D_4 = 1\times134 - 1\times168 = -34$$

进而可求得各比较的平方和 SS_i:

$$SS_i = D_i^2 / n \sum C_i^2 \tag{7-27}$$

式中的 n 为各处理的重复数,本例 $n=5$。对第一个比较:

$$SS_1 = \frac{(-352)^2}{5[4^2 + (-1)^2 + (-1)^2 + (-1)^2 + (-1)^2]} = \frac{(-352)^2}{5\times20} = 1\ 239.04$$

同理可计算出 $SS_2 = 259.20$,$SS_3 = 291.60$,$SS_4 = 115.60$。计算结果列入表 7-10 中。

这里注意到,$SS_1 + SS_2 + SS_3 + SS_4 = 1\ 905.44$,正是表 7-9 中处理间平方和 SS_t。这也就是说,利用上面的方法我们已将表 7-9 处理间具 4 个自由度的平方和再度分解为各具一个自由度的 4 个正交比较的平方和。因此,得到单一自由度正交比较的方差分析表 7-12。

表 7-12 表 7-8 资料单一自由度正交比较方差分析

变异来源	df	SS	MS	F
处理间	4	1905.44	476.36	34.32**
不用药与用药	1	1239.04	1239.04	89.27**
中药与西药	1	259.20	259.20	18.67**
中药 A_2 与中药 A_3	1	291.60	291.60	21.01**
西药 A_4 与西药 A_5	1	115.60	115.60	8.33**
误差	20	277.60	13.88	
总变异	24	2183.04		

将表 7-11 中各个比较的均方与误差均方 MS_e 相比,得到 F 值。查 F 值表,$df_1 = 1$,$df_2 = 20$ 时,$F_{0.05(1,20)} = 4.35$,$F_{0.01(1,20)} = 8.10$。所以,在这一试验的上述 4 个比较差异都极显著。

正确进行单一自由度正交比较的关键是正确确定比较的内容和正确构造比较的正交系

数。在具体实施时应注意以下三个条件：

（1）设有 k 个处理，正交比较的数目最多能安排 $k-1$ 个；若进行单一自由度正交比较，则比较数目必须为 $k-1$，以使每一比较占有且仅占有一个自由度。

（2）每一比较的系数之和必须为零，即 $\sum C_i = 0$，以使每一比较都是均衡的。

（3）任两个比较的相应系数乘积之和必须为零，即 $\sum C_i C_j = 0$，以保证 SS_t 的独立分解。

对于条件（2），只要遵照上述确定比较项系数的四条规则即可。对于条件（3），主要是在确定比较内容时，若某一处理（或处理组）已经和其余处理（或处理组）作过一次比较，则该处理（或处理组）就不能再参加另外的比较。否则就会破坏 $\sum C_i C_j = 0$ 这一条件。只要同时满足了（2）（3）两个条件，就能保证所实施的比较是正交的，因而也是独立的。若这样的比较有 $k-1$ 个，就是正确地进行了一次单一自由度的正交比较。

单一自由度正交比较的优点在于：

（1）它能给人们解答有关处理效应的一些特殊重要的问题；处理有多少个自由度，就能解答多少个独立的问题，不过这些问题应在实验设计时就要计划好。

（2）计算简单。

（3）对处理间平方和提供了一个有用的核对方法。即单一自由度的平方和累加起来应等于被分解的处理间的平方和。否则，不是计算有误，就是分解并非独立。

7.1.7　方差分析的基本步骤

在本节中，结合单因素实验结果方差分析的实例，较详细地介绍了方差分析的基本原理和步骤。关于方差分析的基本步骤现归纳如下：

（1）计算各项平方和与自由度。

（2）列出方差分析表，进行 F 检验。

（3）若 F 检验显著，则进行多重比较。多重比较的方法有最小显著差数法（LSD 法）和最小显著极差法（LSR 法：包括 q 检验法和新复极差法）。表示多重比较结果的方法有三角形法和标记字母法。

此外，若有一些特殊重要的问题需要回答，多重比较又无法或不能很好地回答这些问题时，则应考虑单一自由度正交比较法。对这些特殊问题正确而有效的回答，依赖于正确的实验设计和单一自由度正交比较法的正确应用。

7.2　单因素实验资料的方差分析

在方差分析中，根据所研究实验因素的多少，可分为单因素、两因素和多因素实验资料的方差分析。单因素实验资料的方差分析是其中最简单的一种，目的在于正确判断该实验因素各水平的优劣。根据各处理内重复数是否相等，单因素方差分析又分为重复数相等和重复数不等两种情况。上节讨论的是重复数相等的情况。当重复数不等时，各项平方和与自由度的计算，多重比较中标准误的计算略有不同。本节各举一例予以说明。

7.2.1 各处理重复数相等的方差分析

【例7.3】抽测5个不同品种的若干头母猪的窝产仔数,结果见表7-13。试检验不同品种母猪平均窝产仔数的差异是否显著。

表7-13 5个不同品种母猪的窝产仔数

品种号	观察值 x_{ij}(头/窝)					$x_i.$	$\bar{x}_i.$
1	8	13	12	9	9	51	10.2
2	7	8	10	9	7	41	8.2
3	13	14	10	11	12	60	12
4	13	9	8	8	10	48	9.6
5	12	11	15	14	13	65	13
合计						$x.. = 265$	

解:这是一个单因素实验,$k=5$,$n=5$。现对此实验结果进行方差分析如下:

(1)计算各项平方和与自由度

$$C = x^2../(kn) = 265^2/(5\times5) = 2\ 809.00$$

$$SS_T = \sum\sum x_{ij}^2 - C = (8^2+13^2+\cdots+14^2+13^2) - 2\ 809.00$$

$$= 2\ 945.00 - 2\ 809.00 = 136.00$$

$$SS_t = \frac{1}{n}\sum x_i^2. - C = \frac{1}{5}(51^2+41^2+60^2+48^2+65^2) - 2\ 809.00$$

$$= 2\ 882.20 - 2\ 809.00 = 73.20$$

$$SS_e = SS_T - SS_t = 136.00 - 73.20 = 62.80$$

$$df_T = kn-1 = 5\times5-1 = 24$$

$$df_t = k-1 = 5-1 = 4$$

$$df_e = df_T - df_t = 24-4 = 20$$

(2)列出方差分析表,进行 F 检验,如表7-14所示。

表7-14 不同品种母猪的窝产仔数的方差分析表

变异来源	平方和	自由度	均方	F 值
品种间	73.20	4	18.30	5.83**
误差	62.80	20	3.14	
总变异	136.00	24		

根据 $df_1 = df_t = 4$,$df_2 = df_e = 20$ 查临界 F 值得:$F_{0.05(4,20)} = 2.87$,$F_{0.05(4,20)} = 4.43$,因为 $F > F_{0.01(4,20)}$,即 $P<0.01$,表明品种间产仔数的差异达到1%显著水平。

（3）多重比较

采用新复极差法，各处理平均数多重比较表见表 7-15。

表 7-15　不同品种母猪的平均窝产仔数多重比较表（SSR 法）

品种	平均数 $\bar{x}_{i\cdot}$	$\bar{x}_{i\cdot}-8.2$	$\bar{x}_{i\cdot}-9.6$	$\bar{x}_{i\cdot}-10.2$	$\bar{x}_{i\cdot}-12.0$
5	13.0	4.8**	3.4*	2.8*	1.0
3	12.0	3.8**	2.4	1.8	
1	10.2	2.0	0.6		
4	9.6	1.4			
2	8.2				

因为 $MS_e=3.14$，$n=5$，所以 $S_{\bar{x}}$ 为

$$S_{\bar{x}}=\sqrt{MS_e/n}=\sqrt{3.14/5}=0.793$$

根据 $df_e=20$，秩次距 $k=2,3,4,5$，由 SSR 临界值表查出 $\alpha=0.05$ 和 $\alpha=0.01$ 的各临界 SSR 值，乘以 $S_{\bar{x}}=0.7925$，即得各最小显著极差，所得结果列于表 7-16。

表 7-16　SSR 值及 LSR 值

df_e	秩次距 k	$SSR_{0.05}$	$SSR_{0.01}$	$LSR_{0.05}$	$LSR_{0.01}$
20	2	2.95	4.02	2.339	3.188
	3	3.10	4.22	2.458	3.346
	4	3.18	4.33	2.522	3.434
	5	3.25	4.40	2.577	3.489

将表 7-14 中的差数与表 7-15 中相应的最小显著极差比较并标记检验结果。检验结果表明：5 品种母猪的平均窝产仔数极显著高于 2 号品种母猪，显著高于 4 号和 1 号品种，但与 3 号品种差异不显著；3 号品种母猪的平均窝产仔数极显著高于 2 号品种，与 1 号和 4 号品种差异不显著；1 号、4 号、2 号品种母猪的平均窝产仔数间差异均不显著。5 个品种中以 5 号品种母猪的窝产仔数最高，3 号品种次之，2 号品种母猪的窝产仔数最低。

7.2.2　各处理重复数不等的方差分析

这种情况下方差分析步骤与各处理重复数相等的情况相同，只是在有关计算公式上略有差异。

设处理数为 k，各处理重复数为 $n_1,n_2,\cdots,n_k$，试验观测值总数为 $N=\sum n_i$，则

$$C=x_{\cdot\cdot}^2/N$$
$$SS_T=\sum\sum x_{ij}^2-C,\quad SS_t=\sum x_{i\cdot}^2/n_i-C,\quad SS_e=SS_T-SS_t \tag{7-28}$$
$$df_T=N-1,\quad df_t=k-1,\quad df_e=df_T-df_t$$

【例 7.4】5 个不同品种猪的育肥实验，后期 30 天增重（kg）如表 7-17 所示。试比较品种间增重有无差异。

表 7-17　5 个品种猪 30 天增重

品种	增重/kg						n_i	$x_i.$	$\bar{x}_i.$
B_1	21.5	19.5	20.0	22.0	18.0	20.0	6	121.0	20.2
B_2	16.0	18.5	17.0	15.5	20.0	16.0	6	103.0	17.2
B_3	19.0	17.5	20.0	18.0	17.0		5	91.5	18.3
B_4	21.0	18.5	19.0	20.0			4	78.5	19.6
B_5	15.5	18.0	17.0	16.0			4	66.5	16.6
合计							25	460.5	

此例处理数 $k=5$，各处理重复数不等。现对此实验结果进行方差分析如下：

（1）计算各项平方和与自由度

利用公式（7-28）计算

$C = x^2../N = 460.5^2/25 = 8482.41$

$SS_T = \sum\sum x_{ij}^2 - C = (21.5^2 + 19.5^2 + \cdots + 17.0^2 + 16.0^2) - 8482.41$

$\qquad = 8567.75 - 8482.41 = 85.34$

$SS_t = \sum x_i^2./n_i - C = (121.0^2/6 + 103.0^2/6 + 915.5^2/5 + 78.8^2/4 + 66.5^2/4) - 8482.41$

$\qquad = 8528.91 - 8482.41 = 46.50$

$SS_e = SS_T - SS_t = 85.34 - 46.50 = 38.84$

$df_T = N - 1 = 25 - 1 = 24$

$df_t = k - 1 = 5 - 1 = 4$

$df_e = df_T - df_t = 24 - 4 = 20$

（2）列出方差分析表，进行 F 检验，如表 7-18。

临界 F 值为：$F_{0.05(4,20)} = 2.87$，$F_{0.01(4,20)} = 4.43$，因为品种间的 F 值 5.99 > $F_{0.01(4,20)}$，$P <$ 0.01，表明品种间差异极显著。

表 7-18　5 个品种育肥猪增重方差分析表

变异来源	平方和	自由度	均方	F 值
品种间	46.50	4	11.63	5.99**
品种内（误差）	38.84	20	1.94	
总变异	85.34	24		

（3）多重比较

采用新复极差法，各处理平均数多重比较表见表 7-19。

因为各处理重复数不等，应先由公式（7-25）计算出平均重复次数 n_0 来代替标准误 $S_{\bar{x}} = \sqrt{MS_e/n}$ 中的 n，此例

$$n_0 = \frac{1}{k-1}\left(\sum n_i - \frac{\sum n_i^2}{\sum n_i}\right) = \frac{1}{5-1}\left(25 - \frac{6^2 + 6^2 + 5^2 + 4^2 + 4^2}{25}\right) = 4.96$$

于是,标准误 $S_{\bar{x}} = \sqrt{MS_e/n_0} = \sqrt{1.94/4.96} = 0.625$。

表7-19 5个品种育肥猪平均增重多重比较表(SSR法)

品种	平均数 $\bar{x}_{i.}$	$\bar{x}_{i.} - 16.6$	$\bar{x}_{i.} - 17.2$	$\bar{x}_{i.} - 18.3$	$\bar{x}_{i.} - 19.6$
B_1	20.2	3.6**	3.0**	1.9	0.6
B_4	19.6	3.0**	2.4*	1.3	
B_3	18.3	1.7	1.1		
B_2	17.2	0.6			
B_5	16.6				

根据 $df_e = 20$,秩次距 $k = 2, 3, 4, 5$,查表得 $\alpha = 0.05$ 与 $\alpha = 0.01$ 的临界SSR值,乘以 $S_{\bar{x}} = 0.63$,即得各最小显极差,所得结果列于表7-20。

表7-20 SSR值及LSR值表

df_e	秩次距(k)	$SSR_{0.05}$	$SSR_{0.01}$	$LSR_{0.05}$	$LSR_{0.01}$
	2	2.95	4.02	1.844	2.513
20	3	3.10	4.22	1.938	2.638
	4	3.18	4.33	1.988	2.706
	5	3.25	4.40	2.031	2.750

将表7-19中的各个差数与表7-20中相应的最小显著极差比较,做出推断。检验结果已标记在表7-19中。

多重比较结果表明,B_1、B_4 品种的平均增重极显著或显著高于 B_2、B_5 品种的平均增重,其余不同品种之间差异不显著。可以认为 B_1、B_4 品种增重最快,B_2、B_5 品种增重较差,B_3 品种居中。

单因素实验只能解决一个因素各水平之间的比较问题。如上述研究几个品种猪的育肥实验,只能比较几个品种的增重快慢。而影响增重的其他因素,如饲料中能量的高低、蛋白质含量的多少、饲喂方式及环境温度的变化等就无法得以研究。实际上,往往对这些因素有必要同时考察。只有这样才能做出更加符合客观实际的科学结论,才有更大的应用价值。这就要求进行两因素或多因素实验。下面介绍两因素实验资料的方差分析法。

7.3 两因素实验资料的方差分析

两因素实验资料的方差分析是指对实验指标同时受到两个实验因素作用的实验资料的方差分析。两因素实验按水平组合的方式不同,分为交叉分组和系统分组两类,因而对实验资料的方差分析方法也分为交叉分组方差分析和系统分组方差分析两种,现分别介绍如下。

7.3.1 交叉分组资料的方差分析

设实验考察 A、B 两个因素,A 因素分 a 个水平,B 因素分 b 个水平。所谓交叉分组是指

A 因素每个水平与 B 因素的每个水平都要碰到,两者交叉搭配形成 ab 个水平组合即处理,实验因素 A、B 在实验中处于平等地位,实验单位分成 ab 个组,每组随机接受一种处理,因而实验数据也按两因素两方向分组。这种实验以各处理是单独观测值还是有重复观测值又分为两种类型。

7.3.1.1 两因素单独观测值实验资料的方差分析

对于 A、B 两个实验因素的全部 ab 个水平组合,每个水平组合只有一个观测值,全实验共有 ab 个观测值,其数据模式如表 7-22 所示。

表 7-21 两因素单独观测值实验数据模式

A 因素	B 因素						合计 $x_i.$	平均 $\bar{x}_i.$
	B_1	B_2	$\cdots$	B_j	$\cdots$	B_b		
A_1	x_{11}	x_{12}	$\cdots$	x_{1j}	$\cdots$	x_{1b}	$x_1.$	$\bar{x}_1.$
A_2	x_{21}	x_{22}	$\cdots$	x_{2j}	$\cdots$	x_{2b}	$x_2.$	$\bar{x}_2.$
$\vdots$	$\vdots$	$\vdots$	$\cdots$	$\vdots$	$\cdots$	$\vdots$	$\vdots$	$\vdots$
A_i	x_{i1}	x_{i2}	$\cdots$	x_{ij}	$\cdots$	x_{ib}	$x_i.$	$\bar{x}_i.$
$\vdots$	$\vdots$	$\vdots$	$\cdots$	$\vdots$	$\cdots$	$\vdots$	$\vdots$	$\vdots$
A_a	x_{a1}	x_{a2}	$\cdots$	x_{aj}	$\cdots$	x_{ab}	$x_a.$	$\bar{x}_a.$
合计 $x._j$	$x._1$	$x._2$	$\cdots$	$x._j$	$\cdots$	$x._b$	$x..$	$\bar{x}..$
平均 $\bar{x}._j$	$\bar{x}._1$	$\bar{x}._2$	$\cdots$	$\bar{x}._j$	$\cdots$	$\bar{x}._b$		

表 7-21 中,$x_i. = \sum\limits_{j-1}^{b} x_{ij}$,$\bar{x}_i. = \dfrac{1}{b} \sum\limits_{j=1}^{b} x_{ij}$,$x._j = \sum\limits_{i=1}^{n} x_{ij}$,$\bar{x}._j = \dfrac{1}{a} \sum\limits_{i=1}^{a} x_{ij}$,$x.. = \sum\limits_{i=1}^{a} \sum\limits_{j=1}^{b} x_{ij}$,$\bar{x}.. = \sum\limits_{i=1}^{a} \sum\limits_{j=1}^{b} x_{ij}/(ab)$。

两因素单独观测值实验的数学模型为

$$x_{ijl} = \mu + \alpha_i + \beta_j + \varepsilon_{ijl} \quad (i=1,2,\cdots,a; j=1,2,\cdots,b) \tag{7-29}$$

式中,μ 为总平均数;α_i,β_j 分别为 A_i、B_j 的效应,$\alpha_i = \mu_i - \mu$,$\beta_j = \mu_j - \mu$;μ_i、μ_j 分别为 A_i、B_j 观测值总体平均数,且 $\sum \alpha_i = 0$,$\sum \beta_j = 0$;ε_{ij} 为随机误差,相互独立,且服从 $N(0, \sigma^2)$。

交叉分组两因素单独观测值的实验,A 因素的每个水平有 b 次重复,B 因素的每个水平有 a 次重复,每个观测值同时受到 A、B 两因素及随机误差的作用。因此全部 ab 个观测值的总变异可以剖分为 A 因素水平间变异、B 因素水平间变异及实验误差三部分;自由度也相应剖分。平方和与自由度的剖分式如下:

$$SS_t = SS_A + SS_B + SS_e; \quad df_t = df_A + df_B + df_e \tag{7-30}$$

各项平方和与自由度的计算公式为

矫正数 $\qquad\qquad\qquad\qquad C = x^2../ab$

总平方和 $\qquad SS_T = \sum\limits_{i=1}^{a} \sum\limits_{j=1}^{b} (x_{ij} - \bar{x}..)^2 = \sum\limits_{i=1}^{a} \sum\limits_{j=1}^{b} x_{ij}^2 - C$

A 因素平方和 $\qquad SS_A = b\sum_{i=1}^{a}(\bar{x}_{i.}-\bar{x}..)^2 = \frac{1}{b}\sum_{i=1}^{a}x_{i.}^2 - C$

B 因素平方和 $\qquad SS_B = a\sum_{j=1}^{b}(\bar{x}_{.j}-\bar{x}..)^2 = \frac{1}{a}\sum_{j=1}^{b}x_{.j}^2 - C \qquad (7-31)$

误差平方和 $\qquad SS_e = SS_T - SS_A - SS_B$

总自由度 $\qquad df_t = ab-1$

A 因素自由度 $\qquad df_A = a-1$

B 因素自由度 $\qquad df_B = b-1$

误差自由度 $\qquad df_e = df_t - df_A - df_B = (a-1)(b-1)$

相应均方为 $\qquad MS_A = SS_A/df_A, MS_B = SS_B/df_B, MS_e = SS_e/df_e$

【例 7.5】为研究雌激素对子宫发育的影响,现有 4 窝不同品系未成年的大白鼠,每窝 3 只,随机分别注射不同剂量的雌激素,然后在相同条件下试验,并称得它们的子宫重量,见表 7-22,试作方差分析。

表 7-22　各品系大白鼠不同剂量雌激素的子宫重量(g)

品系(A)	雌激素注射剂量(mg/100g)(B)			合计 $x_{i.}$	平均 $\bar{x}_{i.}$
	$B_1(0.2)$	$B_2(0.4)$	$B_3(0.8)$		
A_1	106	116	145	367	122.3
A_2	42	68	115	225	75.0
A_3	70	111	133	314	104.7
A_4	42	63	87	192	64.0
合计 $x_{.j}$	260	358	480	1 098	
平均 $\bar{x}_{.j}$	65.0	89.5	120.0		

解:这是一个两因素单独观测值实验结果。A 因素(品系)有 4 个水平,即 $a=4$;B 因素(雌激素注射剂量)有 3 个水平,即 $b=3$,共有 $a\times b = 3\times4 = 12$ 个观测值。方差分析如下:

(1)计算各项平方和与自由度

根据公式(7-31)有:

$$C = \frac{x^2..}{ab} = \frac{1\,098^2}{4\times3} = 100\,467$$

$$SS_t = \sum\sum x_{ij}^2 - C = (106^2 + 116^2 + \cdots + 87^2) - C$$
$$= 113\,542 - 100\,467 = 13\,075$$

$$SS_A = \frac{1}{b}\sum x_{i.}^2 - C = \frac{1}{3}(367^2 + 225^2 + 314^2 + 192^2) - C$$
$$= 106\,924 - 100\,467 = 6\,457$$

$$SS_B = \frac{1}{a} \sum x^2_{\cdot j} - C = \frac{1}{4} (260^2 + 358^2 + 480^2) - C$$

$$= 106\ 541 - 100\ 467 = 6\ 074$$

$$SS_e = SS_t - SS_A - SS_B = 13\ 075 - 6\ 457.67 - 6\ 070 = 543.33$$

$$df_T = ab - 1 = 4 \times 3 - 1 = 11$$

$$df_A = a - 1 = 4 - 1 = 3$$

$$df_B = b - 1 = 3 - 1 = 2$$

$$df_e = df_t - df_A - df_B = 11 - 3 - 2 = 6$$

（2）列出方差分析表（见表 7-23），进行 F 检验

表 7-23　表 7-22 资料的方差分析表

变异来源	平方和	自由度	均方	F 值
A 因素（品系）	6 457.666 7	3	2 152.555 6	23.77**
B 因素（剂量）	6 074.000 0	2	3 037.000 0	33.54**
误差	543.333 3	6	90.555 6	
总变异	13 075.000 0	11		

根据 $df_1 = df_A = 3$，$df_2 = df_e = 6$ 查临界 F 值，$F_{0.01(3,6)} = 9.78$；根据 $df_1 = df_B = 2$，$df_2 = df_e = 6$ 查临界 F 值，$F_{0.01(2,6)} = 10.92$。

因为 A 因素的 F 值 23.77 $> F_{0.01(3,6)}$，$P < 0.01$，差异极显著；B 因素的 F 值 33.54 $> F_{0.01(2,6)}$，$P < 0.01$，差异极显著。说明不同品系和不同雌激素剂量对大白鼠子宫的发育均有极显著影响，有必要进一步对 A、B 两因素不同水平的平均测定结果进行多重比较。

（3）多重比较

1）不同品系的子宫平均重量比较。各品系平均数多重比较表见表 7-24。

表 7-24　各品系子宫平均重量多重比较（q 法）

品系	平均数 $\bar{x}_{i\cdot}$	$\bar{x}_{i\cdot} - 64.0$	$\bar{x}_{i\cdot} - 75.0$	$\bar{x}_{i\cdot} - 104.7$
A_1	122.3	58.3**	47.3**	17.6
A_3	104.7	40.7**	29.7**	
A_2	75.0	11.0		
A_4	64.0			

在两因素单独观测值实验情况下，因为 A 因素（本例为品系）每一水平的重复数恰为 B 因素的水平数 b，故 A 因素的标准误 $S_{\bar{x}_{i\cdot}} = \sqrt{MS_e/b}$，此例 $b = 3$，$MS_e = 90.555\ 6$，故

$$S_{\bar{x}_{i\cdot}} = \sqrt{MS_e/b} = \sqrt{90.555\ 6/3} = 5.494\ 1$$

根据 $df_e = 6$，秩次距 $k = 2, 3, 4$，查表得 $\alpha = 0.05$ 和 $\alpha = 0.01$ 的临界 q 值，与标准误 $S_{\bar{x}_{i\cdot}} = 5.494\ 1$ 相乘，计算出最小显著极差 LSR，结果见表 7-25。

表 7-25　q 值及 LSR 值

df_e	秩次距 k	$q_{0.05}$	$q_{0.01}$	$LSR_{0.05}$	$LSR_{0.01}$
6	2	3.46	5.24	19.01	28.79
	3	4.34	6.33	23.84	34.78
	4	4.90	7.03	26.92	38.62

将表 7-24 中各差数与表 7-25 中相应最小显著极差比较，做出推断。检验结果已标记在表 7-24 中。结果表明，A_1、A_3 品系与 A_2、A_4 品系的子宫平均重量均有极显著的差异；但 A_1 与 A_3，A_2 与 A_4 品系间差异不显著。

2）不同激素剂量的子宫平均重量比较。B 因素各剂量水平平均数比较表见表 7-26。

表 7-26　不同雌激素剂量的子宫平均重量多重比较（q 法）

雌激素剂量	平均数 $\bar{x}_{.j}$	$\bar{x}_{.j}-65.0$	$\bar{x}_{.j}-89.5$
$B_3(0.8)$	120.0	55.0**	30.5**
$B_2(0.4)$	89.5	24.5*	
$B_1(0.2)$	65.0		

在两因素单独观测值实验情况下，B 因素（本例为雌激素剂量）每一水平的重复数恰为 A 因素的水平数 a，故 B 因素的标准误 $S_{\bar{x}_{.j}}=\sqrt{MS_e/a}$，此例 $a=4$，$MS_e=90.5556$，故

$$S_{\bar{x}_{.j}}=\sqrt{MS_e/a}=\sqrt{90.5556/4}=4.7580$$

根据 $df_e=6$，秩次距 $k=2,3$ 查临界 q 值并与 $S_{\bar{x}_{.j}}$ 相乘，求得最小显著极差 LSR，见表 7-27。

表 7-27　q 值与 LSR 值

df_e	秩次距	$q_{0.05}$	$q_{0.01}$	$LSR_{0.05}$	$LSR_{0.01}$
6	2	3.46	5.24	16.46	24.93
	3	4.34	6.33	20.65	30.12

将表 7-26 各差数与表 7-27 相应最小显著极差比较，做出推断，比较结果已标记在表 7-26 中。结果表明，注射雌激素剂量为 0.8 mg 的大白鼠子宫重量极显著大于注射剂量为 0.4 mg 和 0.2 mg 的子宫重量，而后两种注射剂量的子宫重量间也有显著差异。

在进行两因素或多因素的实验时，除了研究每一因素对实验指标的影响外，往往更希望研究因素之间的交互作用。例如，通过对畜禽所处环境的温度、湿度、光照、噪声以及空气中各种有害气体等对畜禽生长发育的影响有无交互作用的研究，对最终确定有利于畜禽生产的最佳环境控制是有重要意义的。对畜禽的不同品种（品系）及其与饲料条件、各种环境因素互作的研究，有利于合理利用品种资源充分发挥不同畜禽的生产潜能。又如在饲料科学中，常常要研究各种营养成分间有无交互作用，从而找到最佳的饲料配方，这对于合理利用饲料原料提高饲养水平等都是非常有意义的。

前面介绍的两因素单独观测值实验只适用于两个因素间无交互作用的情况。若两因素

间有交互作用,则每个水平组合中只设一个实验单位(观察单位)的实验设计是不正确的或不完善的。这是因为:

(1)在这种情况下,(7-31)式中 SS_e,df_e 实际上是 A、B 两因素交互作用平方和与自由度,所算得的 MS_e 是交互作用均方,主要反映由交互作用引起的变异。

(2)这时若仍按【例 7.5】所采用的方法进行方差分析,由于误差均方值大(包含交互作用在内),有可能掩盖实验因素的显著性,从而增大犯 Ⅱ 型错误的概率。

(3)因为每个水平组合只有一个观测值,所以无法估计真正的实验误差,因而不可能对因素的交互作用进行研究。

因此,进行两因素或多因素实验时,一般应设置重复,以便正确估计实验误差,深入研究因素间的交互作用。

7.3.1.2 两因素有重复观测值实验的方差分析

对两因素和多因素有重复观测值实验结果的分析,能研究因素的简单效应、主效应和因素间的交互作用(互作)效应。现介绍这三种效应的意义如下:

(1)简单效应(simple effect)。在某因素同一水平上,另一因素不同水平对实验指标的影响称为简单效应。如在表 7-28 中,在 A_1(不加赖氨酸)上,$B_2-B_1 = 480-470 = 10$;在 A_2(加赖氨酸)上,$B_2-B_1 = 512-472 = 40$;在 B_1(不加蛋氨酸)上,$A_2-A_1 = 472-470 = 2$;在 B_2(加蛋氨酸)上,$A_2-A_1 = 512-480 = 32$ 等就是简单效应。简单效应实际上是特殊水平组合间的差数。

表 7-28　日粮中加与不加赖、蛋氨酸雏鸡的增重(g)

	A_1	A_2	A_2-A_1	平均
B_1	470	472	2	471
B_2	480	512	32	496
B_2-B_1	10	40		25
平均	475	492	17	

(2)主效应(main effect)。由于因素水平的改变而引起的平均数的改变量称为主效应。如在表 7-28 中,当 A 因素由 A_1 水平变到 A_2 水平时,A 因素的主效应为 A_2 水平的平均数减去 A_1 水平的平均数,即

$$A 因素的主效应 = 492-475 = 17$$

同理 B 因素的主效应 $= 496-471 = 25$

主效应也就是简单效应的平均,如 $(32+2) \div 2 = 17$,$(40+10) \div 2 = 25$。

(3)交互作用(互作,interaction)效应。在多因素实验中,一个因素的作用要受到另一个因素的影响,表现为某一因素在另一因素的不同水平上所产生的效应不同,这种现象称为该两因素存在交互作用。如在表 7-28 中:

$$A 在 B_1 水平上的效应 = 472-470 = 2$$

$$A 在 B_2 水平上的效应 = 512-480 = 32$$

$$B 在 A_1 水平上的效应 = 480 - 470 = 10$$

$$B 在 A_2 水平上的效应 = 512 - 472 = 40$$

显而易见，A 的效应随着 B 因素水平的不同而不同，反之亦然。我们说 A、B 两因素间存在交互作用，记为 $A×B$。或者说，某一因素的简单效应随着另一因素水平的变化而变化时，则称该两因素存在交互作用。互作效应可由 $(A_1B_1 + A_2B_2 - A_1B_2 - A_2B_1)/2$ 来估计。表 7-28 中的互作效应为

$$(470 + 512 - 480 - 472)/2 = 15$$

所谓互作效应实际指的就是由于两个或两个以上实验因素的相互作用而产生的效应。如在表 7-28 中，$A_2B_1 - A_1B_1 = 472 - 470 = 2$，这是添加赖氨酸单独作用的效应；$A_1B_2 - A_1B_1 = 480 - 470 = 10$，这是添加蛋氨酸单独作用的效应，两者单独作用的效应总和是 $2 + 10 = 12$；但是，$A_2B_2 - A_1B_1 = 512 - 470 = 42$，而不是 12。这就是说，同时添加赖氨酸、蛋氨酸产生的效应不是单独添加一种氨基酸所产生效应的和，而是另外多增加了 30，这个 30 是两种氨基酸共同作用的结果。若将其平均分到每种氨基酸头上，则各为 15，即估计的互作效应。

我们把具有正效应的互作称为正的交互作用；把具有负效应的互作称为负的交互作用；互作效应为零则称无交互作用。没有交互作用的因素是相互独立的因素，此时，不论在某一因素哪个水平上，另一因素的简单效应是相等的。

关于无互作和负互作的直观理解，读者可将表 7-28 中，A_2B_2 位置上的数值改为 482 和任一小于 482 的数后具体计算一下即可。

下面介绍两因素有重复观测值实验结果的方差分析方法。

设 A 与 B 两因素分别具有 a 与 b 个水平，共有 ab 个水平组合，每个水平组合有 n 次重复，则全实验共有 abn 个观测值。这类实验结果方差分析的数据模式如表 7-29 所示。

表 7-29 两因素有重复观测值实验数据模式

A 因素		B 因素				A_i 合计 $x_{i \cdot \cdot}$	A_i 平均 $\bar{x}_{i \cdot \cdot}$
		B_1	B_2	$\cdots$	B_b		
A_1	x_{1jl}	x_{111}	x_{121}	$\cdots$	x_{1b1}	$x_{1 \cdot \cdot}$	$\bar{x}_{1 \cdot \cdot}$
		x_{112}	x_{122}	$\cdots$	x_{1b2}		
		$\vdots$	$\vdots$	$\vdots$	$\vdots$		
		x_{11n}	x_{12n}	$\cdots$	x_{1bn}		
	$x_{1j \cdot}$	$x_{11 \cdot}$	$x_{12 \cdot}$	$\cdots$	$x_{1b \cdot}$		
	$\bar{x}_{1j \cdot}$	$\bar{x}_{11 \cdot}$	$\bar{x}_{12 \cdot}$	$\cdots$	$\bar{x}_{1b \cdot}$		
A_2	x_{2jl}	x_{211}	x_{221}	$\cdots$	x_{2b1}	$x_{2j \cdot}$	$\bar{x}_{2 \cdot \cdot}$
		x_{212}	x_{222}	$\cdots$	x_{2b2}		
		$\vdots$	$\vdots$	$\vdots$	$\vdots$		
		x_{21n}	x_{22n}	$\cdots$	x_{2bn}		

续表 7-29

A 因素		B 因素				A_i 合计 $x_{i\cdot\cdot}$	A_i 平均 $\bar{x}_{i\cdot}$
		B_1	B_2	$\cdots$	B_b		
A_2	$x_{2j\cdot}$	$x_{21\cdot}$	$x_{22\cdot}$	$\cdots$	$x_{2b\cdot}$		
	$\bar{x}_{2j\cdot}$	$\bar{x}_{21\cdot}$	$\bar{x}_{22\cdot}$	$\cdots$	$\bar{x}_{2b\cdot}$		
$\vdots$	$\vdots$	$\vdots$	$\vdots$	$\vdots$	$\vdots$	$\vdots$	$\vdots$
A_a	x_{ajl}	x_{a11}	x_{a21}	$\cdots$	x_{ab1}	$x_{a\cdot\cdot}$	$\bar{x}_{a\cdot\cdot}$
		x_{a12}	x_{a22}	$\cdots$	x_{ab2}		
		$\vdots$	$\vdots$	$\vdots$	$\vdots$		
		x_{a1n}	x_{a2n}	$\cdots$	x_{abn}		
	$x_{aj\cdot}$	$\bar{x}_{a1\cdot}$	$\bar{x}_{a2\cdot}$	$\cdots$	$\bar{x}_{ab\cdot}$		
	$\bar{x}_{aj\cdot}$						
B_j 合计 $x_{\cdot j\cdot}$		$x_{\cdot1\cdot}$	$x_{\cdot2\cdot}$	$\cdots$	$x_{\cdot b\cdot}$	$x_{\cdots}$	
B_j 平均 $\bar{x}_{\cdot j\cdot}$		$\bar{x}_{\cdot1\cdot}$	$\bar{x}_{\cdot2\cdot}$	$\cdots$	$\bar{x}_{\cdot b\cdot}$	$\bar{x}_{\cdots}$	

表 7-29 中，

$$x_{ij\cdot}=\sum_{l=1}^{n}x_{ijl} \qquad \bar{x}_{ij\cdot}=\sum_{l=1}^{n}x_{ijl}/n$$

$$x_{i\cdot\cdot}=\sum_{j=1}^{b}\sum_{l=1}^{n}x_{ijl} \qquad \bar{x}_{i\cdot\cdot}=\sum_{j=1}^{b}\sum_{l=1}^{n}x_{ijl}/(bn)$$

$$x_{\cdot j\cdot}=\sum_{i=1}^{a}\sum_{l=1}^{n}x_{ijl} \qquad \bar{x}_{\cdot j\cdot}=\sum_{i=1}^{a}\sum_{l=1}^{n}x_{ijl}/(an)$$

$$x_{\cdots}=\sum_{i=1}^{a}\sum_{j=1}^{b}\sum_{l=1}^{n}x_{ijl} \qquad \bar{x}_{\cdots}=\sum_{i=1}^{a}\sum_{j=1}^{b}\sum_{l=1}^{n}x_{ijl}/(abn)$$

两因素有重复观测值实验的数学模型为

$$x_{ijl}=\mu+\alpha_i+\beta_j+(\alpha\beta)_{ij}+\varepsilon_{ijl}$$
$$(i=1,2,\cdots,a;J=1,2,\cdots,b;j=1,2,\cdots,n) \tag{7-32}$$

式中，μ 为总平均数；α_i 为 A_i 的效应；β_j 为 B_j 的效应；$(\alpha\beta)_{ij}$ 为 A_i 与 B_j 的互作效应，$\alpha_i=\mu_{\cdot i}-\mu$，$\beta_j=\mu_{\cdot j}-\mu$，$(\alpha\beta)_{ij}=\mu_{ij}-\mu_{\cdot i}-\mu_{\cdot j}+\mu$，$\mu_{i\cdot}$，$\mu_{\cdot j}$，$\mu_{ij}$ 分别为 A_i，B_j，A_iB_j 观测值总体平均数，且 $\sum_{i=1}^{n}\alpha_i=0$，$\sum_{j=1}^{b}\beta_i=0$，$\sum_{i=1}^{n}(\alpha\beta)_{ij}=\sum_{j=1}^{b}(\alpha\beta)_{ij}=\sum_{i=1}^{a}\sum_{j=1}^{b}(\alpha\beta)_{ij}=0$；$\varepsilon_{ijl}$ 为随机误差，相互独立，且都服从 $N(0,\sigma^2)$。

两因素有重复观测值实验结果方差分析平方和与自由度的剖分式为

$$\mathrm{SS}_t=\mathrm{SS}_A+\mathrm{SS}_B+\mathrm{SS}_{A\times B}+\mathrm{SS}_e$$
$$\mathrm{df}_t=\mathrm{df}_A+\mathrm{df}_B+\mathrm{df}_{A\times B}+\mathrm{df}_e \tag{7-33}$$

其中，$\mathrm{SS}_{A\times B}$，$\mathrm{df}_{A\times B}$ 为 A 因素与 B 因素交互作用平方和与自由度。

若用 SS_{AB}, df_{AB} 表示 A、B 水平组合间的平方和与自由度,即处理间平方和与自由度,则因处理变异可剖分为 A 因素、B 因素及 A、B 交互作用变异三部分,于是 SS_{AB}、df_{AB} 可剖分为

$$SS_{AB} = SS_A + SS_B + SS_{A \times B} \tag{7-34}$$

$$df_{AB} = df_A + df_B + df_{A \times B}$$

各项平方和、自由度及均方的计算公式如下:

矫正数 $x^2 \ldots / (adn)$

总平方和与自由度 $\quad SS_t = \sum \sum \sum x_{ijl}^2 - C, df_t = abn - 1$

水平组合平方和与自由度 $\quad SS_{AB} = \dfrac{1}{b} \sum x_{ij}^2 . - C, df_{AB} = ab - 1 \tag{7-35}$

A 因素平方和与自由度 $\quad SS_A = \dfrac{1}{bn} \sum x_i^2 .. - C, df_A = a - 1$

B 因素平方和与自由度 $\quad SS_B = \dfrac{1}{an} \sum x^2 ._j . - C, df_B = b - 1$

交互作用平方和与自由度 $\quad SS_{A \times B} = SS_{AB} - SS_A - SS_B, df_{A \times B} = (a-1)(b-1)$

误差平方和与自由度 $\quad SS_e = SS_t - SS_{AB}, df_e = ab(n-1)$

相应均方为

$$MS_A = \frac{SS_A}{df_B}, MS_B = \frac{SS_B}{df_B}, MS_{A \times B} = \frac{SS_{A \times B}}{df_{A \times B}}, MS_e = \frac{SS_e}{df_e}$$

【例 7.6】 为了研究饲料中钙磷含量对幼猪生长发育的影响,将钙(A)、磷(B)在饲料中的含量各分 4 个水平进行交叉分组实验。先用品种、性别、日龄相同,初始体重基本一致的幼猪 48 头,随机分成 16 组,每组 3 头,用能量、蛋白质含量相同的饲料在不同钙磷用量搭配下各喂一组猪,经两月实验,幼猪增重结果(kg)列于表 7-30。试分析钙磷对幼猪生长发育的影响。

解: 本例 A 因素钙的含量分 4 个水平,即 $a = 4$;B 因素磷的含量分 4 个水平,即 $b = 4$;共有 $ab = 4 \times 4 = 16$ 个水平组合;每个组合重复数 $n = 3$;全实验共有 $abn = 4 \times 4 \times 3 = 48$ 个观测值。现对本例资料进行方差分析如下:

表 7-30 不同钙磷用量(%)的实验猪增重结果(kg)

		$B_1(0.8)$	$B_2(0.6)$	$B_3(0.4)$	$B_4(0.2)$	A_i 合计 $x_i..$	A_i 平均 $\bar{x}_i..$
$A_1(1.0)$	x_{1jl}	22.0	30.0	32.4	30.5	324.9	27.1
		26.5	27.5	26.5	27.0		
		24.4	26.0	27.0	25.1		
	x_{1jl}	72.9	83.5	85.9	82.6		
	$\bar{x}_{1j}.$	24.3	27.8	28.6	27.5		
$A_2(0.8)$	x_{2jl}	23.5	33.2	38.0	26.5	350.1	29.2
		25.8	28.5	35.5	24.0		
		27.0	30.1	33.0	25.0		

续表 7-30

		$B_1(0.8)$	$B_2(0.6)$	$B_3(0.4)$	$B_4(0.2)$	A_i 合计 $x_{i\cdot\cdot}$	A_i 平均 $\bar{x}_{i\cdot\cdot}$
$A_2(0.8)$	$x_{2j\cdot}$	76.3	91.8	106.5	75.5		
	$\bar{x}_{2j\cdot}$	25.4	30.6	35.5	25.2		
$A_3(0.6)$	x_{3jl}	30.5	36.5	28.0	20.5	332.4	27.7
		26.8	34.0	30.5	22.5		
		25.5	33.5	24.6	19.5		
	$x_{3j\cdot}$	82.8	104.0	83.1	62.5		
	$\bar{x}_{3j\cdot}$	27.6	34.7	27.7	20.8		
$A_4(0.4)$	x_{4jl}	34.5	29.0	27.5	18.5	319.5	26.6
		31.4	27.5	26.3	20.0		
		29.3	28.0	28.5	19.0		
	$x_{4j\cdot}$	95.2	84.5	82.3	57.5		
	$\bar{x}_{4j\cdot}$	31.7	28.2	27.4	19.2		
B_j 合计 $x_{\cdot j\cdot}$		327.2	363.8	357.8	278.1	1 326.9	
B_j 平均 $\bar{x}_{\cdot j\cdot}$		27.3	30.3	29.8	23.2		27.6

（1）计算各项平方和与自由度

$C = x^2_{\cdots} / (abn) = 1\ 326.9^2 / (4 \times 4 \times 3) = 36\ 680.491\ 9$

$$SS_T = \sum\sum\sum x^2_{ijl} - C = (22.0^2 + 26.5^2 + \cdots + 20.0^2 + 19.0^2) - 36\ 680.491\ 9$$
$$= 37\ 662.810\ 0 - 36\ 680.491\ 9 = 982.318\ 1$$

$$SS_{AB} = \frac{1}{n}\sum x^2_{ij\cdot} - C = \frac{1}{3}(72.9^2 + 83.5^2 + \cdots + 57.5^2) - 36\ 680.491\ 9$$
$$= 37\ 515.396\ 7 - 36\ 680.491\ 9 = 834.904\ 8$$

$$SS_A = \frac{1}{bn}\sum x^2_{i\cdots} - C = \frac{1}{4\times3}(324.9^2 + 350.1^2 + 332.4^2 + 319.5^2) - 36\ 680.491\ 9$$
$$= 36\ 725.002\ 5 - 36\ 680.491\ 9 = 44.510\ 6$$

$$SS_B = \frac{1}{an}\sum x^2_{i\cdots} - C = \frac{1}{4\times3}(327.2^2 + 363.8^2 + 357.8^2 + 278.1^2) - 36\ 680.491\ 9$$
$$= 37\ 064.227\ 5 - 36\ 680.491\ 9 = 383.735\ 6$$

$SS_{A\times B} = SS_{AB} - SS_A - SS_B = 834.904\ 8 - 44.510\ 6 - 383.735\ 6 = 406.658\ 6$

$SS_e = SS_T - SS_{AB} = 982.318\ 1 - 834.904\ 8 = 147.413\ 3$

$df_T = abn - 1 = 4\times4\times3 - 1 = 47$

$df_{AB} = ab - 1 = 4\times4 - 1 = 15$

$df_{AB} = ab - 1 = 4\times4 - 1 = 15$

$$df_A = a - 1 = 4 - 1 = 3$$

$$df_B = b - 1 = 4 - 1 = 3$$

$$df_{A \times B} = (a - 1)(b - 1) = (4 - 1) \times (4 - 1) = 9$$

$$df_e = ab(n - 1) = 4 \times 4 \times (3 - 1) = 32$$

（2）列出方差分析表，进行 F 检验

表 7-31　不同钙磷用量方差分析表

变异来源	平方和	自由度	均方	F 值
钙(A)	44.510 6	3	14.836 7	3.22*
磷(B)	383.735 6	3	127.911 9	27.77**
互作($A \times B$)	406.658 6	9	45.184 3	9.81**
误差	147.413 3	32	4.606 7	
总变异	982.318 1	47		

查临界 F 值：$F_{0.05(3,32)} = 2.90$，$F_{0.01(3,32)} = 4.47$，$F_{0.01(9,32)} = 3.02$。因为 $F_A > F_{0.05(3,32)}$，$F_B >$ $F_{0.01(3,32)}$，$F_{A \times B} > F_{0.01(9,32)}$，表明钙、磷及其互作对幼猪的生长发育均有显著或极显著影响。因此，应进一步进行钙各水平平均数间、磷各水平平均数间、钙与磷水平组合平均数间的多重比较和简单效应的检验。

（3）多重比较

1）钙含量(A)各水平平均数间的比较。不同钙含量平均数多重比较见表 7-32。

表 7-32　不同钙含量平均数比较表（q 法）

钙含量/%	平均数 $\bar{x}_{i..}$	$\bar{x}_{i..} - 26.6$	$\bar{x}_{i..} - 27.1$	$\bar{x}_{i..} - 27.7$
$A_2(0.8)$	29.2	2.6*	2.1	1.5
$A_3(0.6)$	27.7	1.1	0.6	
$A_1(1.0)$	27.1	0.5		
$A_4(0.4)$	26.6			

因为 A 因素各水平的重复数为 bn，故 A 因素各水平的标准误（记为 $S_{\bar{x}_{ij}}.$）的计算公式为

$$S_{\bar{x}_{ij}}. = \sqrt{MS_e / bn}$$

此例，$S_{\bar{x}_{ij}}. = \sqrt{4.606\ 7 / (4 \times 3)} = 0.619\ 6$

由 $df_e = 32$，秩次距 $k = 2, 3, 4$，从附表 5 中查出 $\alpha = 0.05$ 与 $\alpha = 0.01$ 的临界 q 值，乘以 $S_{\bar{x}_{ij}}. = 0.619\ 6$，即得各 LSR 值，所得结果列于表 7-33。

表 7-33　q 值与 LSR 值表

df_e	秩次距 k	$q_{0.05}$	$q_{0.01}$	$LSR_{0.05}$	$LSR_{0.01}$
32	2	2.88	3.88	1.78	2.40
	3	3.47	4.43	2.15	2.74
	4	3.83	4.78	2.37	2.96

检验结果标记在表 7-34 中。

2)磷含量(B)各水平平均数间的比较 不同磷含量平均数多重比较表见表 7-34。

表 7-34 不同磷含量平均数比较表(q 法)

磷含量/%	平均数 $\bar{x}_{.j.}$	$\bar{x}_{.j.}-23.2$	$\bar{x}_{.j.}-27.3$	$\bar{x}_{.j.}-29.8$
$B_2(0.6)$	30.3	7.1**	3.0**	0.5
$B_3(0.4)$	29.8	6.6**	2.5**	
$B_1(0.8)$	27.3	4.1**		
$B_4(0.2)$	23.2			

因 B 因素各水平的重复数为 an,故 B 因素各水平的标准误(记为 $S_{\bar{x}_{ij}.}$)的计算公式为

$$S_{\bar{x}_{ij}.} = \sqrt{MS_e/an}$$

在本例,由于 A、B 两因素水平数相等,即 $a=b=4$,故 $S_{\bar{x}_{ij}.}=S_{\bar{x}_{i..}}=0.619\ 6$。因而,$A$、$B$ 两因素各水平比较的 LSR 值是一样的,所以用表 7-33 的 LSR 值去检验 B 因素各水平平均数间差数的显著性,结果见表 7-34。

以上所进行的两项多重比较,实际上是 A、B 两因素主效应的检验。结果表明,钙的含量以占饲料量的 0.8%(A_2)增重效果最好;磷的含量以占饲料量的 0.6%(B_2)增重效果最好。若 A、B 因素交互作用不显著,则可从主效应检验中分别选出 A、B 因素的最优水平相组合,得到最优水平组合;若 A、B 因素交互作用显著,则应进行水平组合平均数间的多重比较,以选出最优水平组合,同时可进行简单效应的检验。

3)各水平组合平均数间的比较。因为水平组合数通常较大(本例 $ab=4\times4=16$),采用最小显著极差法进行各水平组合平均数的比较,计算较麻烦。为了简便起见,常采用 t 检验法。所谓 t 检验法,实际上就是以 q 检测法中秩次距 k 最大时的 LSR 值作为检验尺度检验各水平组合平均数间的差异显著性。

因为水平组合的重复数为 n,故水平组合的标准误(记为 $S_{\bar{x}_{ij}.}$)的计算公式为

$$S_{\bar{x}_{ij}.} = \sqrt{MS_e/n}$$

此例 $S_{\bar{x}_{ij}.} = \sqrt{MS_e/n} = \sqrt{4.606\ 7/3} = 1.239\ 2$

由 $df_e=32$,$k=16$ 从附表 5 中查出 $\alpha=0.05$、$\alpha=0.01$ 的临界 q 值,乘以 $S_{\bar{x}_{ij}.}=1.239\ 2$,得各 LSR 值,即

$$LSR_{0.05(32,16)} = q_{0.05(32,16)}S_{\bar{x}_{ij}.} = 5.25\times1.239\ 2 = 6.51$$

$$LSR_{0.01(32,16)} = q_{0.05(32,16)}S_{\bar{x}_{ij}.} = 6.17\times1.239\ 2 = 7.65$$

以上述 LSR 值去检验各水平组合平均数间的差数,结果列于表 7-35。

表7-35 各水平组合平均数比较表（t法）

水平组合	平均数 $\bar{x}_{ij\cdot}$	$\bar{x}_{ij\cdot}$ -19.2	$\bar{x}_{ij\cdot}$ -20.8	$\bar{x}_{ij\cdot}$ -24.3	$\bar{x}_{ij\cdot}$ -25.2	$\bar{x}_{ij\cdot}$ -25.4	$\bar{x}_{ij\cdot}$ -27.4	$\bar{x}_{ij\cdot}$ -27.5	$\bar{x}_{ij\cdot}$ -27.6	$\bar{x}_{ij\cdot}$ -27.7	$\bar{x}_{ij\cdot}$ -27.8	$\bar{x}_{ij\cdot}$ -28.2	$\bar{x}_{ij\cdot}$ -28.6	$\bar{x}_{ij\cdot}$ -30.6	$\bar{x}_{ij\cdot}$ -31.7	$\bar{x}_{ij\cdot}$ -34.7
A_2B_3	35.5	16.3**	14.7**	11.2**	10.3**	10.1**	8.1**	8.0**	7.9**	7.8**	7.7**	7.3*	6.9*	4.9	3.8	0.8
A_3B_2	34.7	15.5**	13.9**	10.4**	9.5**	9.3**	7.3*	7.2*	7.1*	7.0*	6.9*	6.5	6.1	4.1	3.0	
A_4B_1	31.7	12.5**	10.9**	7.4*	6.5	6.3	4.3	4.2	4.1	4.0	3.9	3.5	3.1	1.1		
A_2B_2	30.6	11.4**	9.8**	6.3	5.4	5.2	3.2	3.1	3.0	2.9	2.8	2.4	2.0			
A_1B_3	28.6	9.4**	7.8**	4.3	3.4	3.2	1.2	1.1	1.0	0.9	0.8	0.4				
A_4B_2	28.2	9.2**	7.4*	3.9	3.0	2.8	0.8	0.7	0.6	0.5	0.4					
A_1B_2	27.8	8.6**	7.0*	3.5	2.6	2.4	0.4	0.3	0.2	0.1						
A_3B_3	27.7	8.5**	6.9*	3.4	2.5	2.3	0.3	0.2	0.1							
A_3B_1	27.6	8.4*	6.8*	3.3	2.4	2.2	0.2	0.1								
A_1B_4	27.5	8.3*	6.7*	3.2	2.3	2.1	0.1									
A_4B_3	27.4	8.2*	6.6*	3.1	2.2	2.0										
A_2B_1	25.4	6.2	4.6	1.1	0.2											
A_2B_4	25.2	6.0	4.4	0.9												
A_1B_1	24.3	5.1	3.5													
A_3B_4	20.8	1.6														
A_4B_4	19.2															

各水平组合平均数的多重比较结果表明,由于钙磷交互作用的存在,最优组合(即增重好的组合)并不是 A_2B_2,而是 A_2B_3,即钙含量 0.8% 和磷含量 0.4% 的组合增重效果最好。

以上的比较结果告诉我们:当 A、B 因素的交互作用显著时,一般不必进行两个因素主效应的显著性检验(因为这时主效应的显著性在实用意义上并不重要),而直接进行各水平组合平均数的多重比较,选出最优水平组合。

4)简单效应的检验实际上是特定水平组合平均数间的差数。检验尺度仍为(3)中的 $LSR_{0.05}=6.51, LSR_{0.01}=7.65$。

①A 因素各水平上 B 因素各水平平均数间的比较见表 7-36 至表 7-39。

表 7-36 A_1 水平(1.0)

B 因素	平均数 $\bar{x}_{1j\cdot}$	$\bar{x}_{1j\cdot}$ -24.3	$\bar{x}_{1j\cdot}$ -27.5	$\bar{x}_{1j\cdot}$ -27.8
$B_3(0.4)$	28.6	4.3	1.1	0.8
$B_2(0.6)$	27.8	3.5	0.3	
$B_4(0.2)$	27.5	3.2		
$B_1(0.8)$	24.3			

表 7-37 A_2 水平(0.8)

B 因素	平均数 $\bar{x}_{2j\cdot}$	$\bar{x}_{2j\cdot}$ -25.2	$\bar{x}_{2j\cdot}$ -25.4	$\bar{x}_{2j\cdot}$ -30.6
$B_3(0.4)$	35.5	10.3**	10.1**	4.9
$B_2(0.6)$	30.6	5.4	5.2	
$B_1(0.8)$	25.4	0.2		
$B_4(0.2)$	25.2			

表 7-38 A_3 水平(0.6)

B 因素	平均数 $\bar{x}_{3j\cdot}$	$\bar{x}_{3j\cdot}$ -20.8	$\bar{x}_{3j\cdot}$ -25.4	$\bar{x}_{3j\cdot}$ -27.7
$B_2(0.6)$	34.7	13.9**	7.1*	7.0*
$B_3(0.4)$	27.7	6.9*	0.1	
$B_1(0.8)$	27.6	6.8*		
$B_4(0.2)$	20.8			

表 7-39 A_4 水平(0.4)

B 因素	平均数 $\bar{x}_{4j\cdot}$	$\bar{x}_{4j\cdot}$ -19.2	$\bar{x}_{4j\cdot}$ -27.4	$\bar{x}_{4j\cdot}$ -28.2
$B_1(0.8)$	31.7	12.5**	4.3	3.5
$B_2(0.6)$	28.2	9.0**	0.8	
$B_3(0.4)$	27.4	8.2*		
$B_4(0.2)$	19.2			

②B 因素各水平上 A 因素各水平平均数间的比较见表 7-40 至表 7-43。

表 7-40 B_1 水平(0.8)

A 因素	平均数 $\bar{x}_{i1}.$	$\bar{x}_{i1}.-24.3$	$\bar{x}_{i1}.-25.4$	$\bar{x}_{i1}.-27.6$
$A_4(0.4)$	31.7	7.4*	6.3	4.1
$A_3(0.6)$	27.6	3.3	2.2	
$A_2(0.8)$	25.4	1.1		
$A_1(1.0)$	24.3			

表 7-41 B_2 水平(0.6)

A 因素	平均数 $\bar{x}_{i2}.$	$\bar{x}_{i2}.-27.8$	$\bar{x}_{i2}.-28.2$	$\bar{x}_{i2}.-30.6$
$A_3(0.6)$	34.7	6.9*	6.5	4.1
$A_2(0.8)$	30.6	2.8	2.4	
$A_4(0.4)$	28.2	0.4		
$A_1(1.0)$	27.8			

表 7-42 B_3 水平(0.4)

A 因素	平均数 $\bar{x}_{i3}.$	$\bar{x}_{i3}.-27.4$	$\bar{x}_{i3}.-27.7$	$\bar{x}_{i3}.-28.6$
$A_2(0.8)$	35.5	8.1**	7.8**	6.9*
$A_1(1.0)$	28.6	1.2	0.9	
$A_3(0.6)$	27.7	0.3		
$A_4(0.4)$	27.4			

表 7-43 B_4 水平(0.2)

A 因素	平均数 $\bar{x}_{i4}.$	$\bar{x}_{i4}.-19.2$	$\bar{x}_{i4}.-20.8$	$\bar{x}_{i4}.-25.2$
$A_1(1.0)$	27.5	8.3**	6.7*	2.3
$A_2(0.8)$	25.2	6.0	4.4	
$A_3(0.6)$	20.8	1.6		
$A_4(0.4)$	19.2			

简单效应检验结果表明,当饲料中钙含量达 1.0% 时,磷含量各水平平均数间差异不显著;当饲料中钙含量为 0.8% 时,磷含量以 0.4% 为宜(但与磷含量为 0.6% 的差异不显著);当钙含量为 0.6% 时,磷含量以 0.6% 为好,且有小猪的生长发育对磷含量的变化反应比较敏感的迹象;当钙含量为 0.4% 时,磷含量以 0.8% 为好(但与磷含量为 0.6%、0.4% 的差异不显著);就实验中所选择的钙磷含量水平来看,有一种随着饲料中钙含量的减少,要求磷含量增加的趋势。当磷含量为 0.8% 时,钙含量以 0.4% 为好,但除显著高于钙含量为 1.0% 的水平外,与钙含量为 0.6%、0.8% 的差异不显著;当磷含量的水平为 0.6% 时,钙的含量水平也以 0.6% 为好,但除显著高于钙含量为 1.0% 的水平外,与钙含量为 0.4%、0.8% 的差异不显著;

磷含量0.4%时,钙含量以0.8%为好;磷含量为0.2%时,钙水平达到1.0%效果较好,但与钙含量为0.8%的差异不显著。同样也呈现一种随着磷含量降低,钙水平应提高的趋势。

综观全实验,以A_2B_3(钙含量0.8%,磷含量0.4%)效果最好,钙磷含量均高或均低效果都差。

7.3.2 系统分组资料的方差分析

在生物科学的研究中,实际问题是多种多样的,有些涉及多因素问题的研究或实验用交叉分组比较困难。例如,要比较a头公畜的种用价值,就必须考虑到交配的母畜。这是因为公畜的种用价值是通过后代的表现来评定的,而后代的表现除受公畜的影响外还要受到母畜的影响。但是在同期,公畜和母畜这两个因素的不同水平(不同公畜和不同母畜)是不能交叉的,即同一头母畜不能同时与不同的公畜交配产生后代。合理的方法是,选择一些生产性能大体一致的同胎次母畜随机分配与a头公畜交配,即公畜A_1与一组母畜交配,公畜A_2与另一组母畜交配……。然后通过后代的性能表现来判断这些公畜的种用价值有无显著差异。又如,为了比较利用同一设备生产同一种饲料的不同班组产品质量有无差异,我们可从每班组所生产的饲料中随机抽取若干样品,每个样品做若干次测定,根据测定结果判断不同班组的产品质量有无差异。

在安排多因素实验方案时,将A因素分为a个水平,在A因素每个水平A_i下又将B因素分成b个水平,再在B因素每个水平B_{ij}下将C因素分c个水平……,这样得到各因素水平组合的方式称为系统分组(hierarchical classification),或称多层分组、套设计、窝设计。

在系统分组中,首先划分水平的因素(上述的不同公畜、不同班组)叫一级因素(或一级样本),其次划分水平的因素(如上述的母畜、抽取的样品)叫二级因素(二级样本,次级样本),类此有三级因素。在系统分组中,次级因素的各水平会套在一级因素的每个水平下,它们之间是从属关系而不是平等关系,分析侧重于一级因素。

由系统分组方式安排的多因素实验而得到的资料称为系统分组资料。根据次级样本含量是否相等,系统分组资料分为次级样本含量相等与不等两种。最简单的系统分组资料是二因素系统分组资料。

如果A因素有a个水平;A因素每个水平A_i下,B因素分b个水平;B因素每个水平B_{ij}下有n个观测值,则共有abn个观测值,其数据模式如表7-44所示。

表7-44 两因素系统分组资料数据模式($i=1,2,\cdots,a;j=1,2,\cdots,b;l=1,2,\cdots,n$)

一级因素 A	二级因素 B	观测值 C x_{ijl}				二级因素 总和 $x_{ij\cdot}$	二级因素 平均 $\bar{x}_{ij\cdot}$	一级因素 总和 $x_{i\cdot\cdot}$	一级因素 平均 $\bar{x}_{i\cdot\cdot}$
A_1	B_{11}	x_{111}	x_{112}	$\cdots$	x_{11n}	$x_{11\cdot}$	$\bar{x}_{11\cdot}$	$x_{1\cdot\cdot}$	$\bar{x}_{1\cdot\cdot}$
	B_{12}	x_{121}	x_{122}	$\cdots$	x_{12n}	$x_{12\cdot}$	$\bar{x}_{12\cdot}$		
	$\vdots$	$\vdots$	$\vdots$	$\cdots$	$\vdots$	$\vdots$	$\vdots$		
	B_{1b}	x_{1b1}	x_{1b2}	$\cdots$	x_{1bn}	$x_{1b\cdot}$	$\bar{x}_{1b\cdot}$		

续表 7-44

一级因素 A	二级因素 B	观测值 C				二级因素 总和 $x_{ij\cdot}$	平均 $\bar{x}_{ij\cdot}$	一级因素 总和 $x_{i\cdot\cdot}$	平均 $\bar{x}_{i\cdot\cdot}$
			x_{ijl}						
	B_{21}	x_{211}	x_{212}	$\cdots$	x_{21n}	$x_{21\cdot}$	$\bar{x}_{21\cdot}$		
	B_{22}	x_{221}	x_{222}	$\cdots$	x_{22n}	$x_{22\cdot}$	$\bar{x}_{22\cdot}$		
A_2	$\vdots$	$\vdots$	$\vdots$	$\cdots$	$\vdots$	$\vdots$	$\vdots$	$x_{2\cdot\cdot}$	$\bar{x}_{2\cdot\cdot}$
	B_{2b}	x_{2b1}	x_{2b2}	$\cdots$	x_{2bn}	$x_{2b\cdot}$	$\bar{x}_{2b\cdot}$		
$\vdots$	$\vdots$	$\vdots$	$\vdots$	$\cdots$	$\vdots$	$\vdots$	$\vdots$	$\vdots$	
	B_{a1}	x_{a11}	a_{a12}	$\cdots$	x_{a1n}	$x_{a1\cdot}$	$\bar{x}_{a1\cdot}$		
A_a	B_{a2}	x_{a21}	x_{a22}	$\cdots$	x_{a2n}	$x_{a2\cdot}$	$\bar{x}_{a2\cdot}$	$x_{a\cdot\cdot}$	$\bar{x}_{a\cdot\cdot}$
	$\vdots$	$\vdots$	$\vdots$	$\cdots$	$\vdots$	$\vdots$	$\vdots$		
	B_{ab}	x_{ab1}	x_{ab2}	$\cdots$	x_{abn}	$x_{ab\cdot}$	$\bar{x}_{ab\cdot}$		
合计								$x_{\cdots}$	$\bar{x}_{\cdots}$

表 7-44 中,

$$x_{ij\cdot} = \sum_{l=1}^{n} x_{ijl} \quad \bar{x}_{ij\cdot} = x_{ij\cdot}/n$$

$$x_{i\cdot\cdot} = \sum_{j=1}^{b} \sum_{l=1}^{n} x_{ijl} \quad \bar{x}_{i\cdot\cdot} = x_{i\cdot\cdot}/bn$$

$$x_{\cdots} = \sum_{i=1}^{a} \sum_{j=1}^{b} \sum_{l=1}^{n} x_{ijl} \quad \bar{x}_{\cdots} = x_{\cdots}/abn$$

数学模型为

$$x_{ijl} = \mu + \alpha_i + \beta_{ij} + \varepsilon_{ijl} \tag{7-36}$$
$$(i=1,2,\cdots,a;j=1,2,\cdots,b;j=1,2,\cdots,n)$$

式中,μ 为总体平均数;α_i 为 A_i 的效应,β_{ij} 为 A_i 内 B_{ij} 的效应,$\alpha_i = \mu_i - \mu$,$\beta_{ij} = \mu_{ij} - \mu_i$;$\mu_i$,$\mu_{ij}$ 分别为 A_i,B_{ij} 观测值总体平均数;ε_{ijl} 为随机误差,相互独立,且都服从 $N(0,\sigma^2)$。

系统分组资料的数学模型与交叉分组不同,前者不包含交互作用项;并且因素 B 的效应 β_{ij} 是随着 A 的水平的变化而变化的,这就是说次级因素的同一水平在一级因素不同水平中有不同的效应。因此,须把一级因素不同水平中的次级因素同一水平看作是不同水平。至于 $\sum \alpha_i$,$\sum \beta_{ij}$ 是否一定为零,应视 α_i,β_{ij} 是固定还是随机而定。

表 7-35 数据的总变异可分解为 A 因素各水平(A_i)间的变异(一级样本间的变异),A 因素各水平(A_i)内 B 因素各水平(B_{ij})间的变异(一级样本内二级样本间的变异)和实验误差(B 因素各水平内观测值间的变异)。对两因素系统分组资料进行方差分析,平方和与自由度的剖分式为

$$SS_t = SS_A + SS_{B(A)} + SS_e \tag{7-37}$$
$$df_T = df_A + df_{B(A)} + df_e$$

各项平方和与自由度计算公式如下：

总平方和及其自由度为

$$C = x^2 \ldots /(abn)$$

$$SS_T = \sum_{i=1}^{a} \sum_{j=1}^{b} \sum_{l=1}^{n} (x_{ijl}^2 - \bar{x} \ldots)^2 = \sum_{i=1}^{a} \sum_{j=1}^{b} \sum_{l=1}^{n} x_{ijl}^2 - C$$

$$df_T = abn - 1$$

一级因素间平方和及其自由度

$$SS_A = bn \sum_{i=1}^{n} (\bar{x}_{i} \ldots - \bar{x} \ldots)^2 = \frac{1}{bn} \sum_{i=1}^{a} x_{i}^2 \ldots - C$$

$$df_A = a - 1$$

一级因素内二级因素平方和及其自由度

$$SS_{B(A)} = n \sum_{i=1}^{a} \sum_{j=1}^{b} (\bar{x}_{ij} - \bar{x}_{i}..)^2 = \frac{1}{n} \sum_{i=1}^{a} \sum_{j=1}^{b} x_{ijl}^2 - \frac{1}{bn} \sum_{i=1}^{a} x_{i}^2..$$

$$df_B(A) = a(b - 1)$$

误差(二级因素内三级因素)平方和及其自由度

$$SS_e = SS_{C(B)} = \sum_{i=1}^{a} \sum_{j=1}^{b} \sum_{l=1}^{n} (x_{ijl} - \bar{x}_{ij}.)^2 = \sum_{i=1}^{a} \sum_{j=1}^{b} \sum_{l=1}^{n} x_{ijl}^2 - \frac{1}{n} \sum_{i=1}^{a} \sum_{j=1}^{b} x_{ij}^2.$$

$$df_e = df_{C(B)} = ab(n - 1)$$

(7-38)

各项均方如下：

一级因素的均方 $MS_A = SS_A/df_A$；

一级因素内二级因素的均方 $MS_{B(A)} = SS_{B(A)}/df_{B(A)}$；

误差(二级因素内三级因素)均方 $MS_{C(B)} = SS_{C(B)}/df_{C(B)}$。

F 检验时 F 值的计算：

当检验一级因素时，用 $MS_{B(A)}$ 作分母，即：$F = MS_A/MS_{B(A)}$；

当检验一级因素内二级因素时，用 MS_e 作分母，即：$F = MS_{B(A)}/MS_e$。

实际上，计算 F 值时，分母项的选择是由有关因素的效应是固定还是随机所决定的(即是由数学模型决定的)，有关这方面的内容将在第四节介绍。

7.3.2.1　次级样本含量相等的系统分组资料的方差分析

【例 7.7】为测定 3 种不同来源鱼粉的蛋白质消化率，在不含蛋白质的饲料里按一定比例分别加入不同的鱼粉 A_1, A_2, A_3，配制成饲料，各喂给 3 头试验动物(B)，收集排泄物、风干、粉碎、混和均匀，分别从每头动物的排泄物中各取两份样品作化学分析，测定结果(x_{ijl})列于表 7-45。试分析不同来源鱼粉的蛋白质消化率是否有显著差异。

表 7-45　蛋白质的消化率

鱼粉 A	个体 B	测定结果 $C(x_{ijl})$		$x_{ij}.$	$\bar{x}_{ij}$	$x_{i}..$	$\bar{x}_{i}..$
	B_{11}	82.5	82.4	164.9	82.5		
A_1	B_{12}	87.1	86.5	173.6	86.8	506.4	84.4
	B_{13}	84.0	83.9	167.9	84.0		

续表 7-45

鱼粉 A	个体 B	测定结果 $C(x_{ijl})$		$x_{ij\cdot}$	$\bar{x}_{ij\cdot}$	$x_{i\cdot\cdot}$	$\bar{x}_{i\cdot\cdot}$
A_2	B_{21}	86.6	85.8	172.4	86.2	518.9	86.5
	B_{22}	86.2	85.7	171.9	86.0		
	B_{23}	87.0	87.6	174.6	87.3		
A_3	B_{31}	82.0	81.5	163.5	81.8	483.8	80.6
	B_{32}	80.0	80.5	160.5	80.3		
	B_{33}	79.5	80.3	159.8	79.9		
$\sum$						$x\ldots = 1\,509.1$	

解:这是一个二因素系统分组资料,A 因素的水平数 $a=3$,A_i 内 B 因素的水平数 $b=3$,B_{ij} 内重复测定次数 $n=2$,共有 $abn=3\times3\times2=18$ 个观测值,方差分析如下。

(1)计算各项平方和与自由度

矫正数 $C=x^2\ldots/(abn)=1\,509.1^2/18=126\,521.267\,2$

总平方和及其自由度

$$SS_t = \sum\sum\sum x_{ijl}^2 - C = (82.5^2+82.4^2+\cdots+79.5^2+80.3^2) - 126\,521.267\,2$$

$$= 126\,653.610\,0 - 126\,521.267\,2 = 132.342\,8$$

$df_t = abn-1 = 3\times3\times2-1 = 17$

鱼粉间平方和及其自由度

$$SS_A = \frac{1}{bn}\sum x_i^2 - C = \frac{1}{3\times2}(506.4^2+518.9^2+483.8^2) - 126\,521.267\,2$$

$$= 126\,626.768\,3 - 126\,521.267\,2 = 105.501\,1$$

$df_A = a-1 = 3-1 = 2$

鱼粉内个体间的平方和及其自由度

$$SS_{B(A)} = \frac{1}{n}\sum\sum x_{ij}^2 - \frac{1}{bn}\sum x_i^2\cdot\cdot = \frac{1}{2}(164.9^2+173.6^2+\cdots+160.5^2+159.8^2)$$

$$-\frac{1}{3\times2}(506.4^2+518.9^2+483.8^2) = 126\,652.225\,0 - 126\,626.768\,3 = 25.456\,7$$

$df_{B(A)} = a(b-1) = 3\times(3-1) = 6$

误差(个体内分析样品间)平方和及其自由度

$$SS_e = SS_{C(B)} = \sum\sum\sum x_{ijl}^2 - \frac{1}{n}\sum\sum x_{ij}^2 = 126\,653.610\,0 - 126\,652.225\,0 = 1.385\,0$$

$df_e = df_{C(B)} = ab(n-1) = 3\times3\times(2-1) = 9$

（2）列出方差分析表（见表7-46），进行 F 检验

表 7-46　不同来源鱼粉蛋白质消化率方差分析表

变异来源	平方和	自由度	均方	F 值
鱼粉间 A	105.501 1	2	52.750 6	12.43**
鱼粉内个体间 $B(A)$	25.456 7	6	4.242 8	27.57**
误差 $C(B)$	1.385 0	9	0.153 9	
总变异	132.342 8	17		

查临界 F 值：$F_{0.01(2,6)}=10.92$，$F_{0.01(6,9)}=5.80$，因为鱼粉间的 $F>F_{0.01(2,6)}$，鱼粉内个体间的 $F>F_{0.01(6,9)}$，表明不同来源的鱼粉蛋白质消化率差异极显著，即3种鱼粉的质量差异极显著；喂同一鱼粉的不同个体对鱼粉的消化利用能力差异也极显著。

（3）三种鱼粉平均消化率的多重比较（SSR 法）

因为对一级因素（鱼粉）进行 F 检验时是以鱼粉内个体间均方作为分母，鱼粉的重复数为 bn，所以鱼粉的标准误为

$$S_{\bar{x}}=\sqrt{\mathrm{MS}_{B(A)}/(bn)}=\sqrt{4.242\ 8/6}=0.840\ 9$$

以 $\mathrm{df}_{B(A)}=6$，查附表6得 $k=2,3$ 时，$\mathrm{SSR}_{0.05}$ 和 $\mathrm{SSR}_{0.01}$ 的值与 $\mathrm{LSR}_{0.05}$ 和 $\mathrm{LSR}_{0.01}$ 相乘求出相应的 $\mathrm{LSR}_{0.05}$ 和 $\mathrm{LSR}_{0.01}$ 的值，得：

$$k=2, \mathrm{LSR}_{0.05}=2.91, \mathrm{LSR}_{0.01}=4.41$$

$$k=3, \mathrm{LSR}_{0.05}=3.01, \mathrm{LSR}_{0.01}=4.63$$

多重比较结果见表7-47。

表 7-47　三种鱼粉蛋白质平均消化率比较表（SSR 法）

饲料	平均 $\bar{x}_{i\cdot\cdot}$	$\bar{x}_{i\cdot\cdot}-80.6$	$\bar{x}_{i\cdot\cdot}-84.4$
A_2	86.5	5.9**	2.1
A_1	84.4	3.8*	
A_3	80.6		

多重比较结果表明，鱼粉 A_2 的消化率极显著高于鱼粉 A_3；鱼粉 A_1 的消化率显著高于鱼粉 A_3；鱼粉 A_1、A_2 的消化率差异不显著。

对于鱼粉内个体间的差异问题，由于不是我们研究的重点，故可以不进行多重比较。若要比较时，标准误 $S_{\bar{x}}$ 应由 $\sqrt{\mathrm{MS}_e/n}$ 计算，SSR 值或 q 值应以自由度 $\mathrm{df}_e=9$ 去查。

7.3.2.2　次级样本含量不等的系统分组资料的方差分析

【例7.8】某品种3头公猪和8头母猪所生仔猪的35日龄断奶重资料如表7-48所示，试就这些数据分析不同公猪和不同母猪对仔猪断奶重的影响是否有显著差异。

表 7-48　3 头公猪和 8 头母猪所产仔猪断奶重

公猪 A	与配母猪 B	仔猪数 n_{ij}	仔猪断奶重(kg) C x_{ijl}									$x_{ij\cdot}$ $x_{i\cdot\cdot}$	$\bar{x}_{ij\cdot}$ $\bar{x}_{i\cdot\cdot}$
A_1	B_{11}	9	10.5	8.3	8.8	9.8	10.0	9.5	8.8	9.3	7.3	82.3	9.14
	B_{12}	7	7.0	7.8	8.3	9.0	8.0	7.5	9.3			56.9	8.13
小计	$b_1=2$	$dn_1=16$										139.2	8.7
A_2	B_{21}	8	12.0	11.3	12.0	10.0	11.0	11.5	11.0	11.3		90.1	11.26
	B_{22}	7	9.5	9.8	10.0	11.8	9.5	10.5	8.3			69.4	9.91
	B_{23}	9	8.0	8.0	7.8	10.3	7.0	8.8	7.3	7.8	9.5	74.5	8.30
小计	$b_2=3$	$dn_2=24$										234.0	9.75
A_3	B_{31}	8	7.5	6.5	6.8	6.3	8.3	6.8	8.0	8.8		59.0	7.40
	B_{32}	7	9.5	10.5	10.8	9.5	7.8	10.5	10.8			69.4	9.91
	B_{33}	8	11.3	10.5	10.8	9.5	7.3	10.0	11.8	11.0		82.2	10.3
小计	$b_3=3$	$dn_3=23$										210.6	9.16
$a=3$	$\sum b_i=8$	$N=63$	$\sum\sum\sum x^2=5\ 559.34$									$x_{\cdots}=583.8$ $\bar{x}_{\cdots}=9.27$	

表中,a 为公猪数;b_i 为第 i 头公猪与配母猪数;n_{ij} 为第 i 头公猪与配第 j 头母猪所产的仔猪数;$dn_i=\sum\limits_{j=1}^{b_i}n_{ij}$ 为第 i 头公猪仔猪数;$\sum\limits_{i=1}^{a}b_i$ 为母猪总数;$N=\sum\limits_{i=1}^{a}\sum\limits_{j=1}^{b_i}n_{ij}$ 为仔猪总数。

方差分析如下:

解:(1)计算各项平方和与自由度

这里应当注意与次级样本含量相等的系统分组资料方差分析时计算公式上的差异。

矫正数 $C=x^2_{\cdots}/N=583.8^2/63=5\ 409.880\ 0$。

总平方和及其自由度为

$$SS_T=\sum_{i=1}^{a}\sum_{j=1}^{b_i}\sum_{l=1}^{n_{ij}}(x_{ijl}-\bar{x}_{\cdots})^2=\sum_{i=1}^{a}\sum_{j=1}^{b_i}\sum_{l=1}^{n_{ij}}x_{ijl}^2-C$$

$$=(10.5^2+8.3^2+\cdots+11.8^2+11.0^2)-5\ 409.880\ 0$$

$$=5\ 559.340\ 0-5\ 409.880\ 0=149.460\ 0$$

$$df_T=N-1=63-1=62$$

公猪间的平方和及其自由度为

$$SS_A=\sum_{i=1}^{a}dn_i(\bar{x}_{i\cdot\cdot}-\bar{x}_{\cdots})^2=\sum_{i=1}^{a}x_{i\cdot\cdot}^2/dn_i-C$$

$$=(139.5^2/16+234.0^2/24+210.6^2/23)-5\ 409.880\ 0=11.023\ 5$$

$$df_A=a-1=3-1=2$$

公猪内母猪间的平方和及其自由度

$$SS_{B(A)} = \sum_{i=1}^{a} \sum_{j=1}^{b_i} n_{ij} (\bar{x}_{ij.} - \bar{x}_{i..})^2 = \sum_{i=1}^{a} \sum_{j=1}^{b_i} x_{ij.}^2 / n_{ij} - \sum_{i=1}^{a} x_i^2.. / dn_i$$

$$= (82.3^2/9 + 56.9^2/7 + 90.1^2/8 + \cdots + 82.2^2/8) -$$

$$(139.2^2/16 + 234.0^2/24 + 210.6^2/23)$$

$$= 5\,502.382\,0 - 5\,420.903\,5 = 81.478\,5$$

$$df_{B(A)} = \sum_{i=1}^{a} (b_i - 1) = \sum_{i=1}^{a} b_i - a = 8 - 3 = 5$$

母猪内仔猪间(误差)平方和及其自由度为

$$SS_{C(B)} = SS_e = \sum_{i=1}^{a} \sum_{j=1}^{b_j} \sum_{l=1}^{n_{ij}} (x_{ijl} - \bar{x}_{ij.})^2 = \sum_{i=1}^{a} \sum_{j=1}^{b_j} \sum_{l=1}^{n_{ij}} x_{ijl}^2 - \sum_{i=1}^{a} \sum_{j=1}^{b_j} x_{ij.}^2 / n_{ij}$$

$$= (10.5^2 + 8.3^2 + \cdots + 11.8^2 + 11.0^2) -$$

$$(82.3^2/9 + 56.9^2/7 + 90.1^2/8 + \cdots + 82.2^2/8)$$

$$= 5\,559.340\,0 - 5\,502.382\,0 = 56.958\,0$$

或 $SS_{C(B)} = SS_e = SS_T - SS_A - SS_{B(A)} = 149.460\,0 - 11.023\,5 - 81.478\,5 = 56.958\,0$

$$df_{C(B)} = df_e = \sum_{i=1}^{a} \sum_{j=1}^{b_j} (n_{ij-1}) = N - \sum_{i=1}^{a} b_i = 63 - 8 = 55$$

或 $df_{C(B)} = df_e = df_t - df_A - df_{B(A)} = 62 - 2 - 5 = 55$

(2)列出方差分析表,进行 F 检验

3头公猪和8头母猪所生仔猪断奶重的方差分析见表7-49。

表7-49 3头公猪和8头母猪所生仔猪断奶重的方差分析

变异来源	平方和	自由度	均方	F 值
公猪间(A)	11.023 5	2	5.511 8	0.34
公猪内母猪间 $B(A)$	81.478 5	5	16.295 7	15.74[**]
母猪内仔猪间 $C(B)$	56.958 0	55	1.035 6	
总变异	149.460 0	62		

因为公猪间的 $F_A = 0.34 < 1$,即 $P > 0.05$,所以公猪对仔猪的断奶重影响差异不显著,可以认为它们的种用价值是一致的;因为公猪内母猪间的 $F_{B(A)} = 15.74 > F_{0.01(5,55)} = 3.37$,即 $P < 0.01$,所以母猪对仔猪的断奶重影响差异极显著,即同一公猪内不同母猪的仔猪断奶重有极显著的差异。

(3)多重比较

如果需对一级因素(公猪)各水平以及一级因素内二级因素(母猪)各水平均数进行多重比较(SSR法或 q 法),当对公猪平均数进行多重比较时,标准误为

$$S_{\bar{x}} = \sqrt{MS_{B(A)}/dn_0}$$

式中的 dn_0 为每头公猪的平均仔猪数,用本章公式(7-41)计算。当对母猪平均数进行多重比较时,标准误为

$$S_{\bar{x}} = \sqrt{MS_{C(B)}/n_0}$$

式中,n_0 为每头母猪的平均仔猪数,用本章公式(7-39)计算。实际上对于此类资料,同

一公猪内母猪平均数的多重比较一般可不进行。

7.4 方差分析的数学模型与期望均方

7.4.1 数学模型

方差分析的数学模型就是指实验资料的数据结构或者说是每一观测值的线性组成，它是方差分析的基础。本章所涉及的几种方差分析法，其数学模型已相继介绍。

数学模型中的处理效应 α_i（或 β_j，β_{ij}），按照处理性质的不同，有固定效应（fixed effect）和随机效应（random effect）之分。若按处理效应的类别来划分方差分析的模型，则有三种，即固定模型、随机模型和混合模型。就试验资料的具体统计分析过程而言，这三种模型的差别并不太大，但从解释和理论基础而言，它们之间是有很重要的区别的。不论设计试验、解释试验结果，还是最后进行统计推断，都必须了解这三种模型的意义和区别。

7.4.1.1 固定模型（fixed model）

在单因素实验的方差分析中，把 k 个处理看作 k 个明晰的总体。如果研究的对象只限于这 k 个总体的结果，而不需推广到其他总体；研究目的在于推断这 k 个总体平均数是否相同，即在于检验 k 个总体平均数相等的假设 $H_0:\mu_1=\mu_2=\cdots=\mu_k$；$H_0$ 被否定，下步工作在于作多重比较；重复实验时的处理仍为原 k 个处理。这样，将 k 个处理的效应（如 $\alpha_i=\mu_i-\mu$）固定于所实验的处理的范围内，处理效应是固定的。这种模型称为固定模型。一般的饲养实验及品种比较实验等均属固定模型。

在多因素多实验中，若各实验因素水平的效应均属固定，则对应于固定模型。

7.4.1.2 随机模型（random model）

在单因素实验中，k 个处理并非特别指定，而是从更大的处理总体中随机抽取的 k 个处理而已，即研究的对象不局限于这 k 个处理所对应的总体的结果，而是着眼于这 k 个处理所在的更大的总体；研究的目的不在于推断当前 k 个处理所属总体平均数是否相同，而是从这 k 个处理所得结论推断所在大总体的变异情况，检验的假设一般为处理效应方差等于零，即 $H_0:\sigma_\alpha^2=0$；如果 H_0 被否定，进一步的工作是估计 σ_α^2；重复实验时，可在大处理总体中随机抽取新的处理。这样，处理效应并不固定，而是随机的，这种模型称为随机模型。随机模型在遗传、育种和生态实验研究方面有广泛的应用。如，为研究中国猪种的繁殖性能的变异情况，从大量地方品种中随机抽取部分品种为代表进行实验、观察，其结果推断中国猪种的繁殖性能的变异情况，这就属于随机模型。

在多因素实验中，若各因素水平的效应均属随机，则对应于随机模型。

7.4.1.3 混合模型（mixed model）

在多因素实验中，若既包括固定效应的实验因素，又包括随机效应的实验因素，则该实验对应于混合模型。混合模型在实验研究中经常被采用。如在某地区的 4 个不同杂交组合的猪及其亲本，分布于 5 个猪场进行育肥实验。这里猪种效应是固定的，而实验场所（猪场）效应是随机的。又如例 7-8，若目的在于比较该 3 头公猪的种用价值，与配母猪是随机抽取的,则公猪效应是固定的,而母猪效应是随机的。再如随机采用三个蛋鸡品系研究三种饲料的效应试验,这里蛋鸡品系效应是随机的,而饲料效应是固定的。

7.4.2 期望均方

在第一节我们提到了期望均方的概念。由于模型不同,方差分析中各项期望均方的计算也有所不同,因而 F 检验时分母项均方的选择也有所不同。现将不同方差分析中各种模型下各项期望均方及 F 值计算分别列于下面各表,以便正确地进行 F 检验和估计方差组分。

为了区分效应的两种模型(随机及固定),用 σ_α^2 表示随机模型下处理效应方差,用 k_α^2 表示固定模型下处理效应方差。如对于 A 因素,随机模型时用 σ_A^2 表示处理效应方差;固定模型时用 k_A^2 表示处理效应方差,此时 $k_A^2 = \sum (\mu_i-\mu)^2/(k-1) = \sum a_i^2/(k-1)$。

7.4.2.1 单因素实验资料方差分析的期望均方

(1)各处理重复数相等时

单因素实验重复数相等期望均方与 F 检验如表 7-50 所示。

表 7-50　单因素实验重复数相等期望均方与 F 检验

变异来源	自由度	固定模型		随机模型	
		期望均方	F 值	期望均方	F 值
处理间	$k-1$	$nk_\alpha^2+\sigma^2$	MS_t/MS_e	$n\sigma_\alpha^2+\sigma^2$	MS_t/MS_e
处理内	$k(n-1)$	σ^2			
总变异	$kn-1$				

(2)各处理重复数不等时

单因素实验重复数不等期望均方与 F 检验如表 7-51 所示。

表 7-51　单因素实验重复数不等期望均方与 F 检验

变异来源	自由度	固定模型		随机模型	
		期望均方	F 值	期望均方	F 值
处理间	$k-1$	$\dfrac{\sum n_i a_i^2}{k-1}+\sigma^2$	MS_t/MS_e	${n_0}^2\sigma_\alpha^2+\sigma^2$	MS_t/MS_e
处理内	$N-k$	σ^2		σ^2	
总变异	$N-1$				

在表 7-51 中,固定模型时,处理间均方 MS_t 的期望值为 $\sum n_i a_i^2/(k-1) + \sigma^2$,是在 $\sum n_i a^i = 0$ 的条件下获得的;若条件为 $\sum \alpha_i = 0$ 时,则 MS_t 的期望值为 $[\sum n_1\alpha_l^2 - (\sum n_i\alpha_i)^2/\sum n_i]/(k-1) + \sigma^2$。随机模型时,$\sigma_\alpha^2$ 的系数 n_0 的计算公式为

$$n_0 = \frac{1}{k-1}\left(\sum n_i - \frac{\sum n_i^2}{\sum n_i}\right)$$

单因素实验资料的方差分析,不论是固定还是随机模型,F 值的计算方法是一致的。

7.4.2.2 交叉分组实验资料方差分析的期望均方

（1）两因素交叉分组单独观测值时

两因素交叉分组单独观测值的期望均方与 F 检验如图 7-52 所示。

表 7-52　两因素交叉分组单独观测值的期望均方与 F 检验

变异来源	自由度	固定模型		随机模型		A 固定、B 随机	
		期望均方	F 值	期望均方	F 值	期望均方	F 值
A 因素	$a-1$	$bk_A^2+\sigma^2$	MS_A/MS_e	$b\sigma_A^2+\sigma^2$	MS_A/MS_e	$bk_A^2+\sigma^2$	MS_A/MS_e
B 因素	$b-1$	$ak_B^2+\sigma^2$	MS_B/MS_e	$a\sigma_B^2+\sigma^2$	MS_B/MS_e	$ak_B^2+\sigma^2$	MS_B/MS_e
误差	$(a-1)(b-1)$	σ^2		σ^2			
总变异	$ab-1$						

由表 7-52 中可以看出，对两因素交叉分组单独观测值实验资料的方差分析，不论是固定模型、随机模型还是混合模型，F 检验分母项都是误差均方 MS_e，此时无法求得 $\sigma_{A\times B}^2$。

（2）两因素交叉分组有重复观测值时

两因素交叉分组有重复观测值的期望均方与 F 检验如表 7-53 所示。

表 7-53　两因素交叉分组有重复观测值的期望均方与 F 检验

变异来源	自由度	固定模型		随机模型		A 随机、B 固定	
		期望均方	F 值	期望均方	F 值	期望均方	F 值
A 因素	$a-1$	$bnk_A^2+\sigma^2$	MS_A/MS_e	$bn\sigma_A^2+n\sigma_{A\times B}^2+\sigma^2$	$MS_A/MS_{A\times B}$	$bn\sigma_A^2+\sigma^2$	MS_A/MS_e
B 因素	$b-1$	$bak_B^2+\sigma^2$	MS_B/MS_e	$an\sigma_B^2+n\sigma_{A\times B}^2+\sigma^2$	$MS_B/MS_{A\times B}$	$an\sigma_{A\times B}^2+\sigma^2$	$MS_B/MS_{A\times B}$
$A\times B$	$(a-1)(b-1)$	$nk_{A\times B}^2+\sigma^2$	$MS_{A\times B}/MS_e$	$n\sigma_{A\times B}^2+\sigma^2$	$MS_{A\times B}/MS_e$	$n\sigma_{A\times B}^2+\sigma^2$	$MS_{A\times B}/MS_e$
误差	$ab(n-1)$	σ^2		σ^2		σ^2	
总变异	$abn-1$						

由表 7-53 可知，两因素交叉分组有重复观测值实验资料的方差分析，对主效应和互作效应进行 F 检验随模型不同而异。对于固定模型，均用 MS_e 作分母；对于随机模型，检验 $H_0:\sigma_{A\times B}^2=0$ 时，用 MS_e 作分母，而检验 $H_0:\sigma_A^2=0$ 和 $\sigma_B^2=0$ 时都用 $MS_{A\times B}$ 作分母；对于混合模型（A 随机、B 固定），检验 $H_0:\sigma_A^2=0$ 和 $\sigma_{A\times B}^2=0$ 都用 MS_e 作分母，而检验 $H_0:\sigma_B^2=0$ 时，则以 $MS_{A\times B}$ 作分母（A 固定、B 随机时，与此类似）。

7.4.2.3 系统分组资料方差分析的期望均方

两因素系统分组次级样本含量相等的期望均方与 F 检验如表 7-54 所示。

表 7-54　两因素系统分组次级样本含量相等的期望均方与 F 检验

变异来源	自由度	期望均方		
		固定模型	随机模型	A 固定、B 随机
一级因素（A）	$a-1$	$bnk_A^2+\sigma^2$	$bn\sigma_A^2+n\sigma_{B(A)}^2+\sigma^2$	$bnk_A^2+n\sigma_{B(A)}^2+\sigma^2$
一级因素内二级因素 $B(A)$	$a(b-1)$	$nk_{B(A)}^2+\sigma^2$	$n\sigma_{B(A)}^2+\sigma^2$	$n\sigma_{B(A)}^2+\sigma^2$

续表 7-54

变异来源	自由度	期望均方		
		固定模型	随机模型	A 固定、B 随机
误差 $C(B)$	$ab(n-1)$	σ^2	σ^2	σ^2
总变异	$abn-1$			
F 检验　一级因素		MS_A/MS_e	$MS_A/MS_{B(A)}$	$MS_A/MS_{B(A)}$
一级因素内二级因素		$MS_{B(A)}/MS_e$	$MS_{B(A)}/MS_e$	$MS_{B(A)}/MS_e$

A 固定、B 随机时的 F 检验与随机模型同;A 随机、B 固定时的 F 检验与固定模型同。

在随机模型下,当次级样本含量不等时,各项均方的期望值与 F 检验如表 7-55 所示。

表 7-55　两因素系统分组次级样本含量不等的期望均方与 F 检验

变异来源	自由度	平方和	均方	期望均方(随机模型)	F 值
一级因素 A	$a-1$	SS_A	MS_A	$dn_0\sigma_A^2+n'_0\sigma_{B(A)}^2+\sigma^2$	$MS_A/MS_{B(A)}$
一级因素内二级因素 $B(A)$	$\sum\limits_{i=1}^{a} b_i-a$	$SS_{B(A)}$		$n_0\sigma_{B(A)}^2+\sigma^2$	$MS_{B(A)}/MS_e$
误差 $C(B)$	$N-\sum\limits_{i=1}^{a} b_i$	SS_e	MS_e	σ^2	
总变异	$N-1$				

表 7-54、7-55 中,σ^2 是二级因素内观测值间的方差,即误差方差;$\sigma_{B(A)}^2$ 是一级因素水平内二级因素水平效应方差;σ_A^2 是一级因素水平效应方差;n_0 和 n'_0 都是每个二级因素水平下的平均重复数(即平均观测值个数),其中 n_0 是一级因素水平内每个二级因素水平下平均重复数;n'_0 是一级因素水平间每个二级因素水平的平均重复数;dn_0 是每个一级因素水平的平均重复数。n_0、n'_0 及 dn_0 的计算公式如下:

$$n_0 = \frac{N - \sum\limits_{i}\left(\dfrac{\sum\limits_{j} n_{ij}^2}{dn_i}\right)}{df_{B(A)}} \tag{7-39}$$

$$n'_0 = \frac{\sum\limits_{i}\left(\dfrac{\sum\limits_{j} n_{ij}^2}{dn_i}\right) - \dfrac{\sum\limits_{i,j} n_{ij}^2}{N}}{df_A} \tag{7-40}$$

$$dn_0 = \frac{N - \dfrac{\sum (dn_i)^2}{N}}{df_A} \tag{7-41}$$

式中,N 为全部观测值个数;n_{ij} 为一级因素 A_i 水平内二级因素 B_{ij} 水平的重复数;dn_i 为一级因素 A_i 水平的重复数;$df_{B(A)}$ 为一级因素内二级因素的自由度;df_A 为一级因素的自由度。

7.4.3　方差组分的估计

上面我们分别介绍了单因素实验,交叉分组、系统分组多因素实验资料的方差分析中各种均方在不同模型下的期望值。了解期望均方的组成,不仅有助于正确进行 F 检验,而且也有助于参数估计。最常见的就是估计方差组分,又称方差分量分析。方差组分,亦即方差分量(variance components),是指方差的组成成分。根据资料模型和期望均方的组成,就可估计出所需要的方差组分。

方差组分的估计主要是指对随机模型的方差组分估计。因为在这种模型下,我们研究的目的就在于从总体上了解各因素对实验指标所产生的效应方差。

在研究数量性状的遗传变异时,对一些遗传参数的估计,如重复率、遗传力和性状间的遗传相关的估计都是在随机模型方差组分估计的基础上进行的。

下面结合实例说明方差组分的估计。

如果将【例 7.8】中 3 头公猪、交配母猪及它们所生仔猪的断奶重资料,看作是从该品种总体中随机抽取的样本,则公猪及其交配母猪对所产仔猪断奶重影响的效应是随机的,因而该资料属随机模型。方差组分估计如下:

因次级样体含量不等,由表 7-55 可知:

公猪间均方 $E[\mathrm{MS}_A] = \sigma^2 + n_0' \sigma_{B(A)}^2 + dn_0 \sigma_A^2$

公猪内母猪间均方 $E[\mathrm{MS}_{B(A)}] = \sigma^2 + n_0 \sigma_{B(A)}^2$

母猪内仔猪间均方 $E[\mathrm{MS}_e] = \sigma^2$

因而 $\hat{\sigma}^2 = \mathrm{MS}_e$

$$\hat{\sigma}_{B(A)}^2 = (\mathrm{MS}_{B(A)} - \mathrm{MS}_e)/n_0$$

在方差分量分析中,当次级样本含量不相等时,需依公式(7-39)、(7-40)、(7-41)求三个相应的加权平均数。本例各公、母猪的仔猪数不等,故先算三个加权平均数如下:

因为

$$\sum_i \left(\frac{\sum_j n_{ij}^2}{dn_i} \right) = \frac{9^2 + 7^2}{16} + \frac{8^2 + 7^2 + 9^2}{24} + \frac{8^2 + 7^2 + 8^2}{23} = \frac{130}{16} + \frac{194}{24} + \frac{177}{23} = 23.904\ 0$$

$$\sum_{i,j} n_{ij}^2 = \frac{9^2 + 7^2 + 8^2 + 7^2 + 9^2 + 8^2 + 7^2 + 8^2}{63} = \frac{130 + 194 + 177}{63} = 7.952\ 4$$

$$\frac{\sum (dn_i)^2}{N} = \frac{16^2 + 24^2 + 23^2}{63} = 21.603\ 2$$

代入公式(7-39)、(7-40)、(7-41)得

$$n_0 = (63 - 23.904\ 0)/5 = 7.819\ 2$$

$$n_0' = (23.904\ 0 - 7.952\ 4)/2 = 7.975\ 8$$

$$dn_0 = (63 - 21.603\ 2)/2 = 20.698\ 4$$

将 n_0、n_0'、dn_0 及【例 7-8】算出的有关均方值代入上面各方差组分计算式,得

$$\hat{\sigma}^2 = MS_e = 1.035\ 6$$

$$\hat{\sigma}^2 = (MS_{B(A)} - MS_e)/n_0$$

$$= (16.295\ 7 - 1.035\ 6)/7.819\ 2 = 1.951\ 6$$

$$\hat{\sigma}_A^2 = (MS_A - MS_e - n_0'\hat{\sigma}_{B(A)}^2)/dn_0$$

$$= (5.511\ 8 - 1.035\ 6 - 7.975\ 8 \times 1.951\ 6)/20.698\ 4 = -0.535\ 8$$

这里应当注意,公猪效应方差的估计值为$-0.535\ 8$,这是不合理的。这主要是由于母猪间方差组分$(\hat{\sigma}_{B(A)}^2)$过大所致(一般 $MS_{B(A)} > MS_A$ 时,$\hat{\sigma}_A^2$ 就是负值)。在这种情况下,可将原资料中二级因素(母猪)去掉,仅就公猪因素作随机模型下的各处理重复数不等的单因素方差分析,进而重新估计公猪间方差组分。过程如下:

MS_A 不变,仍为 $5.511\ 8$

$$SS_e = SS_T - SS_A = 149.460\ 0 - 11.023\ 5 = 138.436\ 5$$

$$MS_e = SS_E/(N-a) = 138.436\ 5/(63-3) = 2.307\ 3$$

由表 7-51 可知:

$$E[MS_A] = n_0\sigma_A^2 + \sigma^2 \quad E[MS_e] = \sigma^2$$

故 $\hat{\sigma}^2 = MS_e, \hat{\sigma}_A^2 = (MS_A - MS_e)/n_0$

再先由下式计算 n_0 [注意,这里的 n_0 不同于由公式(7-39)求得的 n_0]。

$$n_0 = \frac{1}{a-1}\left(\sum dn_i - \frac{\sum dn_i^2}{\sum dn_i}\right) = \frac{1}{3-1}\left(16+24+23 - \frac{16^2+24^2+23^2}{16+24+23}\right)$$

$$= \frac{1}{2}\left(63 - \frac{1\ 361}{63}\right) = 20.698\ 4$$

这实际就是由公式(7-41)求得的 dn_0。于是:

$$\hat{\sigma}^2 = MS_e = 2.307\ 3$$

$$\hat{\sigma}_A^2 = (MS_A - MS_e)/n_0 = (5.511\ 8 - 2.307\ 3)/20.698\ 4 = 0.154\ 8$$

7.5　数据转换

前面介绍的几种试验资料的方差分析法,尽管其数学模型的具体表达式有所不同,但以下三点却是共同的。

(1)效应的可加性。我们据以进行方差分析的模型均为线性可加模型。这个模型明确提出了处理效应与误差效应应该是"可加的",正是由于这一"可加性",才有了样本平方和的"可加性",亦即有了实验观测值总平方和的"可剖分"性。如果实验资料不具备这一性质,那么变量的总变异依据——变异原因的剖分将失去根据,方差分析不能正确进行。

(2)分布的正态性。是指所有实验误差是相互独立的,且都服从正态分布 $N(0,\sigma^2)$。只有在这样的条件下才能进行 F 检验。

(3)方差的同质性。即各个处理观测值总体方差 σ^2 应是相等的。只有这样,才有理由以各个处理均方的合并均方作为检验各处理差异显著性的共同的误差均方。

　　上述三点是进行方差分析的基本前提或基本假定。如果在分差分析前发现有某些异常的观测值、处理或单位组,只要不属于研究对象本身的原因,在不影响分析正确性的条件下应加以删除。但是,有些资料就其性质来说就不符合方差分析的基本假定。其中最常见的一种情况是处理平均数和均方有一定关系(如二项分布资料,平均数 $\hat{\mu} = n\hat{p}$,均方 $\hat{\sigma}^2 = n\hat{p}(1-\hat{p})$;泊松分布资料的平均数与方差相等)。对这类资料不能直接进行方差分析,而应考虑采用非参数方法分析或进行适当数据转换(transformation of data)后再做方差分析。这里我们介绍几种常用的数据转换方法。

　　(1)平方根转换(square root transformation)。此法适用于各组均方与其平均数之间有某种比例关系的资料,尤其适用于总体呈泊松分布的资料。转换的方法是求出原数据的平方根 $\sqrt{x}$。若原观测值中有为 0 的数或多数观测值小于 10,则把原数据变换成 $\sqrt{x+1}$ 对于稳定均方,使方差符合同质性的作用更加明显。变换也有利于满足效应加性和正态性的要求。

　　(2)对数转换(logarithmic transformation)。如果各组数据的标准差或全距与其平均数大体成比例,或者效应为相乘性或非相加性,则将原数据变换为对数($\lg x$ 或 $\ln x$)后,可以使方差变成比较一致而且使效应由相乘性变成相加性。

　　如果原数据包括有 0,可以采用 $\lg(x+1)$ 变换的方法。

　　一般而言,对数转换对于削弱大变数的作用要比平方根转换更强。例如变数 1、10、100 作平方根转换是 1、3.16、10,作对数转换则是 0、1、2。

　　(3)反正弦转换(arcsine transformation)。也称角度转换,此法适用于如发病率、感染率、病死率、受胎率等服从二项分布的资料。转换的方法是求出每个原数据(用百分数或小数表示)的反正弦 $\arcsin\sqrt{p}$,转换后的数值是以度为单位的角度。二项分布的特点是其方差与平均数有着函数关系。这种关系表现在,当平均数接近极端值(即接近于 0 和 100%)时,方差趋向于较小;而平均数处于中间数值附近(50%左右)时,方差趋向于较大。把数据变成角度以后,接近于 0 和 100%的数值变异程度变大,因此使方差较为增大,这样有利于满足方差同质性的要求。一般,若资料中的百分数介于30%~70%时,因资料的分布接近于正态分布,数据变换与否对分析的影响不大。

　　应当注意的是,在对转换后的数据进行方差分析时,若经检验差异显著,则进行平均数的多重比较应用转换后的数据进行计算。但在解释分析最终结果时,应还原为原来的数值。

　　【例 7.9】表 7-56 为甲、乙、丙三个地区乳牛隐性乳房炎阳性率资料,试对资料进行方差分析。

表 7-56　三地区乳牛隐性乳房炎阳性率(%)

甲	94.3	64.1	47.7	43.6	50.4	80.5	57.8
乙	26.7	9.4	42.1	30.6	40.9	18.6	40.9
丙	18.0	35.0	20.7	31.6	26.8	11.4	19.7

　　解:这是一个服从二项分布的阳性率资料,且有低于 30%和高于 70%的,应先对阳性率资料作反正弦转换,转换结果见表 7-57。

表 7-57　表 7-55 资料的反正弦转换值

地区	$x=\arcsin\sqrt{p}$				$x_{i\cdot}$	$\bar{x}_{i\cdot}$	还原/%
甲	76.19	53.19	43.68	41.32	372.89	53.27	64.2
	45.23	63.79	49.49				
乙	31.11	17.85	40.45	33.58	228.06	32.58	29.0
	39.76	25.55	39.76				
丙	25.10	36.27	27.06	34.20	199.89	28.56	22.8
	31.18	19.73	26.35				
合计					800.84		

表 7-57 资料的方差分析见表 7-58。

表 7-58　表 7-57 资料的方差分析

变异来源	平方和	自由度	均方	F 值
地区间	2 461.822 8	2	1 230.911 4	14.03**
误差	1 579.492 7	18	87.750 0	
总变异	4 041.315 5	20		

F 检验结果表明,各地区间乳牛隐性乳房炎阳性率差异极显著。下面进行多重比较,具体见表 7-59。

表 7-59　表 7-57 资料平均数多重比较表(SSR 法)

地区	平均数 $\bar{x}_{i\cdot}$	$\bar{x}_{i\cdot}-28.56$	$\bar{x}_{i\cdot}-32.58$
甲	53.27	24.71**	20.69**
乙	32.58	4.02	
丙	28.56		

因 $S_{\bar{x}}=\sqrt{87.750\ 0/7}=3.54$,$\mathrm{df}_e=18$,SSR 值 LSR 值见表 7-60。

表 7-60　SSR 值与 LSR 值

df_e	秩次距(k)	$\mathrm{SSR}_{0.05}$	$\mathrm{SSR}_{0.01}$	$\mathrm{LSR}_{0.05}$	$\mathrm{LSR}_{0.01}$
18	2	2.97	4.07	10.51	14.41
	3	3.12	4.27	11.04	15.12

对结论做解释时,应将各组平均数还原为阳性率。如表 7-58 中的平均数 53.27,根据 $P=\sin^2 x$,还原为 64.2%;均数 32.58 还原为 29.0%;均数 28.56 还原为 22.8%。但从变换过的数据所算出的方差或标准差不宜再换回原来的数据。

检验结果表明,甲地区乳牛隐性乳房炎阳性率极显著高于丙地区和乙地区,乙地区与丙地区阳性率差异不显著。

以上介绍了三种数据转换常用方法。对于一般非连续性的数据,最好在方差分析前先检查各处理平均数与相应处理内均方是否存在相关性和各处理均方间的变异是否较大。如果存在相关性，或者变异较大，则应考虑对数据做出变换。有时要确定适当的转换方法并不容易，可事先在实验中选取几个其平均数为大、中、小的处理实验作转换。哪种方法能使处理平均数与其均方的相关性最小，哪种方法就是最合适的转换方法。另外，还有一些别的转换方法可以考虑。例如当各处理标准差与其平均数的平方成比例时，可进行倒数转换（reciprocal transformation）；对于一些分布明显偏态的二项分布资料，有人进行 $x = (\text{arc sin}\sqrt{p})^{1/2}$ 的转换，可使 x 呈良好的正态分布。

7.6　本章小结

本章主要介绍了生物统计学的方差分析。首先介绍了方差分析的基本原理和步骤，主要包括线性模型与基本假定、平方和与自由度的剖分、F 分布与 F 检验、多重比较等基本概念与方法，还介绍了单一自由度的正交比较以及方差分析的基本步骤。其次分别介绍了单因素和两因素方差分析、方差分析的数学模型与期望均方，最后介绍了当样本分布不符合正态分布时进行数据转换的方法。

7.7　拓展阅读

（1）方差分析的前提假设

方差分析的前提假设，总结下来，主要有以下几种。

1）可加性。各效应可加，即观测值是由各主效应、交互作用以及误差通过相加得到的。这是方差分析的大前提，是最基本的假设。通常也不会对这个假设进行检验。如果确实有证据表明各变量之间不是线性关系，那么还可以通过变量的转换（如对数）来满足这个前提。

2）随机性。各样本的观测值是随机样本，观测值中只有误差是变量，其余的效应都是固定的。随机性是针对变量而言的，可见，样本观测值的随机性就体现在误差上，说明此时的误差是一个随机误差。既然是随机误差，那么期望就是0。此时随机性假设的意义就体现出来了；如果我对在同样条件下反复施测很多次，那么所有观测结果的均值就是效应值，因为此时随机误差被抵消了。这个假设的存在为后面的推导提供了基础。

3）方差齐性。指各随机误差方差齐性。这个假设可以细分为两个：一是各处理组内每一个个体的方差齐性，二是不同的处理组间各样本的方差齐性。通常来说，第一条比较容易满足，毕竟接受的都是相同的处理。而且，由于在一次取样中每个个体只有一个观测值，也没有办法比较每一个个体的方差，所以，方差齐性检验都是在处理间进行比较。

4）正态性。各样本来自于正态分布的总体；通过随机性和方差齐性假设，已经知道了各随机误差都是服从均值为0、方差为 σ_e^2 的分布。但是现在还不能确定各随机误差是同分布的，因为分布形态还不知道。所以，还需要进一步假设：各随机误差都是服从正态分布。

5）独立性。各样本观测值互相独立；2）至4）条3个假设合在一起，假设了每一个随机

误差都是服从 $N(0,\sigma_e^2)$ 的。但是,如果各随机误差之间不是相互独立的话,联合分布是没有办法计算的。所以,最后还需要独立性的假设,使得各随机误差之间相互独立,实际上表现出来就是各样本相互独立。

可见,除了可加性之外,随机性、方差齐性、正态性、独立性这四个假设实际上都是针对随机误差的,可以总结成一句话:各样本的随机误差独立同分布,服从 $N(0,\sigma_e^2)$。

(2)方差分析的理解与运用

在生物统计学中,对总体均值的假设检验主要有三种情形:①总体均值与某个常数进行比较;②两个总体均值之间的比较;③两个以上总体均值之间的比较。对于①和②这两种情形,分别采用 Z 检验和 t 检验即可。但对于③这种情形,若需比较的总体超过 3 个,继续用①或者②虽然也能够得到比较结果,但需两两比较,耗时耗力。因此,这种情况下,使用方差分析能够一次性比较两个及两个以上的总体均值,检验它们两两之间是否有显著性差异。常用的方差分析方法包括:单因素方差分析、多因素方差分析、协方差分析、多元方差分析、重复测量方差分析、方差成分分析等。

7.8 习题

1. 多个处理平均数间的相互比较为什么不宜用 t 检验法?

2. 什么是方差分析? 方差分析在科学研究中有何意义?

3. 举例说明实验指标、实验因素、因素水平、实验处理、实验单位、重复等常用名词的含义。

4. 单因素和两因素试验资料方差分析的数学模型有何区别? 方差分析的基本假定是什么?

5. 进行方差分析的基本步骤是什么?

6. 什么叫多重比较? 多个平均数相互比较时,LSD 法与一般 t 检验法相比有何优点? 还存在什么问题? 如何决定选用哪种多重比较法?

7. 单一自由度正交比较中,各比较项的系数是按什么规则构成的?

8. 只有两个处理的单因素试验资料既能用 t 检验,也可用 F 检验(方差分析)。试在一般数据模式的基础上证明 $t=\sqrt{F}$。

9. 什么是主效应、简单效应与交互作用? 为什么说两因素交叉分组单独观测值的试验设计是不完善的试验设计? 在多因素试验时,如何选取最优水平组合?

10. 两因素系统分组资料的方差分析与交叉分组资料的方差分析有何区别?

11. 什么是固定效应、随机效应? 什么是固定模型、随机模型、混合模型? 什么是方差组分? 估计方差组分有何意义?

12. 为什么要做数据转换? 常用的数据转换方法有哪几种? 各在什么条件下应用?

13. 在同样饲养管理条件下,三个品种猪的增重如表 7-61,试对三个品种增重差异是否显著进行检验。

表 7-61　三个品种猪的增重情况

品种	增重 x_{ij}/kg									
A_1	16	12	18	18	13	11	15	10	17	18
A_2	10	13	11	9	16	14	8	15	13	8
A_3	11	8	13	6	7	15	9	12	10	11

14. 为了研究种公牛人工授精成功怀胎率,随机选定 6 头种公牛,每头采集一系列精样人工授精(由同一技术人员操作),表 7-62 是每头种公牛连续的各个精样人工授精的成功怀胎率(百分数)。

表 7-62　每头种公牛连续的各个精样人工授精的成功怀胎率

公牛编号	怀胎率/%									n_i
1	46	31	37	62	30					5
2	70	59								2
3	52	44	57	40	67	64	70			7
4	47	21	70	46	14					5
5	42	64	50	69	77	81	87			7
6	35	68	59	38	57	76	57	29	60	9
合计										35

(1)做方差分析,因其中有数据低于 30% 或大于 70%,须进行数据转换($F = 2.7406^*$)。

(2)你认为这个资料应作为固定模型还是随机模型来处理比较合适?如果作为随机模型,对于 F 值达到显著水平应作何理解?

(3)计算 n_0。

(4)求各方差组分(方差分量)的估计值。

(5)作为练习,试对 6 个平均数 $\bar{x}$ 做多重比较(q 法或 SSR 法)。

15. 用三种酸类处理某牧草种子,观察其对牧草幼苗生长的影响(指标:幼苗干重,单位:mg)。试验资料如表 7-63 所示。

表 7-63　三种酸类对牧草幼苗生长的影响

处理	幼苗干重/mg				
对照	4.23	4.38	4.10	3.99	4.25
HCl	3.85	3.78	3.91	3.94	3.86
丙酸	3.75	3.65	3.82	3.69	3.73
丁酸	3.66	3.67	3.62	3.54	3.71

(1)进行方差分析(不用 LSD 法、LSR 进行多重比较,$F = 33.86^{**}$)

(2)对下列问题通过单一自由度正交比较给以回答:

①酸液处理是否能降低牧草幼苗生长?

②有机酸的作用是否不同于无机酸？

③两种有机酸的作用是否有差异？

16.为了比较 4 种饲料(A)和猪的 3 个品种(B)，从每个品种随机抽取 4 头猪(共 12 头)分别喂以 4 种不同饲料。随机配置，分栏饲养、位置随机排列。从 60 日龄起到 90 日龄的时期内分别测出每头猪的日增重(g)，数据见表 7-64。试检验饲料及品种间的差异显著性。

表 7-64　4 种饲料 3 个品种猪 60~90 日龄日增重

	A_1	A_2	A_3	A_4
B_1	505	545	590	530
B_2	490	515	535	505
B_3	445	515	510	495

17.研究酵解作用对血糖浓度的影响，从 8 名健康人体中抽取血液并制备成血滤液。每个受试者的血滤液又可分成 4 份，然后随机地将 4 份血滤液分别放置 0、45、90、135 min 测定其血糖浓度，资料见表 7-65。试检验不同受试者和放置不同时间的血糖浓度有无显著差异。

表 7-65　不同受试者、放置不同时间血滤液的血糖浓度(mg/100 mL)

受试者编号	放置时间/min			
	0	45	90	135
1	95	95	89	83
2	95	94	88	84
3	106	105	97	90
4	98	97	95	90
5	102	98	97	88
6	112	112	101	94
7	105	103	97	88
8	95	92	90	80

18.为了从 3 种不同原料和 3 种不同温度中选择使酒精产量最高的水平组合，设计了两因素试验，每一水平组合重复 4 次，结果见表 7-66。试进行方差分析。

表 7-66　用不同原料及不同温度发酵的酒精产量

原料	温度 B											
	B_1(30 ℃)				B_2(35 ℃)				B_3(40 ℃)			
A_1	41	49	23	25	11	12	25	24	6	22	26	11
A_2	47	59	50	40	43	38	33	36	8	22	18	14
A_3	48	35	53	59	55	38	47	44	30	33	26	19

19. 3 头公牛交配 6 头母牛(各随机交配两头),其后代第一产 305 天产奶量资料见表 7-67,试做方差分析,并估计方差组分。

表 7-67 公牛所配母牛的后代产奶量(kg)

公牛号 S	母牛序号 D	后代产奶量 C		母牛后代头数	公牛后代头数
1	1	5 700	5 700	2	4
	2	6 900	7 200	2	
2	3	5 500	4 900	2	4
	4	5 500	7 400	2	
3	5	4 600	4 000	2	4
	6	5 300	5 200	2	

(提示:先将每个观测值减去 4 000,再除以 100,将数据简化后分析,这样并不影响 F 检验。)

20. 测得某品种猪的乳头数资料列于表 7-68。试分析公猪和母猪对仔猪乳头数的影响,并进行方差组分的估计。

表 7-68 某品种猪的乳头数资料

公猪 A	母猪 B	仔猪数 n_{ij}	仔猪乳头数 C				
A_1	B_{11}	8	14(3)	15(2)	16(3)		
	B_{12}	9	15(2)	16(2)	17(5)		
	B_{13}	11	12(1)	13(2)	14(5)	15(1)	16(2)
	B_{14}	10	14(2)	15(3)	16(4)	18(1)	
A_2	B_{21}	9	14(1)	15(3)	16(3)	17(1)	18(1)
	B_{22}	11	13(1)	14(2)	15(5)	16(1)	17(2)
	B_{23}	12	14(4)	15(5)	16(1)	17(1)	18(1)
	B_{24}	7	13(1)	14(2)	15(1)	16(1)	17(2)
A_3	B_{31}	8	13(2)	14(5)	15(1)		
	B_{32}	10	14(4)	15(6)			
	B_{33}	12	13(2)	14(5)	15(2)	16(3)	
合计		107					

注:( )内数字是仔猪头数。

21. 3 组小白鼠在注射某种同位素 24 h 后脾脏蛋白质中放射性测定值如表 7-69。问芥子气、电离辐射能否抑制该同位素进入脾脏蛋白质?(提示:先进行平方根转换,然后进行方差分析)

表 7-69 3 组小白鼠在注射某种同位素 24 h 后脾脏蛋白质中放射性测定值

组别	放射性测定值(百次/min·g)									
对照组	3.8	9.0	2.5	8.2	7.1	8.0	11.5	9.0	11.0	7.9
芥子气中毒组	5.6	4.0	3.0	8.0	3.8	4.0	6.4	4.2	4.0	7.0
电离辐射组	1.5	3.8	5.5	2.0	6.0	5.1	3.3	4.0	2.1	2.7

22. 用三种不同剂量的某药物治疗兔子球虫病后,粪中卵囊数的检出结果见表 7-70。试检验三种剂量疗效差异是否显著(提示:先做对数转换 $\lg(x+1)$,然后进行方差分析)。

表 7-70 某药物治疗兔子球虫病效果实验

剂量/(mg/kg)	卵囊数										n
（Ⅰ）15	0	0	0	0	0	0	0	0	0	0	20
	8	14	6	5	26	1	1	7	1	2	
（Ⅱ）10	0	0	0	0	1	25	8	2	3	8	20
	22	38	5	3	50	10	28	15	2	1	
（Ⅲ）5	220	8	30	260	96	39	86	523	47	29	20
	40	23	143	17	11	23	99	40	20	103	

23. 表 7-71 为 3 组大白鼠营养试验中测得尿中氨氮的排出量。试检验各组氨氮排出量差异是否显著。(提示:先作对数转换 $\lg x$,然后进行方差分析)。

表 7-71 3 组大白鼠营养试验中测得尿中氨氮的排出量

组别	尿中氨氮排出量(mg/6 天)											
A	30	27	35	35	29	33	32	36	26	41	33	31
B	43	45	53	44	51	53	54	37	47	57	48	42
C	83	66	66	86	56	52	76	83	72	73	59	53

第 **8** 章

回归分析

在生物统计学中回归分析需要:①确定变量间是否存在相关关系及其表现形式;②确定相关关系的密切程度;③推测相关关系的数学表达形式;④分析因变量理论值与观测值的差异程度。在分析具体问题时,根据变量的个数和类型以及变量间的关系,回归分析通常可以分为一元线性回归分析、多元线性回归分析、最优经验回归函数和非线性回归分析等类型。

8.1 回归分析问题

在自然科学和社会科学中,事物不是孤立存在的,而是与其他因素相互联系的,例如数量分析问题常涉及变量(variable)与变量之间的联系,这种联系是诸多科学问题需要研究的。尤其是在自然科学领域的生物学研究中,我们常常收集到不同的变量组,而这些变量组之间的关系是阐释生物学问题的关键所在。以下列举了几个常见的例子。

(1)动物的年龄与生理、生化等指标的关系。例如,从出生到成年,人的身高通常呈现出逐渐增高的现象。但是,对某一个体来说,即使已知年龄,也很难确定其身高。

(2)葡萄产量与培养环境(如施肥量、灌溉及光照等)。通常情况下,培养条件优异,葡萄产量增加。

(3)树木的胸径与树高的关系。通常情况下,胸径越大,树木越高,而胸径越小,树木越低。但此关系,并不能直接用于推断已知胸径树木的高度。

(4)培养时间与微生物/细胞的关系。在一定时间内,培养细胞的数量随培养时间而增大。

(5)标准品的标准曲线的绘制。在酶联免疫等实验中,标准品的稀释浓度与所测得的吸光度呈现出一定的相关性。

在这些例子中,存在着至少两个或多个的变量。在两个随机变量间(如变量 X 和变量 Y),对于任一随机变量的每一个可能值,另一个随机变量都有一个确定的分部与之对应,则这两个变量间存在着相关性(correlation)。借助于若干分析指标(如相关系数或相关指数)对变量之间的关联程度进行测定,称为相关性分析(correlation analysis)。相关关系依赖于变量数量上的相互依存,而依存关系并不严格、不确定。依据相关关系的特点可以把相关关系划分为单相关和复相关,直线相关和曲线相关,正相关和负相关,完全相关、不完全相关和不相关。

最早构建并利用"回归"(regression)方法解决相关问题的分别有法国数学家阿德里安·马里·勒让德(Adrien-Marie Legendre,1752—1833)和德国数学家卡尔·弗里德里希·高斯(Carl Friedrich Gauss,1777—1855)。"回归"名称的由来及其分析的基本思想与方法要归功于英国统计学家法兰西斯·高尔顿(Francis Galton,1822—1911),其曾对亲子间的身高做研究,发现父母的身高虽然会遗传给子女,但子女的身高却有逐渐"回归到中等"(即人的平均值)的现象。回归分析(regression analysis),作为处理变量(variable)之间关系的一种方法,目的在于了解两个或多个变量间是否相关,如若相关,可检测其相关方向以及强度,并可通过特定变量(自变量,independent variable)来预测研究者感兴趣的变量(因变量,dependent variable)。具体来说,回归分析可以帮助了解在自变量变化时因变量的变化量,亦即通过回归分析可以由给出的自变量估计因变量的条件期望。

8.2 变量间的相关关系

8.2.1 线性相关

如果变量组(如 X 和 Y)之间存在参数 a 和 b,使得变量组之间可以通过公式 $Y=a+bX$ 成立,且 b 不能为 0,则称变量 $X(x_1,x_2,\cdots,x_n)$ 和 $Y(y_1,y_2,\cdots,y_n)$ 存在线性相关关系(linear correlation),反之则无线性相关关系(linear independence)。其中 X 为自变量(independent variable),Y 为因变量(dependent variable);a 为截距(intercept),b 为斜率(slope)。

正比例关系是线性关系中的特例,反比例关系不是线性关系。更通俗一点讲,如果把这两个变量分别作为点的横坐标与纵坐标,其图像是平面上的一条直线,则这两个变量之间的关系就是线性关系。即如果可以用一个二元一次方程来表达两个变量之间关系的话,这两个变量之间的关系称为线性关系,因而,二元一次方程也称为线性方程。推而广之,含有 n 个变量的一次方程,也称为 n 元线性方程,不过这已经与直线没有什么关系了。

变量组间的相关程度常可通过皮尔森相关系数(Pearson correlation coefficient)来评估,相关系数越大说明越相关。皮尔森相关系数,也叫皮尔森积差相关系数(Pearson product-moment correlation coefficient,ρ),是用来反映两个变量相似程度的统计量(此检验属于参数检验,parametric test)。或者说可以用来计算两个向量的相似度(在基于向量空间模型的文本分类、用户喜好推荐系统中都有应用)。

皮尔森相关系数计算公式如下:

$$\rho_{X,Y}=\frac{\text{cov}(X,Y)}{\sigma_X\sigma_Y}=\frac{E((X-\mu_X)(Y-\mu_Y))}{\sigma_X\sigma_Y}=\frac{E(XY)-E(X)E(Y)}{\sqrt{E(X^2)-E^2(X)}\sqrt{E(Y^2)-E^2(Y)}}$$

其中 X 和 Y 分别为两个组变量(variables),分子是各组数据的协方差,分母是两个变量标准差的乘积。显然要求 X 和 Y 的标准差都不能为 0。

当两个变量的线性关系增强时,相关系数 ρ 趋于 1 或 -1。正相关时趋于 1,负相关时趋于 -1。当两个变量独立时相关系统为零,但反之不成立。比如对于 $y = x^2$, X 服从 $[-1,1]$ 上的均匀分布,此时 $E(XY)$ 为 0,$E(X)$ 也为 0,所以 $\rho_{X,Y} = 0$,但 x 和 y 明显不独立。所以"不相关"和"独立"是两回事。当 Y 和 X 服从联合正态分布时,其相互独立和不相关是等价的。

对于居中的数据(即每个数据减去样本均值,居中后它们的平均值就为 0),$E(X) = E(Y) = 0$,此时有:

$$\rho_{X,Y} = \frac{E(XY)}{\sqrt{E(X^2)}\ \sqrt{E(Y^2)}} = \frac{\dfrac{1}{N}\sum_{i=1}^{N} X_i Y_i}{\sqrt{\dfrac{1}{N}\sum_{i=1}^{N} X_i^2}\ \sqrt{\dfrac{1}{N}\sum_{i=1}^{N} Y_i^2}}$$

$$= \frac{\sum_{i=1}^{N} X_i Y_i}{\sqrt{\sum_{i=1}^{N} X_i^2}\ \sqrt{\sum_{i=1}^{N} Y_i^2}} = \frac{\sum_{i=1}^{N} X_i Y_i}{\|X\|\,\|Y\|}$$

即相关系数可以看作是两个随机变量中得到的样本集向量之间夹角的余弦(cosine)函数。

进一步,当 X 和 Y 向量归一化后,$\|X\| = \|Y\| = 1$,相关系数即为两个向量的乘积 $\rho_{X,Y} = X \times Y$。

使用 Pearson 线性相关系数有 2 个前提(assumption):

(1)必须假设数据是成对地从正态分布中取得的,亦即在做相关性检验之前,需要检验变量的正态性。

(2)数据至少在逻辑范围内是等距的,亦即变量是均质的(homogeneous,反之则为 heterogeneous)。

8.2.2 秩相关

秩相关(又称等级相关,rank correlation)是一种对应的非参数统计方法(nonparametric test),是指将两要素的样本值按数据的大小顺序排列位次,以各要素样本值的位次代替实际数据而求得的一种统计量。该方法主要适用于变量不是正态双变量或总体分布未知;数据一端或两端有不确定值的资料或等级资料。秩相关分析的方法有多种,主要有 Spearman 和 Kendal 检验法。

对于不满足 Pearson 检验假设的相关关系分析,还有其他的一些解决方案,如 Spearman 秩相关系数(ρ_s)和 Kendal 秩相关系数(τ)。这里以 Spearman 秩相关系数为例,该检验是一种无参数(与分布无关)检验方法,用于度量变量之间联系的强弱。在没有重复数据的情况下,如果一个变量是另外一个变量的严格单调函数,则 Spearman 秩相关系数就是 $+1$ 或 -1,称变量完全 Spearman 秩相关。注意这和 Pearson 完全相关的区别,只有当两变量存在线性关系时,Pearson 相关系数才为 $+1$ 或 -1。

对变量组 X 和 Y 中每一个原始数据 x_i、y_i,分别按从大到小排序,记 x_i'、y_i' 为原始 x_i、y_i 在排序后列表中的位置,x'_i、y'_i称为 x_i、y_i 的秩次,秩次差 $d_i = x'_i - y'_i$。Spearman 秩相关系数为:

$$\rho_s = 1 - \frac{6 \sum d_i^2}{n(n^2 - 1)}$$

位置	原始 X	排序后	秩次	原始 Y	排序后	秩次	秩次差
1	12	546	5	1	78	6	1
2	546	45	1	78	46	1	0
3	13	32	4	2	45	5	1
4	45	13	2	46	6	2	0
5	32	12	3	6	2	4	1
6	2	2	6	45	1	3	-3

对于上表数据,算出 Spearman 秩相关系数为:$1 - 6 \times (1+1+1+9)/(6 \times 35) = 0.657\ 1$
查阅秩相关系数检验的临界值表:

n	显著水平	
	0.01	0.05
5	0.90	1.00
6	0.829	0.943
7	0.714	0.893

样本量 n 为 6 时,测得值 0.657 1 小于理论临界值 0.829 和 0.943,所以在 0.01 及 0.05 的显著水平下认为 X 和 Y 是不相关的。

如果原始数据各变量中有重复值,则在求秩次时要以它们的平均值为准,比如:

原始 X	秩次	调整后的秩次
0.8	5	5
1.2	4	$(4+3)/2 = 3.5$
1.2	3	$(4+3)/2 = 3.5$
2.3	2	2
18	1	1

此外,统计中的相关性(correlation)和相似度(similarity)是有区别的。例如,变量 $X = (1, 2, 3)$ 和变量 $Y = (4, 5, 6)$ 的皮尔森相关系数等于 1,说明这两变量是严格线性相关的(事实上 $Y = X + 3$)。但是,X 和 Y 的相似度却不是 1,如果用余弦距离来度量,X 和 Y 之间的距离明显大于 0。

8.2.3 相关与回归的关系

针对探求两个变量间内在关系的生命科学问题,我们常常需要利用其中的一个变量(X,随机或一般变量)去推测另外的一个随机变量(Y)。例如,在葡萄产量与培养环境的关系问题中,我们希望能够推测葡萄产量与施肥量的关系。由于葡萄的培养受到人为的限制,而葡萄产量受到诸多方面的影响,因此我们希望根据施肥量(X)推测葡萄产量(Y)。如果对于变量 X 的每一个可能值 x_i,都有随机变量 Y 的一个分布与之相对应,称为随机变量 Y 对变量 X 存在函数关系,亦即回归(regression)关系,对应的分析为回归分析(regression analysis)。这种分析中的 X 为自变量(independent variable),Y 为因变量或依变量(dependent variable)。在回归分析中,对于任一 x_i,都不可能有绝对的 y_i 与之对应,但是有当 $X=x_i$ 时 Y 的可能数值的平均数 μ_Y 与之相对应,此平均数称为 Y 的条件平均数(conditional mean)。

相关关系与回归关系既有联系又有区别。广义上说,两者都为研究随机现象的统计分析方法,回归关系是相关关系的特例,相关分析是回归分析的基础和前提,回归分析是相关分析的深入和继续。区别主要在于回归分析具有方向性且需根据研究目的确定自变量和因变量,而相关分析不具有方向性且无明确的自变量和因变量之分。

8.3　一元线性回归分析

8.3.1　线性回归模型

线性回归(linear regression)是一种利用数理统计中回归分析来确定两种或两种以上变量间相互依赖的定量关系的统计分析方法,运用十分广泛。在现实生活中,任何一个事物(因变量)总是受到其他多种事物(多个自变量)的影响,而分析因变量和两个或两个以上的自变量之间线性关系即称为多元线性回归分析。一元线性回归分析是在排除其他影响因素,或假定其他影响因素确定的条件下,分析某一个因素(自变量)是如何影响另一事物(因变量)的过程,此分析是比较理想化的。

一元线性回归模型可以表示为 $\mu_Y = \alpha + \beta X$,其中,α 为截距,β 为斜率,而 μ_Y 是因变量 Y 对应自变量 X 的均值,亦称为 X 上的 Y 的条件平均数(conditional mean)。其含义是指对给定的自变量 X 的每一个值,都有一个对应的 Y 的分布,这个分布的平均数是上式所给出的线性函数。Y 的每一个分布的方差都必须是 σ^2,且完全独立于 X。对于每一个给定的 X,Y 始终服从正态分布。另外,记 ε 为对于给定的 X、Y 的观测值与直线的 μ_Y 离差(deviation,即当个数值与平均数之间的差),该离差为一随机误差,它独立于 X 且服从同一正态分布 $N(0,\sigma^2)$。以上所述可以归纳为:

$$Y = \alpha + \beta X + \varepsilon,\text{其中 } \varepsilon : N(0,\sigma^2), Y : N(\alpha + \beta X, \sigma^2)$$

由此式所得出的回归模型(regression model)只包含一个自变量 X 且具有正态性,故称为一元正态线性回归模型(simple normal linear regression model)。

8.3.2　最小二乘估计

在实际工作中,通常难以对欲研究的整体进行数据采集,从而决定了研究对象数据采集的有限性,导致不易获得回归方程真实的参数 α 和 β。因此,为了解决现实工作中的问题,依据一定的规则,通过对所获得若干样本的回归函数分析,尽可能地"反映"总体回归函数,从而获得真实参数 α 和 β 在实际中的估计值 a 和 b。有多种估计回归函数模型的方法,其中,常见方法为最小二乘估计法(又称最小平方估计法)。

最小二乘估计法是一种数学优化技术,它通过最小化误差的平方和,从而推导出样本数据的最佳匹配函数模型。亦即,它可以简便地求得未知的数据,并使得这些求得的数据与实际数据之间误差的平方和为最小。最小二乘估计法还可用于曲线拟合。其他一些优化问题也可通过最小化能量或最大化熵用最小二乘法来表达。

最小二乘估计与最大似然估计两种方法所推导的结果很相似,但其前提条件具有显著的差异。

对于最小二乘估计,最合理的参数估计量应该使得模型能最好地拟合样本数据,也就是估计值和观测值之差的平方和最小,其推导过程如下所示。其中 Q 表示误差,Y_i 表示估计值,$\hat{Y}_i$ 表示观测值。

$$Q = \sum_{i=1}^{n} (Y_i - \hat{Y}_i)^2 = \sum_{i=1}^{n} [Y_i - (\hat{\beta}_0 + \hat{\beta}_1 x_i)]^2$$

在给定样本观测值之下,选择出 $\hat{\beta}_0$ 和 $\hat{\beta}_1$ 使 Y_i 与 $\hat{Y}_i$ 之差的平方和最小。根据微积分运算,当 Q 对 $\hat{\beta}_0$、$\hat{\beta}_1$ 的一阶偏导数为 0 时,Q 达到最小,解方程可得:

$$\hat{\beta}_1 = \frac{\sum x_i y_i}{\sum x_i^2}, \hat{\beta}_0 = \overline{Y} - \hat{\beta}_1 \overline{X}$$

对于最大似然法,最合理的参数估计量应该是使得从模型中抽取该 n 组样本观测值的概率最大,也就是概率分布函数或者说是似然函数最大。显然,这是从不同原理出发的两种参数估计方法。因此最大似然法需要已知这个概率分布函数,一般假设其满足正态分布函数的特性,在这种情况下,最大似然估计和最小二乘估计是等价的,也就是说估计结果是相同的,但是原理和出发点完全不同。其推导过程如下所示。

一元线性回归中,随机抽取 n 组样本观测值 X_i、$Y_i(i=1,2,\cdots,n)$,假如模型的参数估计量已经求得为 $\hat{\beta}_0$ 和 $\hat{\beta}_1$,那么 Y_i 服从如下正态分布

$$Y_i \sim N(\hat{\beta}_0 + \hat{\beta}_1 X_i, \sigma^2)$$

则 Y_i 的概率函数为

$$P(Y_i) = \frac{1}{\sigma\sqrt{2\pi}} e^{\frac{1}{2\sigma^2}(Y_i - \hat{B}_0 - \hat{\beta}_1 X_i)^2}$$

因为 Y_i 是相互独立的,所以 Y 的所有样本观测值的联合概率,也即似然函数为

$$L(\hat{\beta}_0, \hat{B}_1, \sigma^2) = P(Y_1, Y_2, \cdots, Y_n) = \frac{1}{(2\pi)^{\frac{n}{2}}\sigma^n} e^{\frac{1}{2\sigma^2}\sum(Y_i - \hat{\beta}_0 - \hat{\beta}_1 X_i)^2}$$

将该似然函数极大化,即可求得模型参数最大似然估计量,由于似然函数的极大化与似然函数的对数极大化是等价的,所以,取对数函数如下:

$$L^* = \ln L = -n\ln(\sqrt{2\pi}) - \frac{1}{2\sigma^2} \sum (Y_i - \beta_0 - \beta_1 X_i)^2$$

求 L^* 的极大值, 等价于对 $\sum (Y_i - \hat{\beta}_0 - \hat{\beta}_1 X_i)^2$ 求极值。当该式 $\hat{\beta}_0 \cdot \hat{\beta}_1$ 的一阶偏导数为 0 时, 其值达到最小, 解方程组可得最大似然估计量。

最小二乘估计法以估计值与观测值的差的平方和作为损失函数, 极大似然法则是以最大化目标值的似然概率函数为目标函数, 从概率统计的角度处理线性回归并在似然概率函数为高斯函数的假设下同最小二乘建立了联系。

8.3.3　回归系数的显著性检验

设有两个变量 X 与 Y, 其方差分别为 σ_x^2、σ_y^2, 协方差为 σ_{xy}, 则其回归(相关)系数定义为

$$\rho = \frac{\sigma_{xy}}{\sigma_x \sigma_y} \tag{8-1}$$

相关系数 ρ 的值域为

$$-1 \leqslant \rho \leqslant 1 \tag{8-2}$$

现证明如下:

设 a 和 b 为任何实常数, 则

$$c = \left[(x - E(x))a + (y - E(y))b \right]^2$$

是二维随机变量的函数, $c \geqslant 0$, 其期望 $E(c) \geqslant 0$, 即有

$$\begin{aligned} E(c) &= E[x - E(x)]^2 a^2 + 2E[x - E(x)][y - E(y)]ab + E[y - E(y)]^2 b^2 \\ &= a^2 \sigma_x^2 + 2ab\sigma_{xy} + b^2 \sigma_y^2 \geqslant 0 \end{aligned} \tag{8-3}$$

因为对于任一分布而言, σ_y^2 和 σ_{xy} 是常数。故可设 $a = \sigma_y^2$, $b = -\sigma_{xy}$, 则上式为 $\sigma_y^4 \sigma_x^2 - 2\sigma_y^2 \sigma_{xy}^2 + \sigma_{xy}^2 \sigma_y^2 \geqslant 0$, $\sigma_y^2 \sigma_x^2 - \sigma_{xy}^2 \geqslant 0$。

故有

$$\sigma_{xy}^2 \leqslant \sigma_x^2 \sigma_y^2 \tag{8-4}$$

式(8-2)得证。

因为 σ_x 和 σ_y 皆为正, 故 ρ 与 σ_{xy} 同正负。ρ 为正, 称 y 与 x 正相关; ρ 为负, 称 y 与 x 负相关; ρ 为 0, 称 y 与 x 不相关。

设有数据 (x_i, y_i) $(i = 1, 2, \cdots, n)$, 则其方差、协方差(子样方差、协方差)的估值为:

$$\hat{\sigma}_x^2 = \frac{1}{n} \sum_{i=1}^{n} (x_i - \bar{x})^2, \quad \hat{\sigma}_y^2 = \frac{1}{n} \sum_{i=1}^{n} (y_i - \bar{y})^2, \tag{8-5}$$

$$\hat{\sigma}_{xy}^2 = \frac{1}{n} \sum_{i=1}^{n} \left[(x_i - \bar{x})(y_i - \bar{y}) \right]$$

则相关系数估值(子样相关系数)为

$$\hat{\rho} = \frac{\sum_{i=1}^{n} (x_i - \bar{x})(y_i - \bar{y})}{\sqrt{\sum_{i=1}^{n} (x_i - \bar{x})^2 \sum_{i=1}^{n} (y_i - \bar{y})^2}} = \frac{S_{xy}}{\sqrt{S_{xx} S_{yy}}} \tag{8-6}$$

式中令 $S_{yy} = \sum\limits_{i=1}^{n} (y_i - \overline{y})^2$。

要检验变量 Y 与 X 是否相关,可建立如下原假设和备选假设:

$$H_0 : E(\hat{\rho}) = \rho = 0, H_1 : 0$$

为了检验 H_0,可选取式(8-6)中的 $\hat{\rho}$ 为统计量,为此要研究子样相关系数 $\hat{\rho}$ 的概率分布。

在原假设成立($\rho=0$)时,$\hat{\rho}$ 的密度函数为

$$f(\hat{\rho}) = \frac{\Gamma(\dfrac{n-1}{2})}{\sqrt{\pi}\,\Gamma(\dfrac{n-2}{2})} (1-\hat{\rho}^2)^{\frac{n-4}{2}} \tag{8-7}$$

即当 $\rho=0$ 时,$\hat{\rho}$ 是具有概率密度为式(8-7)的 $\hat{\rho}$ 分布统计量,其自由度 $f=n-2$。据此,在一定显著水平 α 下编制了相关系数表,表中自由度 $f=n-2$。如果由式(8-6)计算的 $\hat{\rho}$,大于以 f 和 α 为引数由表中查得的 ρ_α 值,即 $|\hat{\rho}|>\rho_\alpha$,说明 α 水平下,y 与 x 统计相关;若 $|\hat{\rho}|<\rho_\alpha$,则认为在 α 水平下 y 与 x 不相关,这就是相关系数检验方法。

8.4 多元线性回归分析

8.4.1 多元线性回归模型

一元线性回归分析讨论的回归问题只涉及了一个自变量,但在实际问题中,影响因变量的因素往往有多个。例如,个体某一性状(如身高)除了受到亲本的影响外,还要受到营养状况、生长环境等的影响。因此,在许多研究中,仅仅考虑单个变量是不够的,还需要就一个因变量与多个自变量的联系来进行分析,才能获得比较满意的结果。这就产生了测定多因素之间相关关系的问题。

研究在线性相关条件下,两个或两个以上自变量对一个因变量的数量变化关系,称为多元线性回归分析,表现这一数量关系的数学公式,称为多元线性回归模型。多元线性回归模型是一元线性回归模型的扩展,其基本原理与一元线性回归模型类似,只是在计算上更为复杂,一般需借助计算机来完成。

设 Y 是一个可观测的随机变量,它受到 p 个非随机因素 $X_1, X_2, \cdots, X_p$ 和随机因素 ε 的影响,若 Y 与 $X_1, X_2, \cdots, X_p$ 有如下线性关系:

$$Y = \beta_0 + \beta_1 X_1 + \beta_2 X_2 + \cdots + \beta_p X_p + \varepsilon \tag{8-8}$$

式中,$\beta_0, \beta_1, \beta_2, \cdots, \beta_p$ 为 $(P+1)$ 个未知参数;ε 为不可测的随机误差,且通常假定 $\varepsilon \sim N(0, \sigma^2)$。我们称式(8-8)为多元线性回归模型,称 Y 为被解释变量(因变量),$X_i (i=1,2,\cdots,p)$ 为解释变量(自变量)。理论回归方程如下:

$$E(Y) = \beta_0 + \beta_1 X_1 + \beta_2 X_2 + \cdots + \beta_p X_p \tag{8-9}$$

对于一个实际问题,要建立多元回归方程,首先要估计出未知参数 $\beta_0, \beta_1, \beta_2, \cdots, \beta_p$,为此我们要进行 n 次独立观测,得到 n 组样本数据 $(X_{i1}, X_{i2}, \cdots, X_{ip}; Y_i), i=1,2,\cdots,n$,它们满

足式(8-8),即有

$$
\begin{cases}
y_1 = \beta_0 + \beta_1 x_{11} + \beta_2 x_{12} + \cdots + \beta_p x_{1p} + \varepsilon_1 \\
y_2 = \beta_0 + \beta_1 x_{21} + \beta_2 x_{22} + \cdots + \beta_p x_{2p} + \varepsilon_2 \\
\vdots \quad \vdots \quad \vdots \qquad \vdots \qquad \quad \vdots \qquad \vdots \\
y_n = \beta_0 + \beta_1 x_{n1} + \beta_2 x_{n2} + \cdots + \beta_p x_{np} + \varepsilon_n
\end{cases}
\tag{8-10}
$$

其中,$\varepsilon_1, \varepsilon_2, \cdots, \varepsilon_n$ 相互独立且都服从 $N(0, \sigma^2)$。

式(8-10)又可表示成矩阵形式:

$$
\boldsymbol{Y} = \boldsymbol{X}\boldsymbol{\beta} + \boldsymbol{\varepsilon}
\tag{8-11}
$$

这里,$\boldsymbol{Y} = (y_1, y_2, \cdots, y_n)^{\mathrm{T}}$,$\boldsymbol{\beta} = (\beta_0, \beta_2, \cdots, \beta_p)^{\mathrm{T}}$,$\boldsymbol{\varepsilon} = (\varepsilon_1, \varepsilon, \cdots, \varepsilon_n)^{\mathrm{T}}$,$\boldsymbol{\varepsilon} \sim N_n(0, \sigma^2 \boldsymbol{I}_n)$,$\boldsymbol{I}_n$ 为 n 阶单位矩阵。

$$
\boldsymbol{X} = \begin{pmatrix}
1 & x_{11} & x_{12} & \cdots & x_{1p} \\
2 & x_{21} & x_{22} & \cdots & x_{2p} \\
\vdots & \vdots & \vdots & \vdots & \vdots \\
1 & x_{n1} & x_{n2} & \cdots & x_{np}
\end{pmatrix}
$$

$n \times (p+1)$ 阶矩阵 $\boldsymbol{X}$ 称为资料矩阵或设计矩阵,并假设它是列满秩的,即 $\mathrm{rank}(\boldsymbol{X}) = p+1$。

由式(8-10)以及多元正态分布的性质可知,$\boldsymbol{Y}$ 仍服从 n 维正态分布,它的期望向量为 $\boldsymbol{X}\boldsymbol{\beta}$,方差和协方差阵为 $\sigma^2 \boldsymbol{I}_n$,即 $\boldsymbol{Y} \sim N_n(\boldsymbol{X}\boldsymbol{\beta}, \sigma^2 \boldsymbol{I}_n)$。

8.4.2　最小二乘估计

与一元线性回归时一样,多元线性回归方程中的未知参数 $\beta_0, \beta_1, \beta_2, \cdots, \beta_p$ 仍然可用最小二乘法来估计,即我们选择 $\boldsymbol{\beta} = (\beta_0, \beta_1, \beta_2, \cdots, \beta_p)^{\mathrm{T}}$ 使误差平方和达到最小。

$$
\begin{aligned}
Q(\beta) &= \sum_{i=1}^n \varepsilon_i^2 = \vec{\varepsilon}^{\mathrm{T}} \vec{\varepsilon} (Y - X\beta)^{\mathrm{T}}(Y - X\beta) \\
&= \sum_{i=1}^n (y_i - \beta_0 - \beta_1 x_{i1} - \beta_2 x_{i2} - \cdots - \beta_p x_{ip})^2
\end{aligned}
$$

由于 $Q(\beta)$ 是关于 $\beta_0, \beta_1, \beta_2, \cdots, \beta_p$ 的非负二次函数,因而必定存在最小值,利用微积分的极值求法,得

$$
\begin{cases}
\dfrac{\partial Q(\hat{\beta})}{\partial \beta_0} = -2 \sum_{i=1}^n (y_i - \hat{\beta}_0 - \hat{\beta}_1 x_{i1} - \hat{\beta}_2 x_{i2} - \cdots - \hat{\beta}_p x_{ip}) = 0 \\[2mm]
\dfrac{\partial Q(\hat{\beta})}{\partial \beta_1} = -2 \sum_{i=1}^n (y_i - \hat{\beta}_0 - \hat{\beta}_1 x_{i1} - \hat{\beta}_2 x_{i2} - \cdots - \hat{\beta}_p x_{ip})(x_{i1}) = 0 \\[2mm]
\qquad\qquad \cdots\cdots\cdots\cdots \\[2mm]
\dfrac{\partial Q(\hat{\beta})}{\partial \beta_k} = -2 \sum_{i=1}^n (y_i - \hat{\beta}_0 - \hat{\beta}_1 x_{i1} - \hat{\beta}_2 x_{i2} - \cdots - \hat{\beta}_p x_{ip})(x_{ik}) = 0 \\[2mm]
\qquad\qquad \cdots\cdots\cdots\cdots \\[2mm]
\dfrac{\partial Q(\hat{\beta})}{\partial \beta_p} = -2 \sum_{i=1}^n (y_i - \hat{\beta}_0 - \hat{\beta}_1 x_{i1} - \hat{\beta}_2 x_{i2} - \cdots - \hat{\beta}_p x_{ip})(x_{ip}) = 0
\end{cases}
$$

这里 $\hat{\beta}_i(i=0,1,\cdots,p)$ 是 $\beta_i(i=0,1,\cdots,p)$ 的最小二乘估计。上述对 $Q(\beta)$ 求偏导,求得正规方程组的过程可用矩阵代数运算进行,得到正规方程组的矩阵表示:

$$X^{\mathrm{T}}(Y-X\hat{\beta})=0$$

移项得 $$X^{\mathrm{T}}X\hat{\beta}=X^{\mathrm{T}}Y \tag{8-12}$$

称此方程组为正规方程组。

依据假定 $R(X)=+1$,所以 $R(X^{\mathrm{T}}X)=R(X)=\rho+1$,故 $(X^{\mathrm{T}}X)^{-1}$ 存在,解正规方程组式 (8.12) 得

$$\hat{\beta}=(X^{\mathrm{T}}X)^{-1}X^{\mathrm{T}}Y \tag{8-13}$$

称 $\hat{y}=\hat{\beta}_0+\hat{\beta}_1X_1+\hat{\beta}_2X_2+\cdots+\hat{\beta}_pX_p$ 为经验回归方程。

8.4.3　回归方程的显著性检验

给定因变量 y 与 $x_1,x_2,\cdots,x_p$ 的 n 组观测值,利用前述方法确定线性回归方程是否有意义,还有待于显著性检验。下面分别介绍回归方程显著性的 F 检验和回归系数的 t 检验,同时介绍衡量回归拟合程度的拟合优度检验。

对多元线性回归方程作显著性检验就是要看自变量 $x_1,x_2,\cdots,x_p$ 从整体上对随机变量 y 是否有明显的影响,即检验假设:

$$\begin{cases} H_0:\beta_1=\beta_2=\cdots\beta_p=0 \\ H_1:\beta_i\neq 0,1\leqslant i\leqslant p \end{cases}$$

如果 H_0 被接受,则表明 y 与 $x_1,x_2,\cdots,x_p$ 之间不存在线性关系。

我们知道,观测值 $y_1,y_2,\cdots,y_n$ 之所以有差异,是由于下述两个原因引起的:一个是 y 与 $x_1,x_2,\cdots,x_p$ 之间确有线性关系时,由于 $x_1,x_2,\cdots,x_p$ 取值的不同而引起 $y_i(i=1,2,\cdots,n)$ 值的变化;另一个是除去 y 与 $x_1,x_2,\cdots,x_p$ 的线性关系以外的因素,如 $x_1,x_2,\cdots,x_p$ 对 y 的非线性影响以及随机因素的影响等,记 $\bar{y}=\dfrac{1}{n}\displaystyle\sum_{i=1}^{n}y_i$,则数据的总离差平方和(total sum of squares)为:

$$\mathrm{SST}=\sum_{i=1}^{n}(y_i-\bar{y})^2 \tag{8-14}$$

反映了数据的波动性的大小。

残差平方和为:

$$\mathrm{SSE}=\sum_{i=1}^{n}(y_i-\hat{y}_i)^2 \tag{8-15}$$

反映了除去 y 与 $x_1,x_2,\cdots,x_p$ 之间的线性关系以外的因素引起的数据 $y_1,y_2,\cdots,y_n$ 的波动,若 $\mathrm{SSE}=0$,则每个观测值可由线性关系精确拟合,SSE 越大,观测值和线性拟合值间的偏差也越大。

回归平方和(regression sum of squares)为:

$$\mathrm{SSR}=\sum_{i=1}^{n}(\hat{y}_i-\bar{y})^2 \tag{8-16}$$

由于可证明 $\dfrac{1}{n}\sum\limits_{i=1}^{n}\hat{y}_i=\overline{y}$ ，故 SSR 反映了线性拟合值与它们的平均值的宗偏差，即由变量 $x_1,x_2,\cdots,x_p$ 的变化引起 $y_1,y_2,\cdots,y_n$ 的波动。若 SSR = 0，则每一个拟合值均相当，即 $\hat{y}_i$ 不随 $x_1,x_2,\cdots,x_p$ 而变化，这意味着 $\beta_1=\beta_2=\cdots=\beta_p=0$。利用代数运算和正规方程组可以证明：

$$\sum_{i=1}^{n}(y_i-\overline{y})^2=\sum_{i=1}^{n}(\hat{y}_i-\overline{y})^2+\sum_{i=1}^{n}(y_i-\hat{y}_i)^2$$

即
$$\text{SST}=\text{SSR}+\text{SSE} \tag{8-17}$$

因此，SSR 越大，说明由线性回归关系所描述的 $y_1,y_2,\cdots,y_n$ 的波动性的比例就越大，即 y 与 $x_1,x_2,\cdots,x_p$ 的线性关系就越显著，线性模型的拟合效果越好。

另外，通过矩阵运算可以证明 SST、SSE、SSR 有如下形式的矩阵表示：

$$\begin{cases} \text{SST}=Y^{\mathrm{T}}Y-\dfrac{1}{n}Y^{\mathrm{T}}JY=Y^{\mathrm{T}}\left(I_n-\dfrac{1}{n}J\right)Y \\[2mm] \text{SSE}=e^{\mathrm{T}}e=Y^{\mathrm{T}}Y-\beta X^{\mathrm{T}}Y=Y^{\mathrm{T}}(I_n-H)Y \\[2mm] \text{SSY}=\beta X^{\mathrm{T}}Y-\dfrac{1}{n}Y^{\mathrm{T}}JY=Y^{\mathrm{T}}\left(H-\dfrac{1}{n}J\right)Y \end{cases} \tag{8-18}$$

其中 J 表示一个元素全为 1 的 n 阶方阵。

对应于 SST 的分解，其自由度也有相应的分解，这里的自由度是指平方中独立变化项的数目。在 SST 中，由于有一个关系式 $\sum\limits_{i=1}^{n}(y_i-\overline{y})=0$，即 $y_i-\overline{y}(i=1,2,\cdots,n)$ 彼此并不是独立变化的，故其自由度为 $n-1$。

可以证明，SSE 的自由度为 $n-p-1$，SSR 的自由度为 p，因此对应于 SST 的分解，也有自由度的分解关系

$$n-1=(n-p-1)+p \tag{8-19}$$

基于以上的 SST 和自由度的分解，可以建立方差分析表：

方差来源	平方和	自由度	均方差	F 值
SSR	$Y^{\mathrm{T}}\left(H-\dfrac{1}{n}J\right)Y$	p	$\text{MSR}=\dfrac{\text{SSR}}{p}$	$F=\dfrac{\text{MSR}}{\text{MSE}}$
SSE	$Y^{\mathrm{T}}(I-H)Y$	$n-p-1$	$\text{MSE}=\dfrac{\text{SSE}}{n-p-1}$	
SST	$Y^{\mathrm{T}}\left(I-\dfrac{1}{n}J\right)Y$	$n-1$		

与一元线性回归时一样，可以用 F 统计量检验回归方程的显著性，也可以用 P 值法（P-value）作检验，F 统计量为：

$$F=\frac{\text{MSR}}{\text{MSE}}=\frac{\text{SSR}/p}{\text{SSE}/(n-p-1)} \tag{8-20}$$

当 H_0 为真时，$F\sim F(p,n-p-1)$，给定显著性水平 α，查 F 分布表得临界值 $F_\alpha(p,n-p-1)$，计算 F 的观测值 F_0，若 $F_0\leqslant F_\alpha(p,n-p-1)$，则接受 H_0，即在显著性水平 α 之下，认为

y 与 $x_1, x_2, \cdots, x_p$ 的线性关系就不显著;当 $F_0 \geqslant F_\alpha(p, n-p-1)$ 时,这种线性关系是显著的,利用 P 值法作显著性检验十分方便;这里的 P 值是 $P(F > F_0)$,表示第一、第二自由度分别为 p, $n-p-1$ 的 F 变量取值大于 F_0 的概率,利用计算机很容易计算出这个概率,很多统计软件(如 SPSS)都给出了检验的 P 值,省去了查分布表的麻烦,对于给定的显著性水平 α,若 $P < \alpha$,拒绝 H_0,反之,则接受 H_0。

如果检验的结果是接受原假设 H_0,那意味着什么呢? 这时候表明,与模型的误差相比,自变量对因变量的影响是不重要的。这可能有两种情况,其一是模型的各种误差太大,即使回归自变量对因变量 y 有一定的影响,但相比于误差也不算大,对于这种情况,我们要想办法缩小误差,比如检查是否漏掉了重要的自变量,或检查某些自变量与 y 是否有非线性关系等;其二是自变量对 y 的影响确实很小,这时建立 y 与诸自变量的回归方程没有实际意义。

8.4.4 回归系数的显著性检验

回归方程通过了显著性检验并不意味着每个自变量 $X_i(i=1,2,\cdots,p)$ 都对 Y 有显著的影响,可能其中的某个或某些自变量对 Y 的影响并不显著。我们自然希望从回归方程中剔除那些对 Y 的影响不显著的自变量,从而建立一个较为简单有效的回归方程,这就需要对每一个自变量作考察。显然,若某个自变量 X_i 对 Y 无影响,那么在线性模型中,它的系数 β_i 应为零。因此检验 X_i 的影响是否显著等价于检验假设:

$$H_0: \beta_i = 0, H_1: \beta_i \neq 0$$

(1)t 检验

在 $\beta_i = 0$ 假设下,可应用 t 检验:

$$t_i = \frac{b_i / \sqrt{c_{ii}}}{\sqrt{Q/(n-m-1)}}, i=1,2,\cdots,m \tag{8-21}$$

式中,c_{ii} 为矩阵 $\boldsymbol{C} = (c_{ij}) = \boldsymbol{S}^{-1} = (s_{ij})^{-1}$ 的对角线上第 i 个元素。

对给定的检验水平 α,从 t 分布表中可查出与 α 对应的临界值 t_α,如果有 $|t_i| > t_\alpha$,则拒绝假设 H_0,即认为 β_i 与 0 有显著差异,这说明 x_i 对 y 有重要作用,不应剔除;如果有 $|t_i| < t_\alpha$,则接受假设 H_0,即认为 $\beta_i = 0$ 成立,这说明 x_i 对 y 不起作用,应予剔除。

(2)F 检验

检验假设 $H_0: \beta_i = 0$,亦可用服从自由度分别为 1 与 $n-m-1$ 的 F 分布的统计量

$$F_i = \frac{b_i^2 / c_{ii}}{Q/(n-m-1)} \sim F(1, n-m-1) \tag{8-22}$$

式中,c_{ii} 为矩阵 $\boldsymbol{C} = (c_{ij}) = \boldsymbol{S}^{-1} = (s_{ij})^{-1}$ 的主对角线上第 i 个元素。对于给定的检验水平 α,从 F 分布表中可查得临界 $F_\alpha(1, n-m-1)$,如果有 $F_i > F_\alpha(1, n-m-1)$,则拒绝假设 H_0,认为 x_i 对 y 有重要作用。如果 $F_i \leqslant F_\alpha(1, n-m-1)$,则接受假设 H_0,即认为自变量 x_i 对 y 不起重要作用,可以剔除。一般一次 F 检验只剔除一个自变量,且这个自变量是所有不显著自变量中 F 值最小者,然后再建立回归方程,并继续进行检验,直到建立的回归方程及各个自变量均显著为止。

最后指出,上述对各自变量进行显著性检验采用的两种统计量 F_i 与 t_i 实际上是等价的,因为由式(8-21)及式(8-22)知,有

$$F_i = t_i^2 \tag{8-23}$$

8.5　最优经验回归函数

8.5.1　偏 F 检验法

设模型中已有 $l-1$ 个自变量,记这 $l-1$ 个自变量的集合为 A,当不在 A 中的一个自变量 x_k 加入到这个模型中时,偏 F 统计量的一般形式为

$$F = \frac{\text{SSE}(A) - \text{SSE}(A, x_k)}{\text{SSE}(A, x_k)/(n-l-1)} = \frac{\text{SSR}(x_k \mid A)}{\text{MSE}(A, x_k)} \tag{8-24}$$

8.5.2　自变量的选择

应用回归分析去处理实际问题时,回归自变量选择是首先要解决的重要问题。通常,在做回归分析时,人们根据所研究问题的目的,结合实际问题罗列出对因变量可能有影响的一些因素作为自变量引进回归模型,其结果是把一些对因变量影响很小的,有些甚至没有影响的自变量也选入了回归模型中,这样一来,不但计算量变大,而且估计和预测的精度也会下降。此外,如果遗漏了某些重要变量,回归方程的效果肯定不好。在一些情况下,某些自变量观测数据的获得代价昂贵,如果这些自变量本身对因变量的影响很小或根本没有影响,我们不加选择地引进回归模型,势必造成观测数据收集和模型应用的费用不必要的加大。因此,在应用回归分析时,对进入模型的自变量做精心的选择是十分必要的。

在多元线性回归模型中,自变量的选择实质上就是模型的选择。

若在一个回归问题中有 m 个变量可供选择,那么我们可以建立 C_m^1 个不同的一元线性回归方程,C_m^2 个不同的二元线性回归方程,$\cdots$,C_m^m 个 m 元线性回归方程,所有可能的回归方程共有 $C_m^1 + C_m^2 + \cdots + C_m^m = 2^m - 1$ 个,前面提到的多元线性回归中选变量也即选模型,即从这 $2^m - 1$ 个回归方程中选取"最优"的一个,为此就需要有选择的准则。当自变量的个数不多时,利用某种准则,从所有可能的回归模型中寻找最优回归方程是可行的。但若自变量的数目较多时,求出所有的回归方程式很不容易。为此,人们提出了一些较为简便实用的快速选择最优方程的方法,下面我们简单地介绍一下前向法、后向法、逐步回归法、AIC 准则和 C_p 法。

8.5.2.1　前向法和后向法

前向法的思想是这样的:设所考虑的回归问题中,对因变量 y 有影响的自变量共有 m 个,首先将这 m 个自变量分别与 y 建立 m 个一元线性回归方程,并分别计算出这 m 个一元回归方程的偏 F 检验值,记为 $\{F_1^{(1)}, F_2^{(1)}, \cdots, F_m^{(1)}\}$,若其中偏 F 值最大者(为方便叙述起见,不妨设为 $F_1^{(1)}$)所对应的一元线性回归方程都不能通过显著性检验,则可以认为这些自变量不能与 y 建立线性回归方程;若该一元方程通过了显著性检验,则首先将变量 x_1 引入回归方程;接下来由 y 与 x_1 以及其他自变量 $x_j(j \neq 1)$ 建立 $m-1$ 个二元线性回归方程对这 $m-1$ 个二

元回归方程中的 $x_2, x_3, \cdots, x_m$ 的回归系数作偏 F 检验,检验值记为 $\{F_2^{(2)}, F_3^{(2)}, \cdots, F_m^{(2)}\}$,若其中最大者(不妨设为 $F_2^{(2)}$)通过了显著性检验,则又将变量 x_2 引入回归方程,依此方法继续下去,直到所有未被引入方程的自变量的偏 F 值都小于显著性检验的临界值,即再也没有自变量能够引入回归方程为止。这样得到的回归方程就是最终确定的方程。

后向法与前向法相反,首先用 m 个自变量与 y 建立一个回归方程,然后在这个方程中剔除一个最不重要的自变量,接着又利用剩下的 $m-1$ 个自变量与 y 建立线性回归方程,再剔除一个最不重要的自变量,依次进行下去,直到没有自变量能够剔除为止。

8.5.2.2 逐步回归法

前向法和后向法都有其不足,人们为了吸收这两种方法的优点,克服它们的不足,提出了逐步回归法。逐步回归法的基本思想是有进有出,具体做法是将变量一个一个引入,引入变量的条件是通过了偏 F 统计量的检验。同时,每引入一个新的变量后,对已选方程的老变量进行检验,将经检验认为不显著的变量剔除,此过程经过若干步,直到既不能引入新变量,又不能剔除老变量为止。

设模型中已有 $l-1$ 个自变量,记这 $l-1$ 个自变量的集合为 A,当不在 A 中的一个自变量 x_k 加入到这个模型中时,偏 F 统计量的一般形式为:

$$F = \frac{\mathrm{SSE}(A) - \mathrm{SSE}(A, x_k)}{\mathrm{SSE}(A, x_k)/(n-l-1)} = \frac{\mathrm{SSR}(x_k \mid A)}{\mathrm{MSE}(A, x_k)} \tag{8-24}$$

8.5.2.3 AIC 准则

这个准则由日本统计学家赤池(Akaike)提出,人们称它为 Akaike information criterion,简称为 AIC。AIC 准则通常定义为:

$$\mathrm{AIC} = -2\ln L(\hat{\theta}_L, x) + 2p$$

式中,$L(\hat{\theta}_L, x)$ 为模型的对数似然函数的极大值;p 为模型中独立的参数的个数。

在实用中,也经常用 $\mathrm{AIC} = n\ln(SSE_p) + 2p$ 计算赤池信息量,选择 AIC 值最小的回归方程为最优回归方程。

8.5.2.4 C_p 法(C_p 统计量)

$$C_p = 2p - n + \frac{SSE_p}{s^2}$$

式中,s^2 为全模型中 σ^2 的无偏估计。

考虑在 n 个样本点上,用选模型作预测时,预测值与期望值的相对偏差平方和为:

$$J_p = \frac{1}{\sigma^2} \sum_i (\tilde{y}_i - Ey_i)^2 = \frac{1}{\sigma^2} \sum_i (x'_{ip}\tilde{\beta}_p - x'_i)^2$$

而,$EJ_p = \dfrac{1}{\sigma^2} \sum_i \left[E(x'_{ip}\tilde{\beta}_p - Ex'_{ip}\tilde{\beta}_p)^2 + E(Ex'_{ip}\tilde{\beta}_p - x'_i)^2 \right] \hat{=} \dfrac{1}{\sigma^2}(I_1 + I_2)$

$$I_1 = \sum_i Dx'_{ip}\tilde{\beta}_p = \sum_i x'_{ip} D\tilde{\beta}_p x_{ip} = \sigma^2 \sum_i x'_{ip}(X'_p X_p)^{-1} x_{ip}$$

$$= \sigma^2 \sum_i tr(x'_p x_p)^{-1} x_{ip} x'_{ip} = \sigma^2 tr(x'_p x_p)^{-1} \sum_i x_{ip} x'_{ip} = \sigma^2 p$$

$$I_2 = \sum_{i=1}^{n} (Ex'_{ip}\widetilde{\beta}_p - x'_i)^2 = \sum_{i=1}^{N} (x'_{ip}B^{-1}C\beta_q - x'_{iq}\beta_q)^2$$

$$= \sum_{i=1}^{n} \beta'_q(C'B^{-1}x_{ip} - x_{iq})(x'_{ip}B^{-1}C - x'_{iq})\beta_q$$

$$= \sum_{i=1}^{n} \beta'_q(C'B^{-1}x_{ip}x'_{ip}B^{-1}C - x_{ip}x'_{ip}B^{-1}C - C'B^{-1}x_{ip}x'_{iq} + x_{iq}x'_{iq})\beta_q$$

$$= \beta'_q(C'B^{-1}\sum x_{ip}x'_{ip}B^{-1}C - \sum_{i=1}^{n} x_{iq}x'_{ip}B^{-1}C - C'B^{-1}\sum x_{ip}x'_{iq} + \sum x_{iq}x'_{iq})\beta_q$$

$$= \beta'_q(C'B^{-1}BB^{-1}C - C'B^{-1}C - C'B^{-1}C + D)\beta_q$$

$$= \beta'_q(D - C'B^{-1}C)\beta_q$$

$$= (E\widetilde{\sigma}_p^2 - \sigma^2)(n - p)$$

由此可知:

$$EJ_p = \frac{1}{\sigma^2}\{E\widetilde{\sigma}_p^2(n-p) - \sigma^2(n-2p)\}$$

$$= \frac{1}{\sigma^2}\{E\widetilde{\sigma}_p^2(N-p) + (2p-n)\sigma^2\}$$

$$= \frac{ESSE_p}{\sigma^2} + 2p - n$$

故选 $C_p = 2p - n + \dfrac{SSE_p}{S^2}$

从上面 C_p 统计量的定义可知,要选 C_p 值小并且 $|C_p-P|$ 的回归方程。

8.6 非线性回归分析

有一类模型,其回归参数不是线性的,也不能通过转换的方法将其变为线性的参数,这类模型称为非线性回归模型。在许多实际问题中,回归函数往往是较复杂的非线性函数。非线性函数的求解一般可分为将非线性变换成线性和不能变换成线性两大类。这里主要讨论可以变换为线性方程的非线性问题。

所谓回归分析法,是在掌握大量观察数据的基础上,利用数理统计方法建立的因变量与自变量之间的回归关系函数表达式(称回归方程式)。回归分析中,当研究的因果关系只涉及因变量和一个自变量时,叫作一元回归分析;当研究的因果关系涉及因变量和两个或两个以上自变量时,叫作多元回归分析。此外,回归分析中,又依据描述自变量与因变量之间因果关系的函数表达式是线性的还是非线性的,分为线性回归分析和非线性回归分析。通常线性回归分析法是最基本的分析方法,遇到非线性回归问题可以借助数学手段化为线性回归问题处理。

处理非线性回归的基本方法是:通过变量变换,将非线性回归化为线性回归,然后用线性回归方法处理。假定根据理论或经验,已获得输出变量与输入变量之间的非线性表达式,但表达式的系数是未知的,要根据输入输出的 n 次观察结果来确定系数的值。按最小二乘法原理来求出系数值,所得到的模型为非线性回归模型(nonlinear regression model)。

如果回归模型的因变量是自变量的一次以上函数形式,回归规律在图形上表现为形态各异的各种曲线,称为非线性回归。

现实世界中严格的线性模型并不多见,它们或多或少都带有某种程度的近似;在不少情况下,非线性模型可能更加符合实际。由于人们在传统上常把"非线性"视为畏途,非线性回归的应用在国内还不够普及。事实上,在计算机与统计软件十分发达的令天,非线性回归的基本统计分析已经与线性回归一样切实可行。在常见的软件包中(诸如 SAS、SPSS、R 等等),人们已经可以像线性回归一样,方便地对非线性回归进行统计分析。因此,在国内回归分析方法的应用中,已经到了"更上一层楼",线性回归与非线性回归同时并重的时候。

对变量间非线性相关问题的曲线拟合,处理的方法主要有:

(1)首先,决定非线性模型的函数类型,对于其中可线性化问题,则通过变量变换将其线性化,从而归结为前面的多元线性回归问题来解决。

(2)其次,当实际问题的曲线类型不易确定时,由于任意曲线皆可由多项式来逼近,故常可用多项式回归来拟合曲线。

(3)最后,若变量间非线性关系式已知(多数未知),且难以用变量变换法将其线性化,则进行数值迭代的非线性回归分析。

8.6.1 Logistic 回归

Logistic 回归是一种广义线性回归(generalized linear model),因此与多重线性回归分析有很多相同之处。它们的模型形式基本上相同,都具有 $w'x+b$,其中 w 和 b 是待求参数,其区别在于它们的因变量不同,多重线性回归直接将 $w'x+b$ 作为因变量,即 $y=w'x+b$,而 Logistic 回归则通过函数 L 将 $w'x+b$ 对应一个隐状态 $p,p=L(w'x+b)$,然后根据 p 与 $1-p$ 的大小决定因变量的值。如果 L 是 Logistic 函数,就是 Logistic 回归,如果 L 是多项式函数就是多项式回归。

Logistic 回归的因变量可以是二分类的,也可以是多分类的,但是二分类的更为常用,也更加容易解释,多分类可以使用 softmax 方法进行处理。实际中最为常用的就是二分类的Logistic 回归。

(1)Logistic 回归模型的适用条件:

1)因变量为二分类的分类变量或某事件的发生率,并且是数值型变量。但是需要注意,重复计数现象指标不适用于 Logistic 回归。

2)残差和因变量都要服从二项分布。二项分布对应的是分类变量,所以不是正态分布,进而不能用最小二乘法,而是用最大似然法来解决方程估计和检验问题。

3)自变量和 Logistic 概率是线性关系,各观测对象间相互独立。

(2)Logistic 回归模型的原理:如果直接将线性回归的模型扣到 Logistic 回归中,会造成方程两边取值区间不同和普遍的非直线关系。因为 Logistic 中因变量为二分类变量,某个概率作为方程的因变量估计值取值范围为 0~1,但是方程右边取值范围是无穷大或者无穷小,所以才引入 Logistic 回归。

（3）Logistic 回归实质：发生概率除以没有发生概率，再取对数。就是这个不太烦琐的变换改变了取值区间的矛盾和因变量自变量间的曲线关系。究其原因，是发生和未发生的概率有了比值，这个比值就是一个缓冲，将取值范围扩大，再进行对数变换，整个因变量改变。不仅如此，这种变换往往使得因变量和自变量之间呈线性关系，这是根据大量实践经验总结出来的。所以，Logistic 回归从根本上解决因变量要不是连续变量怎么办的问题。还有，Logistic 应用广泛的原因是许多现实问题跟它的模型吻合。例如一件事情是否发生跟其他数值型自变量的关系。

注意：如果自变量为字符型，就需要进行重新编码。一般来说，自变量有三个水平就非常难对付，所以，如果自变量有更多水平，就会很复杂。这里只讨论自变量只有三个水平，需要再设两个新变量。共有三个变量，第一个变量编码 1 为高水平，0 为其他水平。第二个变量编码 1 为中间水平，0 为其他水平。第三个变量，所有水平都为 0。特别麻烦，而且不容易理解。最好不要这样做，也就是，最好自变量都为连续变量。

（4）拟合 Logistic 回归方程的步骤：

1）对每一个变量进行量化，并进行单因素分析。

2）数据的离散化，对于连续性变量在分析过程中常常需要进行离散变成等级资料。可采用的方法有依据经验进行离散，或是按照四分、五分位数法来确定等级，也可采用聚类方法将计量资料聚为二类或多类，变为离散变量。

3）对性质相近的一些自变量进行部分多因素分析，并探讨各自变量（等级变量，数值变量）纳入模型时的适宜尺度，以及对自变量进行必要的变量变换。

4）在单变量分析和相关自变量分析的基础上，对 $P \leqslant \alpha$（常取 0.2、0.15 或 0.3）的变量，以及专业上认为重要的变量进行多因素的逐步筛选；模型程序每拟合一个模型将给出多个指标值，供用户判断模型优劣和筛选变量。可以采用双向筛选技术：①进入变量的筛选用 Score 统计量或 G 统计量或 LRS（似然比）统计量，用户确定 P 值临界值，如 0.05、0.1 或 0.2，选择统计量显著且最大的变量进入模型；②剔除变量的选择用 Z 统计量（Wald 统计量），用户确定其 P 值显著性水平，当变量不显著，从模型中予以剔除。这样，选入和剔除反复循环，直至无变量选入，也无变量剔除为止，选入或剔除的显著界值的确定要依具体的问题和变量的多寡而定，一般地，当纳入模型的变量偏多，可提高选入界值或降低剔除标准，反之，则降低选入界值，提高删除标准。但筛选标准的不同会影响分析结果，这在与他人结果比较时应当注意。

5）在多因素筛选模型的基础上，考虑有无必要纳入变量的交互作用项；两变量间的交互作用为一级交互作用，可推广到二级或多级交互作用，但在实际应用中，各变量最好相互独立（也是模型本身的要求），不必研究交互作用，最多是研究少量的一级交互作用。

6）对专业上认为重要但未选入回归方程的要查明原因。

（5）回归方程拟合优劣的判断（为线性回归方程判断依据，可用于 Logistic 回归分析）：

1）决定系数（R^2）和校正决定系数（R_c^2），可以用来评价回归方程的优劣。R^2 随着自变量个数的增加而增加,所以需要校正;校正决定系数(R_c^2)越大,方程越优。但亦有研究指出,R^2 是多元线性回归中经常用到的一个指标,表示的是因变量的变动中由模型中自变量所解释的百分比,并不涉及预测值与观测值之间差别的问题,因此在 Logistic 回归中不适合。

2)C_p 选择法,选择 C_p 最接近 p 或 $p+1$ 的方程(不同学者解释不同)。C_p 无法用 SPSS 直接计算,可能需要手工。1964 年 C. L. Mallows 提出:

$$C_p = \frac{(\text{SSE})_p}{(\text{MSE})_m} - (n-2p) = \frac{(n-p-1)(\text{MSE})_p}{(\text{MSE})_m} - (n-2p)$$

C_p 接近 $(p+1)$ 的模型为最佳,其中 p 为方程中自变量的个数,m 为自变量总个数。

3)AIC 准则,1973 年由日本学者赤池提出 AIC 计算准则,AIC 越小拟合的方程越好。

$$\text{AIC} = n\ln\left[(n-p)/n \times S_{y,1,2,\cdots,p}^2\right] + 2p$$

在 Logistic 回归中,评价模型拟合优度的指标主要有 Pearson χ^2、偏差(deviance)、Hosmer-Lemeshow(HL)指标、Akaike 信息准则(AIC)、SC 指标等。Pearson χ^2、偏差主要用于自变量不多且为分类变量的情况,当自变量增多且含有连续型变量时,用 HL 指标则更为恰当。Pearson χ^2、偏差、HL 指标值均服从 χ^2 分布,χ^2 检验无统计学意义($P>0.05$)表示模型拟合的较好,χ^2 检验有统计学意义($P \leq 0.05$)则表示模型拟合的较差。AIC 和 SC 指标还可用于比较模型的优劣,当拟合多个模型时,可以将不同模型按其 AIC 和 SC 指标值排序,AIC 和 SC 值较小者一般认为拟合得更好。

(6)拟合方程的注意事项:

1)进行方程拟合对自变量筛选采用逐步选择法[前向法(forward)、后向法(backward)、逐步回归法(stepwise)]时,引入变量的检验水准要小于或等于剔除变量的检验水准。

2)小样本检验水准 α 定为 0.10 或 0.15,大样本把 α 定为 0.05。值越小说明自变量选取的标准越严。

3)在逐步回归时,可根据需要放宽或限制进入方程的标准,或硬性将最感兴趣的研究变量选入方程。

4)强影响点记录的选择。从理论上讲,每一个样本点对回归模型的影响应该是同等的,实际并非如此。有些样本点(记录)对回归模型影响很大。对由过失或错误造成的点应删去,没有错误的强影响点可能和自变量与应变量的相关有关,不可轻易删除。

5)多重共线性的诊断(SPSS 中的指标)。①容许度越近似于零,共线性越强;②特征根越近似于零,共线性越强;③条件指数越大,共线性越强。

6)异常点的检查。主要包括特异点(outlier)、高杠杆点(high leverage points)以及强影响点(influential points)。特异点是指残差较其他各点大得多的点;高杠杆点是指距离其他样品较远的点;强影响点是指对模型有较大影响的点,模型中包含该点与不包含该点会使求得的回归系数相差很大。单独的特异点或高杠杆点不一定会影响回归系数的估计,但如果既是特异点又是高杠杆点则很可能是一个影响回归方程的"有害"点。对特异点、高杠杆点、强影响点诊断的指标有 Pearson 残差、Deviance 残差、杠杆度统计量 H(hat matrix diagnosis)、Cook 距离、DFBETA 指标、Score 检验统计量等。这六个指标中,Pearson 残差、Deviance 残差可用来检查特异点,如果某观测值的残差值大于 2,则可认为是一个特异点。杠杆度统计量 H 可用来发现高杠杆点,H 值大的样品说明距离其他样品较远,可认为是一个高杠杆点。Cook 距离、DFBETA 指标可用来度量特异点或高杠杆点对回归模型的影响程度。Cook 距离是标准化残差和杠杆度两者的合成指标,其值越大,表明所对应的观测值的影响越大。DF-BETA 指标值反映了某个样品被删除后 Logistic 回归系数的变化,变化越大(即 DFBETA 指标值越大),表明该观测值的影响越大。如果模型中检查出有特异点、高杠杆点或强影响点,首先应根据专业知识、数据收集的情况,分析其产生原因后酌情处理。如来自测量或记录错误,应剔除或校正,否则处置就必须持慎重态度,考虑是否采用新的模型,而不能只是简单地删除就算完事。因为在许多场合,异常点的出现恰好是我们探测某些事先不清楚的或许更为重要因素的线索。

7)回归系数符号反常与主要变量选不进方程的原因:①存在多元共线性;②有重要影响的因素未包括在内;③某些变量个体间的差异很大;④样本内突出点上数据误差大;⑤变量的变化范围较小;⑥样本数太少。

(7)参数意义:

1)Logistic 回归中的常数项(b_0)表示在不接触任何潜在危险/保护因素条件下,效应指标发生与不发生事件的概率之比的对数值。

2)Logistic 回归中的回归系数(b_i)表示其他所有自变量固定不变,某一因素改变一个单位时,效应指标发生与不发生事件的概率之比的对数变化值,即 OR 或 RR 的对数值。需要指出的是,回归系数 β 的大小并不反映变量对疾病发生的重要性,那么哪种因素对模型贡献最大即与疾病联系最强呢?($\ln L_{(t-1)} - \ln L_{(t)}$)三种方法结果基本一致。

3)存在因素间交互作用时,Logistic 回归系数的解释变得更为复杂,应特别小心。

4)模型估计出 OR,当发病率较低时,OR ≈ RR,因此发病率高的疾病资料不适合使用该模型。另外,Logistic 模型不能利用随访研究中的时间信息,不考虑发病时间上的差异,因而只适于随访期较短的资料,否则随着随访期的延长,回归系数变得不稳定,标准误增加。

8.6.2 非线性回归模型的线性化

在实际问题中,一些非线性回归模型可通过变量变换的方法化为线性回归问题。例如,对非线性回归模型——幂函数、指数函数、双曲线函数、S 形曲线函数等,可以分别通过相应的变量变换的线性化方法,转化为线性化模型,详见表 8-1。

表 8-1 各种非线性回归模型及线性化方法

非线性回归模型		变换	变换后的线性式
幂函数 $y = \alpha x^\beta$		$y' = \ln y, x' = \ln x$	$y' = \ln\alpha + \beta x'$
指数函数	$y = \alpha e^{\beta x}$	$y' = \ln y$	$y' = \ln\alpha + \beta x$
	$y = \alpha e^{\frac{\beta}{x}}$	$y' = \ln y, x' = \dfrac{1}{x}$	$y' = \ln\alpha + \beta x'$

续表 8-1

非线性回归模型	变换	变换后的线性式
双曲线函数 $y = \dfrac{x}{\alpha x + \beta}$	$y' = \dfrac{1}{y}, x' = \dfrac{1}{x}$	$y' = \alpha + \beta x'$
对数函数 $y = \alpha + \beta \ln x$	$x' = \ln x$	$y = \alpha + \beta x'$
S 形曲线函数 $y = \dfrac{1}{\alpha + \beta e^{-x}}$	$y' = \dfrac{1}{y}, x' = e^{-x}$	$y' = \alpha + \beta x'$

　　当曲线的函数类型未确定时,我们常采用上述非线性模型作为其拟合曲线,即将自变量的各种初等函数的组合作为新自变量,用逐步回归法(或正交筛选法等)对新变量进行筛选,以确定一个项数不多的线性函数表达式。该方法对表达式形式没限制且精度要求不高的问题颇为有效。

8.7　本章小结

　　本章主要介绍了生物统计学的回归分析。首先介绍了回归分析的基本原理和步骤,主要包括线性模型与基本假定、平方和与自由度的剖分、F 分布与 F 检验、多重比较等基本概念与方法,还介绍了单一自由度的正交比较以及方差分析的基本步骤。其次分别介绍了单因素和两因素方差分析、方差分析的数学模型与期望均方。最后介绍了当样本分布不符合正态分布时进行数据转换的方法。

8.8　拓展阅读

　　(1)回归分析的 3 个主要量度

　　回归分析研究的是因变量和自变量之间的关系,通常用于预测分析,建立时间序列模型以及发现变量之间的因果关系。例如,司机的鲁莽驾驶与道路交通事故数量之间的关系,最好的研究方法就是回归。

　　回归分析主要有 3 个度量:自变量的个数、因变量的类型以及回归线的形状。

　　(2)几种常见的回归分析方法

　　1)Linear 回归,即线性回归,是预测模型首选方法,因变量是连续的,自变量可以是连续的也可以是离散的,回归线的性质是线性的。线性回归使用最佳的拟合直线在因变量 Y 和一个或多个自变量 X 之间建立一种关系。

　　要点:①自变量与因变量之间必须有线性关系。②多元回归存在多重共线性,自相关性和异方差性。③线性回归对异常值非常敏感,它会严重影响回归线,最终影响预测值。④多重共线性会增加系数估计值的方差,使得在模型轻微变化下,估计非常敏感,结果就是系数估计值不稳定。⑤在多个自变量的情况下,我们可以使用向前选择法、向后剔除法和逐步筛选法来选择最重要的自变量。

2）Logistic 回归,即逻辑回归,用来计算"事件真"和"事件假"的概率。当因变量的类型属于二元变量时,使用逻辑回归。

要点:①广泛地用于分类问题。②逻辑回归不要求自变量和因变量是线性关系。它可以处理各种类型的关系,因为它对预测的相对风险指数 OR 使用了一个非线性的 log 转换。③为了避免过度拟合和欠拟合,我们应该包括所有重要的变量。有一个很好的方法来确保这种情况,就是使用逐步筛选方法来估计逻辑回归。④它需要大的样本量,因为在样本数量较少的情况下,极大似然估计的效果比普通的最小二乘法差。⑤自变量不应该相互关联的,即不具有多重共线性。然而,在分析和建模中,我们可以选择包含分类变量相互作用的影响。⑥如果因变量的值是定序变量,则称它为序逻辑回归。⑦如果因变量是多分类的话,则称它为多元逻辑回归。

3）Polynomial 回归,即多项式回归,当自变量指数大于 1 时,可构建多项式回归方程,如:$y = a + bx^2$,最佳拟合线是一个用于拟合数据点的曲线。

要点:需要经常画出关系图来查看拟合情况,并且专注于保证拟合合理,既没有过度拟合又没有欠拟合。

4）Stepwise 回归,即逐步回归,在处理多个自变量时,通过观察统计值,如 $R-square$,$t-stats$ 和 AIC 指标,来识别重要的变量,逐步回归通过同时添加/删除基于指定标准的协变量来拟合模型。这种建模技术的目的是使用最少的预测变量数来最大化预测能力,是处理高维数据集的方法之一。

要点:①标准逐步回归法做两件事情。即增加和删除每个步骤所需的预测。②向前选择法从模型中最显著的预测开始,然后为每一步添加变量。③向后剔除法与模型的所有预测同时开始,然后在每一步消除最小显著性的变量。

5）Ridge 回归,即岭回归,是一种用于分析存在多重共线性(自变量高度相关)数据的方法。在多重共线性情况下,尽管最小二乘法对每个变量很公平,但它们的差异很大,使得观测值偏移并远离真实值。岭回归通过给回归估计上增加一个偏差度,来降低标准误差。

要点:①除常数项以外,这种回归的假设与最小二乘回归类似。②它收缩了相关系数的值,但没有达到零,这表明它没有特征选择功能。③这是一个正则化方法,并且使用的是 L2 正则化。

6）Lasso 回归,即套索回归,与岭回归类似,也会惩罚回归系数的绝对值大小。此外,它能够减少变化程度并提高线性回归模型的精度。

要点:①除常数项以外,这种回归的假设与最小二乘回归类似。②它的收缩系数接近零(等于零),这确实有助于特征选择。③这是一个正则化方法,使用的是 L1 正则化。④如果预测的一组变量是高度相关的,Lasso 会选出其中一个变量并且将其他的收缩为零。

7）ElasticNet 回归,即弹性网络回归,是 Lasso 回归和 Ridge 回归技术的混合体。它使用 L1 来训练,并且 L2 优先作为正则化矩阵。当有多个相关的特征时,ElasticNet 是很有用的。Lasso 会随机挑选它们其中的一个,而 ElasticNet 则会选择两个。

要点:①在高度相关变量的情况下,它会产生群体效应。②选择变量的数目没有限制。

③它可以承受双重收缩。

（3）如何正确选择回归模型

面对纷繁复杂的数据，在多类回归模型中，基于自变量和因变量的类型，数据的维数以及数据的其他基本特征的情况下，选择最合适的技术非常重要。

1）数据关系。首先要进行数据探索，明确变量间的关系和影响。

2）模型参数。主要从指标参数入手，如 R 方、校正的 R 方、AIC、BIC 以及误差项、Mallows、C_p 准则。这个主要是通过将模型与所有可能的子模型进行对比（或谨慎选择），检查模型中可能出现的偏差。

3）交叉验证。将数据集分成训练集与测试集两部分，使用两者间均方差评价预测精度。

4）变量分类。数据集是多混合变量时，不用自动模型选择方法。

5）研究目的。一个不太强大的模型与具有高度统计学意义的模型相比，更易于实现。

6）正则化。Lasso、Ridge 和 ElasticNet 等在高维和数据集变量之间多重共线性情况下运行良好。

8.9　习题

1. 简单叙述回归分析的目的以及回归分析的分类。

2. 简单叙述相关和回归之间的关系。

3. 使用 Pearson 线性相关系数有哪些前提？

4. 简单叙述最小二乘法的原理。

5. 简单叙述几种简便实用的快速选择最优方程的方法。

6. 某单位研究代乳粉营养价值时，用大白鼠做实验，得到大白鼠进食量和增加体重的数据如表 8-2 所示，求直线回归方程，并对回归系数做显著性检验。

表 8-2　8 只大白鼠的进食量和体重增加量

进食量/g	800	780	720	867	690	787	934	750
体重增量/g	185	158	130	180	134	167	186	133

7. 观测细菌繁殖过程，已知不同时刻细菌数目如下，试用 Logistic 曲线对其进行拟合：

$t = [1,2,3,4,5,6,7,8]$

细菌数目（百万/克）$Pop = [5.19, 5.30, 5.60, 5.82, 6.00, 6.06, 6.45, 6.95]$

注：Logistic 曲线的一般形式为 $y(t) = \dfrac{a}{1 + be^{ct}}$。

第 **9** 章

协方差分析

在前面章节中，我们已介绍过方差分析和回归分析，分别用于解决不同处理因素造成的响应变量是否存在显著差异、处理因素与响应变量是否存在线性回归关系等单纯化问题。而在实际应用中的一些场合，往往需要考虑某些不便控制或不感兴趣的"协变量"对响应变量的影响，进而提高处理效应比较的实验精度，这就要用到"协方差分析"(analysis of covariance, ANCOVA)方法，一种综合方差分析和回归分析对实验结果进行统计控制的方法。

9.1 协方差分析问题

首先我们通过一个例子来了解协方差问题。假设调查者想比较几种不同饲料对仔猪体重的影响，如果选择响应变量为实验结束后的仔猪体重，很明显该变量不仅与实验期间所喂的饲料有关，还与实验开始前仔猪的初始体重有关。为了控制或调整仔猪初始体重差异对统计分析结果的影响，一种办法是根据仔猪的初始体重进行分组，在各组内采用方差分析比较不同饲料对仔猪体重的影响效果。另外一种办法是完全随机化的实验设计，以实验期间的仔猪增重量作为响应变量，但这样也有问题：与初始体重小的仔猪相比，初始体重大的仔猪(先天吸收能力强)很可能增重量更大，分析结果包含了初始体重的影响，这里仔猪的初始体重即为所谓的协变量(covariate)，如果不考虑该协变量，直接使用方差分析显然会导致实验分析结果的不可靠甚至得到错误的结论。所以，在实验设计时，应把仔猪的初始体重作为一个协变量计入模型，这有助于准确解释最终的饲料增重效果。

另外一个相似的例子是分析降压药物的疗效时，高血压患者的初始血压水平对服药后血压下降程度是有影响的。如果不考虑受试者初始血压水平的差异，使用方差分析或 t 检验方法，直接比较不同用药处理组受试高血压患者的平均血压下降程度，这样的分析结果是不可靠的，因为初始血压水平作为一个隐含因素，其值显著地影响了血压值的变化水平，不能认为不同组受试平均血压下降程度仅受用药水平的影响。

对于采用完全随机化设计的实验，当统计模型不仅包含了感兴趣的处理因素(例如不同的饲料)，还包含了一些不便控制或不感兴趣且与响应变量相关的"协变量"时，即需要采用协方差分析方法,将协变量对响应变量的影响从自变量中分离出去,可以进一步提高实验精确度和统计检验灵敏度。

在统计分析中,协变量是指那些与因变量线性相关,并在探讨自变量(因素)与因变量(响应变量)关系时通过统计技术可以加以控制的非处理因素。在协方差分析中,协变量通常不能被实验者直接控制,但可以随着响应变量一起被观测(例如仔猪的初始体重)。协方差分析的目的就是消除协变量对响应变量的影响效应,使得各因素对响应变量的影响效果更加准确和单纯。直白一点来讲,协方差分析就是消除协变量的影响后再进行方差分析。

协方差分析的基本思想:在进行比较两组或多组响应变量均数是否存在显著性差异的方差分析之前,用线性回归的方法确定出协变量与响应变量之间的数量关系,用于得到去除协变量作用后的各组修正响应变量,然后用方差分析比较修正均数之间的差别。

9.2　协方差分析模型和应用条件

9.2.1　协方差分析模型

一个完全随机设计的实验,比较处理因素 V 对响应变量 Y 的影响。假设响应也受到干扰因素 X(协变量)的影响,X 在实验中或实验前可以测量。此外,假设在 $E[Y]$ 和 X 之间有线性关系,在每一种处理时有相同的斜率。然后,我们对每一种处理作 X-$E[Y]$ 图,我们将看到两条平行线,如图 9-1(a)所示。当然,X 与 $E[Y]$ 之间的关系也可以是非线性的,例如图 9-1(b)所示的二次方关系。

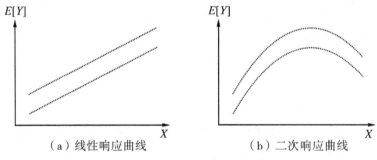

（a）线性响应曲线　　　　　　　　　　（b）二次响应曲线

图 9-1　线性和二次响应曲线

无论协变量与响应变量之间的关系具体表现形式如何,我们假定在每一种处理时二者之间的关系是不变的,因此,可以通过比较 X 的平均响应来比较两种处理方法的效果。这种分析模型就是协方差分析模型:

$$Y_{it} = \mu + \tau_i + \beta x_{it} + \varepsilon_{it}, \varepsilon_{it} \sim N(0, \sigma^2) \tag{9-1}$$

ε_{it} 相互独立,$t = 1, 2, \cdots, n$;$i = 1, 2, \cdots, v$。

式中,t 为每种处理中的样本序号,共有 n_i 个;i 为处理因子的个数,τ_i 是第 i 种处理的效应,如果有一个以上的处理因子,τ_i 代表第 i 种联合处理的效应,可以取代主效应和交互参数,且各个 τ_i 累加和为 0;在 t 时,第 i 种处理的协变量的值是 x_{it};β 为线性回归系数,βx_{it} 为协变量效应。重要的是,协变量 x_{it} 的值不被处理过程所影响,否则,在同一 x 值下的处理效应比较将会没有意义。

协方差模型分析的另一种常见表示形式如下,其中的协变量值被"中心"化:

$$Y_{it} = \mu_i^* + \tau_i + \beta(x_{it} - \bar{x}..) + \varepsilon_{it} \tag{9-2}$$

上述两个模型处理效果是一样的,β 在两种模型中都表示线性回归系数。在式(9-1)中,当 $x_{it} = 0$ 时,$\mu + \tau_i$ 表示平均响应;在模型(9-2)中,当 $x_{it} - \bar{x}..$ 时,$\mu_i^* + \tau_i$ 表示平均响应,$\mu^* = \mu - \beta\bar{x}..$。由于式(9-2)在进行最小二乘估计时更方便,采用范围较广。

协方差分析式(9-1)可以以各种方式推广,如果协变量的影响不是线性的,我们可以采用高阶多项式函数 $\beta_1 x + \beta_2 x^2 + \cdots + \beta_p x^p$ 来代替 β_x,用以充分模拟每个处理的响应曲线的共同形状,例如,2 个处理效应的平行二次响应曲线,如图 9-1(b)所示。如果有一个以上的协变量,则式(9-1)中的单协变量项可以由所有协变量的一个适当的多项式函数代替。例如,对于两个协变量 x_1 和 x_2,可以使用二阶函数 $\beta_1 x_1 + \beta_2 x_2 + \beta_{12} x_1 x_2 + \beta_{11} x_1^2 + \beta_{22} x_2^2$,依此类推。

9.2.2　协方差分析的应用条件

协方差分析适用于计量数据分析。在进行协方差分析时,应保证数据满足以下条件:

(1)各处理组观测样本独立同分布,都是随机抽样于具备方差齐性的正态分布总体,即各组方差相同。

(2)响应变量各总体与协变量客观存在线性回归关系,回归系数相同且不为零,即每个处理有相同的斜率。

(3)协变量为连续变量,而且与处理没有交互作用。

因此,在进行协方差前,要对数据资料进行方差齐次检验和回归系数(斜率同质性)检验,只有满足上述条件后才能应用协方差分析。一种快速简便的方式是通过绘制每一种处理因子作用下的响应变量与协变量的关系图进行观察,如果某组绘制的图是非线性的,那么该组协变量和响应之间的线性关系可能不充分。如果每组绘制的图都是线性的,我们就可以评估斜率是否相同,如果斜率相同,就可以开始协方差分析。

9.3　协方差分析过程示例

本节中我们结合一个具体的例子来讲解协方差分析过程。为研究三种饲料对猪的催肥效果,用每种饲料喂 8 头猪一段时间,测得每头猪的初始体重 X 和当前体重 Y,数据如表 9-1 所示,试分析三种饲料对猪的催肥效果是否相同。

此题中响应变量 Y 与协变量 X 为计量资料,如果不考虑猪仔初始体重 X 的影响,则成为分析不同饲料增重效果是否存在显著性差异的单因素方差分析问题;如果不同饲料的增重效果没有显著差异,则成为分析当前体重与初始体重的一元线性回归问题。

表 9-1　采用不同饲料喂养的猪仔增重情况对比

样本序号	初始体重 X/kg	当前体重 Y/kg	饲料类别
1	15	85	1
2	13	83	1
3	11	65	1
4	12	76	1
5	12	80	1
6	16	91	1
7	14	84	1
8	17	90	1
9	17	97	2
10	16	90	2
11	18	100	2
12	18	95	2
13	21	103	2
14	22	106	2
15	19	99	2
16	18	94	2
17	22	89	3
18	24	91	3
19	20	83	3
20	23	95	3
21	25	100	3
22	27	102	3
23	30	105	3
24	32	110	3

>x<-c(15,13,11,12,12,16,14,17,17,16,18,18,21,22,19,18,22,24,20,23,25,27,30,32)

>y<-c(85,83,65,76,80,91,84,90,97,90,100,95,103,106,99,94,89,91,83,95,100,102,105,110)

>g<-gl(3,8,24)

>d<-data. frame(x,y,g)

9.3.1　协方差分析条件判断

首先判断数据是否满足来自独立同分布的正态总体、不同处理水平组方差齐次等必要条件,如果满足,进行方差分析。典型的 R 语句如下:

>shapiro.test(y[g==1]) #正态性检验

返回结果为:

```
Shapiro-Wilk normality test
data:  y[g==1]
W=0.91255,p-value=0.3723
```

表示不能否定原假设,即可以认为数据抽样于正态总体。

>bartlett.test(y~g)　#方差齐次性 bartlett 检验

返回结果为:

```
Bartlett test of homogeneity of variances
data:  y by g
Bartlett's K-squared=2.1357,df=2,p-value=0.3438
```

表示不能否定原假设,即可以认为数据 y 在各组中的方差相同。

通过对协变量初始体重 x 和响应变量当前体重 y 进行上述分析,可以认为满足方差分析的基本条件,在不考虑协变量 X 的情况下进行方差分析,方差分析的思路和计算细节见第 8 章,下面直接给出用 R 进行方差分析的语句与结果:

```
> m1<-aov(y~g)
> summary.aov(m1)
          df  Sum Sq  Mean Sq  F value    Pr(>F)
g          2    1318    658.8    11.17    0.000496 * * *
Residuals 21    1238     59.0
---
Signif.codes:  0 '* * *' 0.001 '* *' 0.01 '*' 0.05 '.' 0.1 ' ' 1
```

方差表给出了组间离差平方和和组内离差平方和的值和自由度,以及二者均方误差比值对应的 F 值,可以看到,采用不同类别饲料喂养的猪仔当前体重存在显著差异。可以进一步具体比较是哪些水平存在差异:

```
>tapply(d$y,d$g,mean)  ##各组均值
        1       2       3
81.750  98.000  96.875
>TukeyHSD(m1)
  Tukey multiple comparisons of means
    95% family-wise confidence level
Fit: aov(formula=y~g)
```

```
$g
        diff        lwr        upr      p adj
2-1   16.250   6.572008   25.927992   0.0010426
3-1   15.125   5.447008   24.802992   0.0020800
3-2   -1.125  -10.802992   8.552992   0.9538823
```

很明显,其中2-1、3-1之间的差异是很显著的(差异置信不包括0,$p<0.05$),而3-2间没有显著差异。那么,能否认为猪仔的当前体重Y的差异是仅仅由饲料的差异造成的呢?应当进一步分析协变量初始体重X是否在各组中存在差异,如果不存在差异,则可以认为Y的变异仅由处理因素——饲料差异造成,否则应采用协方差分析。

```
>m3<-aov(x~g)
>summary(m3)
          Df Sum Sq Mean Sq F value  Pr(>F)
g          2   545.2  272.62   32.67 3.57e-07 * * *
Residuals 21   175.3    8.35
---
Signif.codes:  0 '* * *' 0.001 '* *' 0.01 '*' 0.05 '.' 0.1 ' ' 1
```

上述分析结果表明协变量X在不同的饲料组中也存在显著差异,而且各组间的X均值都存在显著差异,Y的变异也可能是由于X的变异造成的,因此需要采用协方差分析。

由于前面已经检验过协变量X与响应变量Y的正态性与方差齐次性,要进行协方差分析,还要判断响应变量各组总体是否与协变量客观存在线性回归关系,回归系数相同且不为零,可以分别利用各组数据拟合Y与X的线性回归关系,绘图观察各组回归直线斜率是否相同,如图9-2所示,在采用不同类型饲料的3组中,Y与X的回归直线斜率近似相同,可以进行协方差分析。

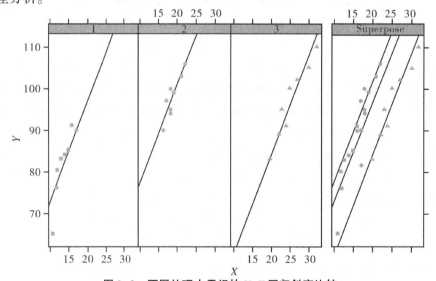

图9-2 不同处理水平组的Y-X回归斜率比较

下面从回归模型分析的角度介绍如何更可靠的判断各组 Y 与 X 间是否具有相同的线性回归斜率,在回归方程中同时考虑响应变量与处理因素、协变量以及处理因素与协变量的交互作用,建立如下模型:

$$Y_{it} = \mu + \beta_1 \tau_i + \beta_2 x_{it} + \beta_3 x_{it} \tau_i + \varepsilon_{it} \quad t = 1,2,\cdots,r_i; i = 1,2,\cdots,v \qquad (9-3)$$

如果上式中处理因素与协变量的交互作用项前的系数 β_3 不为零,则可以认为 Y 与 X 间在各组的线性回归斜率不相同,否则可认为 $Y-X$ 在处理水平不同的各组中都有相同的回归斜率 β_2。对于本例,将实验数据代入式(9-3),结果如下:

```
>m2<-lm(y ~ x+g+x:g,data=d)
>summary(m2)
Residuals:
    Min      1Q    Median      3Q      Max
-7.1032  -1.7213  -0.2063   1.9603   4.3889
Coefficients:
              Estimate    Std.Error     t value      Pr(>|t|)
(Intercept)   33.5159      7.8183        4.287       0.000444 * * *
x              3.5079      0.5628        6.233       7.01e-06 * * *
g2            21.0536     13.6574        1.542       0.140579
g3             9.6254     10.8540        0.887       0.386877
x:g2          -1.1761      0.8213       -1.432       0.169306
x:g3          -1.3904      0.6347       -2.191       0.041880 *
---
Signif.codes:  0 '* * * ' 0.001 '* * ' 0.01 '* ' 0.05 '.' 0.1 ' ' 1
Residual standard error: 3.159 on 18 degrees of freedom
Multiple R-squared:  0.9297,Adjusted R-squared:  0.9102
F-statistic: 47.64 on 5 and 18 DF,  p-value: 9.329e-10
```

从分析结果可以看出,整个回归关系显著成立,其中 Y 与 X 有显著的线性回归关系,其他回归关系不显著,可以认为交互项前的回归系数为零,即认为各组中的 $Y-X$ 线性回归斜率相同。各条件均已满足协方差分析条件,可以进行协方差分析。

9.3.2 协方差分析计算

协方差分析计算过程是从 Y 的总离均差平方和 $\sum_i (Y_i - \bar{Y})^2$ 中扣除协变量 X 对 Y 的回归平方和 $\sum_i (\hat{Y} - \bar{Y})^2$,并对离回归平方和作 $\sum_i (Y_i - \hat{Y})^2$ 进一步分解后再进行方差分析。

在计算过程中主要用到以下变量,下面各变量中的 S、T 和 E 分别表示总体的、组间的和组内的 Y、X 误差的平方和及交叉乘积和。它们之间的关系可用通式 $S = T + E$ 表示。下标 i 表示某类标号,下标 j 表示某一类中的样本标号,各均值表示中,下标含两个点(..)的表示对所有样本求均值,含一个点(.)的表示对该类样本求均值。

$$S_{YY} = \sum_{i=1}^{v} \sum_{j=1}^{n} (y_{ij} - \bar{y}_{..})^2$$

$$S_{XX} = \sum_{i=1}^{v} \sum_{j=1}^{n} (x_{ij} - \bar{x}_{..})^2$$

$$S_{XY} = \sum_{i=1}^{v} \sum_{j=1}^{n} (x_{ij} - \bar{x}_{..})(y_{ij} - \bar{y}_{..})$$

$$T_{YY} = \sum_{i=1}^{v} \sum_{j=1}^{n} (\bar{y}_{i.} - \bar{y}_{..})^2$$

$$T_{XX} = \sum_{i=1}^{v} \sum_{j=1}^{n} (\bar{x}_{i.} - \bar{x}_{..})^2 \qquad (9\text{-}4)$$

$$T_{XY} = \sum_{i=1}^{v} \sum_{j=1}^{n} (\bar{x}_{i.} - \bar{x}_{..})(\bar{y}_{i.} - \bar{y}_{..})$$

$$E_{YY} = \sum_{i=1}^{v} \sum_{j=1}^{n} (y_{ij} - \bar{y}_{i.})^2 = S_{YY} - T_{YY}$$

$$E_{XX} = \sum_{i=1}^{v} \sum_{j=1}^{n} (x_{ij} - \bar{x}_{i.})^2 = S_{XX} - T_{XX}$$

$$E_{XY} = \sum_{i=1}^{v} \sum_{j=1}^{n} (x_{ij} - \bar{x}_{i.})(y_{ij} - \bar{y}_{i.}) = S_{XY} - T_{XY}$$

需要注意的是,在单因素方差分析时,仅仅用到式(9-4)中下标为 YY 的部分,而在协方差分析时,还需要计算协变量 X,以及 X 与 Y 协同变化项的各项误差。

协方差分析主要包括三个重要计算步骤:

(1)检验 Y 与 X 间的回归关系是否显著,并确定回归系数。

分析误差项回归关系,从剔除处理间差异的影响的误差变异中检验 Y 与 X 之间是否存在线性回归关系。计算出误差项的回归系数并对线性回归关系进行显著性检验,若显著则说明两者间存在回归关系,这时就可应用线性回归关系来校正 Y 值,以消去协变量 X 的影响,然后根据校正后的 Y 值分析处理效应是否显著。如线性回归关系不显著,则无须继续进行分析。

回归关系检验如表 9-2 所示,其中组内误差平方和为 SS_e,回归误差平方和为 SS_R。

表 9-2　检验回归显著性的方差分析表

变异来源	平方和	自由度	均方	F
回归	$SS_R = E_{XY}^2/E_{XX}$	1	$MS_R = SS_{R/1}$	$F = MS_R/MS_e$
误差	$SS_e = E_{YY}/E_{XY}^2/E_{XX}$	$v(n-1)-1$	$MS_e = SS_e/[v(n-1)-1]$	
总和	E_{YY}	$v(n-1)$		

在式(9-1)中,β 的估计值为：

$$b^* = \frac{E_{XY}}{E_{XX}} \tag{9-5}$$

(2)协方差分析——调整的方差分析,判断处理效应是否显著。

若实验不存在处理效应,则 SS_e 变为 SS_e';如果实验本身存在处理效应,但却按不存在处理效应对待,这时所计算出来的误差平方和 SS_e' 要大于按存在处理效应计算所得到的误差平方和 SS_e。两者的差($SS_e'-SS_e$)是由于处理效应 v_i 所产生的,可用 F 检验不存在处理效应的假设,如果 F 值很大,则表明处理效应对误差平方和的影响很大,不能忽略。

常用的协方差分析表如表 9-3 所示,其中的每一项平方和都是经过调整的。在变差来源一列中,总的变差是由 S_{YY} 度量的,回归的变差由平方和 S_{XY}^2/S_{XX} 度量。假若不存在协变量,则 $S_{XY}=S_{XX}=E_{XY}=E_{XX}=0$。误差平方和将简化为 E_{YY},处理平方和为 $S_{YY}-E_{YY}=T_{YY}$,成为一种处理方式分组的方差分析。然而由于存在协变量,必须通过 Y 在 X 上的回归,调整 S_{YY} 和 E_{YY}。因为在调整平方和时,用了另一个参量 b^*,所以调整的误差平方和具有 $v(n-1)-1$ 自由度,而不是 $v(n-1)$ 自由度。

表 9-3　协方差分析表

变差来源	平方和	自由度	均方	F
回归	S_{XY}^2/S_{XX}	1		
处理	$SS_e'-SS_e=(S_{YY}-S_{XY}^2/S_{XX})-$ $(E_{YY}-E_{XY}^2/E_{XX})$	$v-1$	$MS_a=(SS_e'-SS_e)/(v-1)$	$F=MS_a/MS_e$
误差	$SS_e=E_{YY}-E_{XY}^2/E_{XX}$	$v(n-1)-1$	$MS_e=SS_e/[v(n-1)-1]$	
总和	S_{YY}	$vn-1$		

9.3.3　计算修正均数

调整后的各组均值按式(9-6)计算：

$$\bar{y}_{i\cdot}^* = \bar{y}_{i\cdot} - b^*(\bar{x}_{i\cdot} - \bar{x}_{\cdot\cdot}) \tag{9-6}$$

调整后的各组均值的标准误差按式(9-7)计算：

$$S_{\text{调整的}\bar{y}_{i\cdot}} = \sqrt{MS_e\left[\frac{1}{n} + \frac{(\bar{x}_{i\cdot} - \bar{x}_{\cdot\cdot})^2}{E_{XX}}\right]} \tag{9-7}$$

修正均数间的多重比较可以将各点的响应变量值 Y 减去协变量回归值即 $y_i'-y_i-b^* x_i$,再采用方差分析的方法进行。

读者可以按照以上各公式和方差分析表完成协方差分析的完整步骤。因为在 R 语句中协方差分析基于线性模型,各因素效应与在模型表达式中的顺序有一定关系,为了使读者能够直接使用获得与按公式计算相同结果,下面给出利用 R 语句与相关工具包完成协方差分析的语句。

```
>library(HH)     ##加载 HH package
```

```
>library(car)        ##加载 car package
>library(effect)     ##加载 effect package
>ancovaplot(y~x+g,data=d)   ##按组绘回归图比较斜率
>anova(ancova(y~x+g,data=d,type=2))   ##协方差分析
Anova Table (Type II tests)
Response:y
          Sum Sq  df  F value     Pr(>F)
x         1010.76  1  88.813      8.496e-09 * * *
g         707.22   2  31.071      7.322e-07 * * *
Residuals 227.61  20
---
Signif.codes:  0 '* * * ' 0.001 '* * ' 0.01 '* ' 0.05 '.' 0.1 ' ' 1
```

上面的协方差分析表给出了两个 F 值,第一行用于检验协变量 X 与响应变量 Y 间的回归关系是否显著,第二行用于检验去除协变量 X 影响后响应变量 Y 的处理效应差异是否显著。从结果看回归关系显著,同时调整后的处理效应存在显著差异。下面进一步计算修正均数和多重比较。

```
>mm<-ancova(y~x+g,data=d,type=2)
>effect("g",mm)      ##获得调整后的均值
g effect
g
     1        2        3
94.95863  99.50098  82.16539
>yy=d$y-mm$coefficients[2]* d$x
>m1a<-aov(yy~d$g)
>TukeyHSD(m1a)
  Tukey multiple comparisons of means
    95%  family-wise confidence level
Fit: aov(formula=yy~g)
 $g      diff         lwr          upr         p adj
2-1     4.550     0.4008455    8.699154    0.0299959
3-1    -12.775   -16.9241545   -8.625846   0.0000004
3-2    -17.325   -21.4741545  -13.175846   0.0000000
```

结果表明,调整后的均值 3-1、3-2 之间的差异非常显著,而 2-1 间没有显著差异。第三种饲料的增重效果最差,而在调整之前,直接进行方差分析的结果是第一种饲料增重效果最差。由此可以看出,协方差分析可以得到更为可靠的分析结论。

9.4　本章小结

本章介绍了协方差分析的基本概念、模型和应用条件,基本原理是将线性回归与方差分析结合起来,调整各组平均数和 F 检验的实验误差项,检验两个或多个调整平均数有无显著差异,以便控制在实验中影响实验效应(因变量)而无法人为控制的协变量(与因变量有密切回归关系的变量)在方差分析中的影响。

9.5　拓展阅读

(1)协方差分析:方差分析与线性回归的统一

在进行数据分析时,有时候会遇到数据基线不平的情况,协方差分析是一个非常不错的选择。协方差分析是通过直线回归的方式把协变量值化为相等(协变量取值为其总均数)后求得因变量的修正均数,以此控制混杂因素的影响后,用方差分析比较修正均值间的差别。

适用条件:

1)协变量为连续变量,且各组因变量与协变量呈线性关系。

2)各组因变量残差呈正态分布。

3)各组因变量残差等方差。

4)各组因变量和协变量的回归线平行,即斜率相等。也就是要求对于不同的自变量,协变量对因变量的影响相同。如不满足平行线假定,说明自变量和协变量存在交互作用,会同时对因变量产生影响,这样混杂起来就无法控制协变量。

5)在考察因变量与协变量的线性关系时,严格来讲也需要考察建立每条回归直线的前提假设。

(2)协方差分析需满足的假设条件

协方差分析常用于研究除自变量之外还有其他变量(协变量)影响因变量的数据资料,应满足以下假设条件:

1)变量:①自变量是二分或分类变量;②协变量和因变量均是连续的等距或等比数据,且数据无界。

2)独立性:结果变量的每个值都应该是独立的。

3)分布:在每个组内,结果变量应该近似服从正态分布。

4)方差齐性:每个组的方差应该是近似的。

5)协变量与自变量之间相互独立,不相关。

6)协变量与因变量之间是线性关系,且在每个组之间因变量对协变量的回归系数无显著差异。

9.6 习题

1. 简单叙述引入协方差分析的原因。
2. 简单叙述协方差分析的应用条件。
3. 简单叙述协方差分析的主要计算步骤。
4. 在育肥实验中,供试仔猪按饲料配方分成 4 组,每组随机分配 4 头仔猪,且进行 2 批实验,得到供试仔猪实验前后的体重 X 与 Y(单位:kg)的观测值如下,试以 X 为协变量作协方差分析。

饲料配方	批次 1		批次 2	
	X	Y	X	Y
一	11.2	77.6	15.2	90.4
	9.6	75.2	14.4	88.0
二	10.4	80.0	14.4	95.2
	10.4	78.4	14.4	91.2
三	9.6	79.2	14.4	97.6
	8.0	71.2	12.8	84.0
四	9.6	81.6	12.8	93.6
	9.6	82.4	13.6	93.6

第 10 章
模式识别基础

人类的神经和认知系统是自然界中最为精巧的模式识别系统之一，我们能够轻而易举地辨识人脸，识别声音，用"像"与"不像"来区分或归类不同的事物。我国中医诊断中的"望、闻、问、切"充分体现了这种利用原始数据并根据经验类别采取相应决策的模式识别过程。随着计算机技术的发展以及数据的海量增加，我们自然希望计算机能够从纷繁复杂的数据中自动提取隐含于其中的模式或规律，从而表现出某种"智能"。

模式识别(pattern recognition)技术是以计算机科学为基础，对事物进行描述和区分的极具活力、具有广泛应用范围和前景的人工智能技术。模式识别研究的目的是构造自动处理某些信息的机器系统，以代替人类完成分类和辨识的任务。

模式识别具有较长的历史，在 20 世纪 60 年代以前，模式识别主要是限于统计学领域中的理论研究，还没有较强的数学理论支持，后来随着人工神经网络、统计学习理论、句法结构识别等理论方法以及计算机硬件技术的长足发展，模式识别技术在光学字符识别、化学气味分析、图像识别、人脸识别、表情识别、手势鉴别、语音鉴别、图像信息检索等领域都得到了较为广泛的应用。

作为科学数据处理和分析的重要手段和工具，近年来，模式识别技术在医学信号分析、医学影像处理、癌细胞的识别、DNA 序列分析、临床辅助诊断、专家系统以及远程医疗信息系统等方面已有较为成熟的应用，已经成为生物医学工程中的一个重要分支，是现代医学发展的重要推动力。越来越多的生物医学研究者和工作者意识到模式识别在生物医学领域的重要性，有意识地在生物医学数据分析中采用各种模式的识别方法。同时，目前国内外一些高校专门开设了"医学模式识别"这一课程，这些都表明了模式识别在生物医学领域的重要性。

模式识别是应用目的，采用的主流技术是统计学习理论与方法。统计学习是关于计算机基于数据构建概率统计模型并运用模型对数据进行预测与分析的一门学科，也称统计机器学习。统计学习是数据驱动的学科，综合了概率论、统计学、信息论、计算理论、最优化理论及计算机科学等多个领域的相关知识。经典的概率论与统计分析理论主要针对的是单变量或变量服从特定分布的情况，应用条件较强。统计学习理论的范围更大更深，其目的就是考虑学习什么样的模型和如何学习的模型。统计学习从数据出发,提取数据的特征,抽象出数据的模型,发现数据中的知识,又回到对数据的分析与预测中去。统计学习关于数据的基本假设是同类数据具有一定的统计规律性,这是统计学习的前提。

统计学习方法包括模型的假设空间、模型选择的准则以及模型学习的算法。实现统计学习的主要步骤如下:

(1)得到一个有限的训练数据集合。

(2)确定包含所有可能的模型的假设空间,即学习模型的集合。

(3)确定模型选择的准则,即学习的策略。

(4)实现求解最优模型的算法,即学习的算法。

(5)通过学习方法选择最优模型。

(6)利用学习的最优模型对新数据进行预测或分析。

基于统计学习的模式识别方法涉及知识面较宽,包括许多信息、数理统计、优化算法方面的理论和方法,使具有生物学或医学背景的学生和研究人员系统学习起来有很大难度。本章内容重点对模式识别的基本思想和常用方法进行讲解,通过若干典型实例使读者能够掌握应用 R 语言进行数据分析和分类的实践方法。

本章将重点介绍模式识别中最重要的基本概念、判别分析和聚类分析。

10.1　模式识别的重要概念

模式识别是指对表征事物或现象的各种形式的(数值的、文字的和逻辑关系的)信息进行处理和分析,即对事物或现象进行描述、辨认、分类和解释,是信息科学和人工智能的重要组成部分。

模式识别的一般流程如图 10-1 所示,主要包括数据获取、数据预处理和决策分类或模型匹配。任何一种模式识别方法都首先要通过各种传感器把被研究对象的各种被测量数据转换为计算机可以接受的数值或符号(串)集合,通常将这些数据所组成的空间称为数据空间或模式空间。为了从这些数据中抽取出对识别有效的信息,必须对它进行处理,其中包括消除噪声,排除不相干的信号,与对象的性质和采用的识别方法密切相关的特征提取以及必要的变换(如为得到信号功率谱所进行的快速傅里叶变换)等。然后通过特征选择形成模式的特征空间,以后的模式分类或模型匹配就在特征空间的基础上进行。针对不同应用目的,最后在决策空间系统的输出可以是对象所属的类型,也可以是根据模型进行数据聚类的结果。

图 10-1　模式识别的一般流程

下面将介绍模式识别中非常重要的一些基本概念。

10.1.1 模式

从数据中发现或寻找某种从统计意义上充分出现的"模式"是模式识别的核心目的。

"模式"是对一个客观事物的描述,是指建立一个可用于仿效的完善的标本。模式不同于数据,是数据反映出的某种明确的内在特性,通常用所谓特征来进行描述。

图 10-2 为几种不同频率的信号波形,从图中我们可以直观地发现这些信号随时间变化快慢不同,每种信号波形体现了一定的"模式"。

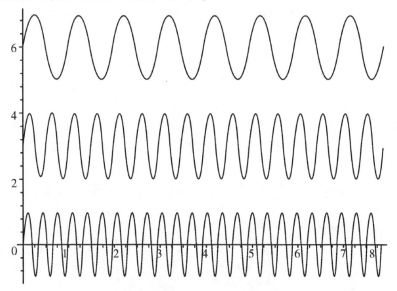

图 10-2 不同频率的信号波形

同样,图 10-3 为两个不同的希腊字母的多种表现图形,虽然采用了不同的写法,我们还是能够很容易识别出上面一行对应着字母 β,下面一行对应着字母 Φ。

图 10-3 不同字体的两个希腊字母

一个模式常常要用很大的信息量来表示。通常需要对原始数据进行预处理,用于除去混入的干扰信息并减少某些变形和失真,以突出其中蕴含的模式。模式不仅仅可以是以图像、数据等表现的实体,也可以是逻辑、思维等抽象的关系。模式强调的是形式上的规律,而非实质上的规律。只要是一再重复出现的事物,就可能存在某种模式。模式可以是以矢量形式表示的数字特征,也可以是以句法结构表示的字符串或图,还可以是以关系结构表示的语义网络或框架结构等。

10.1.2 特征

"特征"是用于描述和代表事物和模式的数据结构,可以对不同的模式进行区分。如果我们可以用频率、幅度和相位这三种特征去描述图 10-1 描述的信号波形,可以发现这三种信号模式的差异主要在频率特征上体现。

建立对象的特征是模式识别的出发点,通过特征提取(或选择)步骤,用一组向量(也称为特征向量)来对研究对象进行描述。

特征提取(feature extraction)是对某一模式的原始数据(测量值)进行变换,以突出该模式具有代表性特征,实现将输入模式从数据空间映射到特征空间的过程。这时,模式可用特征空间中的一个点或一个特征矢量表示。这种映射不仅压缩了信息量,而且易于分类。

图 10-4 为特征提取变换的示意图,左边为原始的数据空间,每个输入对象为一个二维图形。右边为将使用面积和周长作为特征建立的特征空间,每个对象表示为特征空间中的一个点。

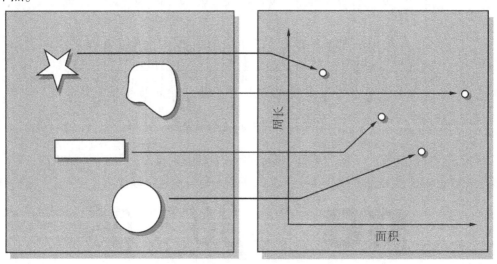

图 10-4　数据从数据空间到特征空间的映射

特征提取对于模式识别结果具有非常重要的影响,好的特征有助于提高分类识别的精度,而差的特征不仅仅会增加数据量,造成信息冗余,还会对分类的结果造成扰动,使分类效果变差。特征提取尚无通用的理论指导,需要具体情况具体分析,应结合对事物的先验知识、模式识别对象和实际需求决定采用什么方法来提取特征。数据统计量、主成分分析、因子分析、回归模型、AR 模型等都可以用来提取特征。

在生物学或医学实践中,由于缺乏对生命现象和规律的全面深入了解,通常我们总是尽可能地提取多种特征,以免遗漏有价值的信息。但在训练样本数量一定的前提下,过多的特征会使得样本统计特性的估计变得非常困难,从而降低统计分类器的推广能力或泛化能力,呈现所谓的"过学习"或"过训练"的现象,同时也会增加计算负荷。这样就需要进行特征选择(feature selection)。

特征选择也称为特征子集选择(feature subset selection,FSS)或属性选择(attribute selection),指经过变换或重新组合,从全部特征中选取出对识别分类更有效的部分特征(特征子集)。

10.1.3　相似度

相似度是用来衡量和评估模式与模式之间相似程度的测度,即通过计算某种指标来判断两种模式"像"或"不像"的程度大小。在模式识别中,通常采用距离、夹角余弦和相关系数来度量两个样本之间的相似程度。

由于每个样本都可以表示为特征空间中的一个点,因此测量特征空间中两个点之间的距离很自然地成为比较两个样本相似程度的测度,并得到了广泛应用。

常用的距离指标如下。

(1)欧氏距离

$$d(x_i,x_j)=\left[\sum_{k=1}^{p}(x_{ik}-x_{jk})^2\right]^{\frac{1}{2}} \tag{10-1}$$

欧氏距离是最容易理解,也是最常用的距离测度。定义为欧几里德空间内两点间的直线距离。标准化的欧氏距离是指将每维向量进行方差归一化后的加权欧氏距离。

(2)绝对距离

$$d(x_i,x_j)=\sum_{k=1}^{p}|x_{ik}-x_{jk}| \tag{10-2}$$

绝对距离也称为曼哈顿(Manhattan)距离或城市街区距离(City Block Distance),即直角坐标系上两点所形成的线段在各坐标轴上投影的总和。想像你在曼哈顿城中开车从一个十字路口到另一个十字路口,显然驾驶距离不是这两点间的直线距离,而是由路过的一个又一个街区的距离叠加而成的。

(3)切比雪夫距离(Chebyshev 距离)

$$d(x_i,x_j)=\max_{1\leqslant k\leqslant p}|x_{ik}-x_{jk}| \tag{10-3}$$

切比雪夫距离是两个向量间各元素差的最大值。

(4)明可夫斯基距离(Minkowski 距离)

$$d(x_i,x_j)=\left[\sum_{k=1}^{n}(x_{ik}-x_{jk})^p\right]^{\frac{1}{p}} \tag{10-4}$$

明可夫斯基距离是前三种距离的推广。当 $p=1$ 时就是绝对距离,当 $p=2$ 时就是欧氏距离,当 $p\to\infty$ 时就是切比雪夫距离。

(5)马氏距离(Mahalanobis 距离)

$$d(x_i,x_j)=\left[(x_i-x_j)^{\mathrm{T}}S^{-1}(x_i-x_j)\right]^{\frac{1}{2}} \tag{10-5}$$

式中,S 为由样本算得的协方差矩阵。

马氏距离是一种使用样本协方差矩阵进行加权处理的距离测度,可以克服变量之间的相关性干扰,并且消除各变量量纲的影响。

R 语言提供的 dist 函数可以用于计算两点或多点的各种距离。

调用格式为:

Y=dist(X,method="euclidean",diag=FALSE,upper=FALSE,p=2)

其中:

X:一个 $m×n$ 的矩阵,它是由 m 个样本组成的数据集,每个样本的特征维数为 n。

'method' 指定计算 X 数据矩阵中对象之间距离的测度方法,取值主要如下所列:

'euclidean':欧氏距离(默认);'maximum':Chebychev 距离;

'manhattan':曼哈顿距离;'minkowski':明可夫斯基距离;等等。

返回值 Y 为一个长度为 $(m-1)*(m-1)$ 的下三角矩阵,包含了 m 个样本点两两之间的距离。为了更直观地观察各数据点间的距离,可以使用函数 $Z<-as.matrix(Y)$,将 Y 转换为方阵形式,转化后的 Z 为 $m×m$ 方阵,矩阵中元素 d_{ij} 对应样本 i 与样本 j 之间的距离。

通常使用最多的距离测量是欧式距离和马氏距离,R 语言中提供了用于计算马氏距离的 mahalanobis 函数。

调用格式为:mahalanobis(x,center,cov,inverted=FALSE,…),其中 center 为均值向量,cov 为多变量协方差矩阵。

例如:D2<-mahalanobis(X,colMeans(X),cov(X)),返回值为 m 个样本点对应的马氏距离。

此外,两向量间的夹角余弦与相关系数也常用来度量两个样本或样本与类之间的相似程度。夹角余弦或相关系数越大,就相当于距离越短,就越相似。R 语言中用于计算两向量间的夹角余弦与相关系数函数分别为:

cosXY<-sum(x* y)/sqrt((sum(x^2)* sum(y^2)))   ##计算两向量夹角余弦

cor(X)或 cor(x,y)   ##计算矩阵两两列向量间或两个列向量间的相关函数

10.1.4 学习

学习是指模式识别过程中,利用已知训练样本的信息,采用一定的算法来学习或估计分类模型或分类器中的未知参数,从而降低训练样本的分类误差。在此过程中,通常根据数据样本是否具有类别标签,主要分为有监督学习和无监督学习。

有监督学习(supervised learning):首先给定一定数量的目标模式的样本集合(训练样本集),利用明确给出的训练样本类别信息,分析从不同类的训练集数据中体现出的规律性,从而确定分类决策方法,这种学习方法称为有监督学习,就像有教师来指导行为规则一样,教师会明确地告诉你什么是对的,什么是错的,从而你会通过学习掌握合适的行为规则。

无监督学习(unsupervised learning):对于没有类别信息的数据集,在其中寻找某种规律性的过程称为无监督学习方法,例如分析数据集中的自然聚类;分析数据集体现的规律性,并用某种数学形式表示数据聚合;分析数据集中各种分量(描述量、特征)之间的相关性(数

据挖掘、知识获取)等都属于无监督学习。没有训练样本集作指导,是无监督学习与有监督学习最大的不同点。

　　无论是有监督学习还是无监督学习,都是"基于样本的学习"。我们所建立的模式识别系统可能在所经历过的样本数据集上能获得优良的性能,但对于没有见过的新样本则可能不能令人满意。分类器的泛化能力是指从训练样本数据得到的模型能否很好地适应于测试样本数据。对于给定的训练数据集,分类或聚类模型算法构成的模型可以得出最好预测精度,但在独立的测试数据集上预测精度变差的现象称为过拟合现象(over-fitting),与之相对应,过拟合现象的出现表明分类器的泛化性能差。

10.1.5　模式识别系统设计

　　设计一个模式识别系统通常涉及几个不同步骤的重复:数据采集、特征选择、模型选择、训练和评估。如图 10-5 所示,首先必须采集用于训练和测试的数据。数据的特征描述直接影响后续的特征选择和模型选择,而特征与模型的选择这两个关键步骤严重依赖于我们对问题的理解和先验知识。然后分类器要被训练,以确定系统的参数。对分类器的评价过程通常会多次重复前面的处理过程,以得到满意的结果。

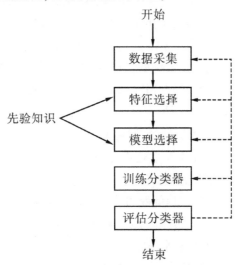

图 10-5　模式识别系统设计流程

10.2　判别分析

　　在自然科学和社会科学的各个领域中经常会遇到需要对某个个体属于哪一类进行判断的问题。例如某些昆虫的性别很难看出,只有通过解剖才能够判别。但是通过对大量样本的问题观察,发现雄性和雌性昆虫在若干体表度量上有些综合的差异,于是统计学家就根据已知雌雄的昆虫体表度量(这些用作度量的变量称为预测变量)得到一个标准,并且利用这个标准来判别其他未知性别的昆虫。这种判别方法虽然不能保证百分之百准确,但至少大部分判别都是对的,而且不用杀死昆虫就可以对其性别进行判别。

在医疗诊断中也经常遇到这种情况,即根据某人多种检验指标来判断此人是某病患者还是非患者。例如以一批正常人和一批已经确诊的病人为样本,收集他们的各项检验指标,如化验指标、X 光片、心脑电图、超声波、CT 等诊断指标,然后利用这批分类明确的样本在这些相同指标上的观察值,建立一个关于指标的判别函数和判别准则(区分病人和正常人的界限的方法),使得按此准则来判断这批样本归属的正确率达到最高。生物种群分类、计算机疾病辅助诊断方法的理论依据主要就是判别分析方法原理。

10.2.1 判别分析的基本思想

判别分析(discriminant analysis)是根据一批分类明确的样本在若干指标上的观察值,建立一个关于指标的判别函数和判别准则,然后根据这个判别函数和判别准则对新的样本进行分类,并且根据回代判别的准确率评估它的实用性。

判别分析的核心要素包括要有一批明确已知所属类别的训练样本,根据对训练样本的分析构造出判别函数式,判断新样本所属的类别。在模式识别中属于有监督的学习。

判别函数(discriminant function)指的是一个关于指标变量的函数。每一个样本在指标变量上的观察值代入判别函数后可以得到一个确定的函数值。通常可以将已知类型作为因变量,将样本的各项指标作为自变量,采用多元线性回归的方法建立判别函数。

判别准则(discriminant rule)是对样本的判别函数值进行分类的法则。从统计学的角度来看,要求判别准则在某种准则下是最优的,例如错判的概率最小或错判的损失最小等。

在经典统计学的判别分析中,判别分析模型一般有如下的假设:

(1)解释变量间不存在多重共线性。

(2)对于一个解释变量,其均值和方差不相关。

(3)在不同组间两个变量的相关系数是不变的。

(4)每一个解释变量的值服从正态分布。

因此,在这些前提假设下判别方程问题可作为单因素方差分析问题来解释。具体而言,可以说两个或多个组间某一变量均数是否存在显著性差异。如果各组间某个变量的均数差异具有显著性,就认为这个变量具有判别能力。

但在实际应用中,往往样本数目小、变量维数高,样本变量之间存在着多重共线性,变量分布也不一定服从正态分布,样本在判别空间中也不一定是线性可分的,随着模式识别和统计学习理论的发展,包括人工神经网络、支持向量机(SVM)、自适应增强的弱分类器集成(AdaBoost)等新的判别分析算法成为应用主流。但因涉及太多的数学和数学统计理论,限于篇幅,本章对这些方法不再介绍,有兴趣的读者可以查阅相关文献资料。

判别分析的过程如下:

(1)建立判别准则。

(2)建立判别函数。建立原则是将所有样本按其判别函数值的大小和事先规定的判别原则分到不同的组里后,能使分组结果与原样本归属最吻合。

(3)回代样本。计算出每一个样本的判别函数值,并根据判别准则将样本归类。

（4）估计回代的错误率。比较新的分组结果和原分组结果的差别，并以此确定判别函数的效能。

（5）判别新的样本。如果判别函数的效能较高，可用于对新样本进行归类判别。

10.2.2　判别分析的方法

判别分析的方法有很多，有基于概率密度估计的参数化方法，也有基于近邻分析的非参数化方法，还有基于语义分析的非度量方法。出于易于理解和奠定基础的目的，本章重点介绍五种常用的判别分析方法：距离判别、Fisher 判别、Bayes 判别、K 近邻判别和决策树判别。

（1）距离判别

距离判别的核心思想是根据所定义的距离来判别。样本中的每一组，都可以在模型中的变量所定义的多元空间中确定一点，这一点代表了所有变量的均数，这些点称为类别中心。根据样本里各个类别中心的距离远近来判别，即离哪个中心距离最近，就属于哪一类。

假设有两个总体 $G1$ 和 $G2$，如果能够定义点 x 到它们的距离 $D(x,G1)$ 和 $D(x,G2)$，则

1）如果 $D(x,G1) < D(x,G2)$，则 $x \in G1$；

2）如果 $D(x,G2) < D(x,G1)$，则 $x \in G2$；

3）如果 $D(x,G1) = D(x,G2)$，则待判。

设 $d(x_i,x_j)$ 是样本 x_i 和 x_j 之间的距离，一般要求它满足下列条件。

$$d(x_i,x_j) \geqslant 0，且\ d(x_i,x_j)=0 \Leftrightarrow x_i=x_j$$
$$d(x_i,x_j) = d(x_j,x_i)$$
$$d(x_i,x_j) \leqslant d(x_i,x_k)+d(x_k,x_j)$$

（10-6）

当计算一个样本与某一类总体之间的距离时，通常将总体用该类样本平均值代替，然后计算待测样本点与该类样本均值点之间的距离。

距离的计算函数主要使用 dist。

下面通过一个示例来说明使用不同距离（欧式距离和马氏距离）测度对数据分类的影响，对于服从均值为 0、协方差矩阵为 $\begin{pmatrix} 1 & 0.9 \\ 0.9 & 1 \end{pmatrix}$ 的二维正态分布的 100 个点，问 4 个点 $Y1(1,1),Y2(1,-1),Y3(-1,1;),Y4(-1,-1)$ 中哪些属于这 100 个点构成的数据集。

分别计算 4 个点与给定数据集之间的马氏距离与欧氏距离。

R 语言代码如下：

```
####################################################
> X<-mvrnorm(100,rep(0,2),matrix(c(1,0.9,0.9,1),2,2))
> Y<- t(matrix(c(1,1,1,-1,-1,1,-1,-1),2,4))
>Dm<-mahalanobis(Y,colMeans(X),cov(X))   ## Mahalanobis 距离
>c<-sweep(Y,2,colMeans(X))
> De<-sqrt(apply(c^2,1,sum)) ## Euclidean 距离
####################################################
```

计算结果为:

4个点到数据集的马氏距离分别为:$d1 = 1.121\quad 21.547\quad 22.178\quad 1.346$

欧氏距离分别为:$d2 = 1.349\quad 1.405\quad 1.426\quad 1.479$

图10-6画出了原始数据点集 X(米点)与4个点在二维空间中的分布,并用密集程度表征了不同点到数据集的马氏距离大小,越密集表示马氏距离越大。从图中数据的原始分布明显看出 Y_1 与 Y_4 应该属于给定数据集这一类,但从计算结果可以看到,4个点到数据点集的欧氏距离(4个点与数据集中心之间的距离)都差不多,而采用马氏距离,则 Y_1 与 Y_4 到数据集的距离最近,Y_2 和 Y_3 较远,这与直观观察的结果是一致的。因此在使用距离判别分类时,必须要考虑数据的分布特性,选择合适的距离测度。

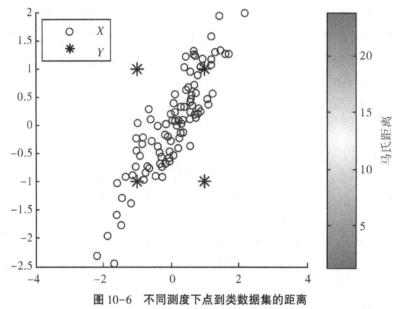

图 10-6　不同测度下点到类数据集的距离

（2）Fisher 判别

Fisher 判别属于一种线性判别方法,其核心思想是投影,即寻找一个投影的方向,将数据投影到该方向后使得每一类内的离差尽可能小,而不同类间投影的离差尽可能大。有了投影之后,再用前面讲到的距离远近的方法得到判别准则。

如图 10-7 所示,对于二维变量,数据中的每个观测值是二维空间的一个点。已有两种已知类型的训练样本。其中一类有 38 个点(用"○"表示),另一类有 44 个点(用"∗"表示)。按照原来的变量(横坐标和纵坐标),很难将这两种点分开。如果能寻找一个方向,也就是图 10-7 中虚线方向,沿着这个方向朝和这个虚线垂直的一条直线进行投影会使得这两类分得最清楚。可以看出,如果向其他方向投影,判别效果不会比这个好。

更进一步的说明可参照图 10-8,两类样本 A、B 可以在数据空间内 (X_1, X_2) 的多个方向上投影。可以看到,样本在原来的坐标系 X_1 轴上的投影和 X_2 轴上的投影后数据的概率密度分布都有比较多的重叠,而在新的坐标轴 Y 方向上的投影数据分布的重叠区域最小,即该方向上有最好的判别分类效果。

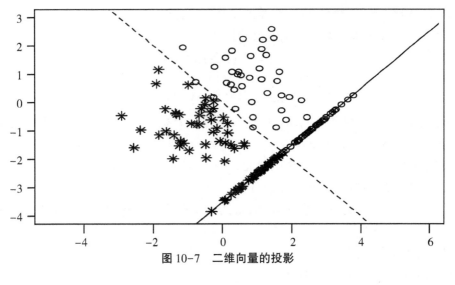

图 10-7　二维向量的投影

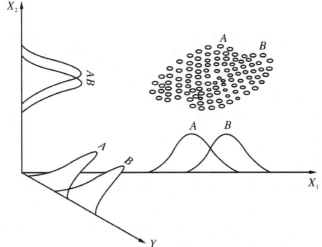

图 10-8　数据在不同方向投影的分布密度

Fisher 判别适合于两类的判别分析。

假设 A 和 B 为分类明确的两类症状。在总体 A 中观察了 p 例,在总体 B 中观察了 q 例,每一例记录了 k 个指标,记为 $[x_1, x_2, \cdots, x_k]'$。令 y 是这 k 个指标的线性函数

$$y = c_0 + c_1 x_1 + c_2 x_2 + \cdots + c_k x_k \tag{10-7}$$

称这个线性函数是 Fisher 判别函数。根据 Fisher 判别分析法的基本原理,就是要选择一组适当的系数 c_i,使得类间差异 D 最大且类内差异 V 最小,即使得式(10-8)的值 Q 达到最大。

$$Q = Q(c_0, c_1, \cdots, c_k) = \frac{\bar{y}(a) - \bar{y}(b)}{v(a) + v(b)} \tag{10-8}$$

当得到 Fisher 判别函数后,根据各个样本点计算的 y 值与临界点 y^* 进行比较后即可实现分类。与主成分分析思想类似,也可以估计各项指标对判别函数的贡献率。对贡献率很

小的指标可以剔除,重新建立只含有重要指标的判别函数。

对于两类样本数据集,最佳判别投影向量为:

$$w = S_w^{-1}(m_1 - m_2)$$

$$S_w = \sum_{i=1}^{2} \sum_{j=1}^{n_i} (x_{ij} - \mu_i)(x_{ij} - \mu_i)^T \tag{10-9}$$

式中,m_1 和 m_2 为两类数据的均值向量;x_{ij} 为第 i 类数据集中的第 j 个样本向量;n_i 为第 i 类数据集中的样本个数($i = 1, 2$)。

在 R 软件中,用 MASS 程序包中函数 lda 进行 Fisher 判别分析。基本调用格式如下:

```
vc<-lda(g~x1+x2+x3,TrainData)
```

其中 g 为类别,x1,x2,x3 为特征维,TrainData 为包含类别标签的训练数据集。返回值 vc 为 Fisher 判别函数系数。

对未知样本进行判别:

```
gtest<-predict(vc,TestData)
```

(3)Bayes 判别

Bayes 判别法是以概率论中 Bayes 条件概率公式为基础导出的判别法。H. R. Warner 等在 1961 年首先把它成功地应用于鉴别先天性心脏病。他们利用 50 个症候,鉴别 33 种先天性心脏病,借助计算机,共实验 36 例,结果由计算机得出的判别结果与 3 位有经验的心脏病专家通过生理学研究和外科检查的诊断结论一致。

Bayes 决策论是解决模式分类问题的一种基本统计途径,其出发点是利用概率的不同分类决策与相应的决策代价之间的定量折中。他假设决策问题可以用概率的形式来描述,并且假设所有有关的概率结构均已知。

Bayes 判别的统计思想是:假定对研究的对象已有一定的认识,常用先验概率分布来描述这种认识,然后取得一个样本,计算该样本落入各个子域的概率,进而修正已有的知识(先验概率分布),得到后验概率分布,各种统计推断都通过后验概率分布来进行,最后哪类样本的后验概率分布最大,就将该样本判别为哪类,使得每一类中的每个样本都以最大的概率进入该类。

用贝叶斯公式表示为:

$$P(w_i \mid xx) = \frac{P(x \mid w_i)P(w_i)}{\sum_{i=1}^{k} P(x \mid x_i)P(w_i)} \tag{10-10}$$

为了详细解释贝叶斯公式及其使用方法,我们假设有两类人群:糖尿病人(类别 1)和健康人(类别 2),考虑到通常情况下人群中还是健康人多,所以设这两类人的先验概率分别为 $P(w_1) = 0.3$,$P(w_2) = 0.7$。现在,我们以一个人的血糖含量作为特征值 x,使用贝叶斯公式计算这个人属于糖尿病人或健康人的后验概率 $P(w_i \mid x)$。如果我们知道糖尿病人和健康人血糖值的分布概率分别为 $P(x \mid w_1)$ 和 $P(x \mid w_2)$(即所谓的"类条件概率密度"),那么式(10-10)是很容易求解的。如果我们有训练样本,已经知道一大批糖尿病人和健康人的血糖值,并且还知道每类数据总体分布情况(通常假设为正态),那么可以将类条件概率密度估计出来,从而获得对于给定类别出现 x 取值的概率大小。例如假设某人的血糖测量为 11.2,我们根据训练样本获得的知识,已知:

$$P(x=11.2|糖尿病组)=0.8, P(x=11.2|健康人组)=0.1$$

则根据式(10-10),可知:

此人属于糖尿病组的概率为:

$$P(w=糖尿病|x=11.2)=\frac{0.8×0.3}{0.8×0.3+0.1×0.7}=0.774$$

此人属于健康人的概率为:

$$P(w=健康|x=11.2)=\frac{0.1×0.7}{0.8×0.3+0.1×0.7}=0.226$$

根据后验概率大小,最后判定此人为糖尿病人。

Bayes 判别适合于多类的判别分析,通常假设总体呈多元正态分布,通过对训练样本数据集学习估计协方差参数,实现统计意义上的错分概率最小。

在数据满足总体服从多元正态分布的前提假设下,在 R 语言中可以使用 MASS 包中的 lda 和 qda 函数来进行 bayes 判别。

当不同总体的样本协方差矩阵相同时,则应该使用线性判别函数 lda。调用形式为:

```
>library(MASS)      ##加载 MASS 包
>z <- lda(X,Group,prior)   ##训练分类器
>predict(z,test) $ class   ##输出分类结果
或> predict(z,test) $ posterior   ##输出分类后验概率结果
```

当不同总体的样本协方差矩阵不同时,则应该使用二次判别函数 qda,调用形式同 lda 函数。

此外,由于很难准确估计高维空间中的多元变量联合概率密度,因此在实际中朴素贝叶斯(navieBayes)方法得到了大量应用。该方法假设样本变量之间是相互独立的,因此可以分别计算各类的一维类条件概率密度,而不需要确定整个协方差矩阵,类条件联合概率密度函数可由各维的类条件概率密度联乘而得。R 中的 navieBayes 相关函数可使用 e1071 包中的 naiveBayes 函数,其调用形式为:

```
> install.packages("e1071")
>library(e1071)      ##加载 e1071 包
>cm<-naiveBayes(Xtrain,ytrain);##建立朴素贝叶斯类模型
```

返回的分类器结构 cm 包括两个成分,可以分别查看:

```
>cm $ apriori 返回各类的先验概率(各类样本个数)
```

>cm $ table 返回各类中每个特征维度估计出的类条件概率密度,naiveBayes 方法假设概率密度符合高斯分布,因此每类的条件概率密度以均值、标准差的形式给出。

```
>class=predict(cm,test); ##使用模型 cm 对测试样本 test 进行判别分类,返回类
```
别标签。

(4)K 近邻判别

K 近邻判别(KNN 分类)是一种基于实例的非度量方法,不需要对样本的类概率密度进行估计,借助于相同类别的样本彼此的相似度高,从而在特征空间中距离接近的思想,直接在特征空间中根据与之最接近的 *K* 个训练样本类别属性对待试样本进行分类。当样本个数趋向于无穷时,K 近邻规则几乎是最优的分类规则,但当样本数量较少,或在特征空间中稀疏分布时,分类结果的误差较大。KNN 分类算法计算简单,缺点是计算量大,需要计算测试点与已知所有点两两之间的距离,内存消耗大。

KNN 分类的步骤:

1)设定 *K* 值(必须为一正整数)。*K* 为近邻个数,代表对于一个待分类的测试样本,我们要寻找几个它的邻居。通常设为 3、5、7 等奇数。

2)根据事先确定的距离度量公式(如:欧氏距离),计算测试样本和所有已知类别的样本之间的距离,从中确定出距离测试样本最近的 *K* 个样本。

3)统计这 *K* 个样本中各个类别的数量。根据设定的分类规则:通常根据 *K* 个样本中数量最多的样本是什么类别,我们就把测试样本定为什么类别。也可以随机从这 *K* 个样本中抽取一个,将其类别作为测试样本的类别。

KNN 分类算法思想的示意图如 10-9 所示。

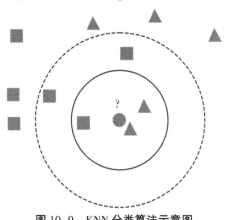

图 10-9　KNN 分类算法示意图

R 语言中 class 包提供的 knn 函数可以用来进行 K 近邻判别分析。

knn 函数直接使用 KNN 算法,返回测试样本类别。其调用形式为:

```
>class<-knn.cv(train,test,group,k=3,rule)
```

函数输入参数 training 为训练样本(按行排列),test 为测试样本,group 为训练样本对应的类别标签。*k* 为近邻个数。rule 为采用的近邻规则用的方法,默认采用 *K* 个近邻中最多的类别返回。输出返回值 class 为测试样本的判别类别。

此外,与 knn 函数使用方法类似,还可以使用 knn.cv 函数采用交叉互验证方法评估 knn 分类器性能。

(5)决策树判别

前面所介绍的分类方法都是基于连续实数或离散数值的特征向量的模式识别问题,在这些方法中都涉及了相似性的度量概念。但在日常生活中,在生物医学领域也经常碰到某种分类问题需要用到"语义数据"(nominal data)。用于描述对象的数据是离散的,没有任何相似性的概念,甚至没有次序的关系。这类模式识别问题通常以语义属性来表示模式。例如,用颜色、纹理、味道和大小来描述水果,则一个水果的四元组表达是{红色,有光泽,甜,小}。如何运用语义信息来进行分类呢? 利用一系列的查询问答来判断和分类是很自然和直观的做法。后一个问题的提出依赖于前一个问题的回答。这种"if -then"的问卷表方式就是决策树的分类过程。

生活中我们经常采用这种方法进行决策,例如我们出门是否开车(图 10-10),我们对图中 5 个变量(是否降雨、穿着方式、是否要购物、气温如何、是否周末)进行测量,并逐步提问来做出最终决策。首先根据"是否降雨"这一变量的取值做决策,如果在下雪则开车,如果在下雨则步行,如果没下雨则根据第二个变量"穿着方式"继续判断,如果"衣着正式"则开车,如果"衣着休闲",则继续根据后面的变量属性进行判断,以此类推。

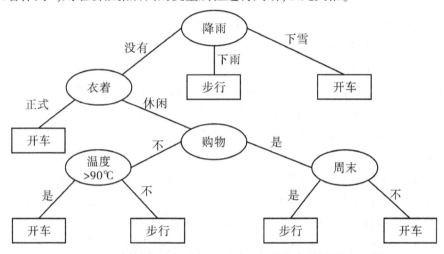

图 10-10 决策树示例(引自 MIT《人工智能及应用》网络公开课)

上述问题集可以用有向的决策树(decision tree)的形式表示,树的首节点(根节点)显示在最上端,下面顺序(有向)地与其他节点通过链或分支相连。继续上述构造过程,直到没有后续的终端节点(叶节点),每一个叶节点上都赋有一个相应的类别标签。决策树作为一种预测模型,代表的是对象属性与对象值之间的一种映射关系,可以用于分析数据,同样也可以用来预测,其每个非叶节点表示一个特征属性上的测试,每个分支代表这个特征属性在某个值域上的输出,而每个叶节点存放一个类别。使用决策树进行决策的过程就是从根节点开始,测试待分类项中相应的特征属性,并按照其值选择输出分支,直到到达叶子节点,将叶子节点存放的类别作为决策结果。

基于训练样本构造决策树的过程不依赖领域知识,它使用属性选择度量将元组划分成不同类的属性。作为一种以实例为基础的归纳学习算法,决策树的构造就是进行属性选择度量确定各个特征属性之间的拓扑结构。它是从一组无次序、无规则的元组中推理出决策树表示形式的分类规则。采用自顶向下的递归方式,在决策树的内部结点进行属性值的比较,并根据不同的属性值从该结点向下分支,叶结点是要学习划分的类。从根到叶结点的一条路径就对应着一条合取规则,整个决策树就对应着一组析取表达式规则。构造决策树的关键步骤是分裂属性。所谓分裂属性就是在某个节点处按照某一特征属性的不同划分构造不同的分支,其目标是让各个分裂子集尽可能地"纯",尽量让一个分裂子集中待分类项属于同一类别。通用的一种框架是 CART(classification and regression tree)算法。

剪枝(prune)是在实际构造决策树时经常用到的概念,与现实中园丁对树枝进行修剪非常类似。为了处理由于数据中的噪声和离群点导致的过拟合问题,通常要进行剪枝,将决策树中不重要的或易于受干扰的分支去掉。剪枝主要有两种:

先剪枝——在构造过程中,当某个节点满足剪枝条件,则直接停止此分支的构造。

后剪枝——先构造完整的决策树,再通过某些条件对决策树进行剪枝。

在 R 中,实现决策树需要加载包 library(rpart),分类图画可以加载 rpart. plot 包,常用的相关函数及调用形式为:

```
>library(rpart)
>library(rpart.plot)
> data(kyphosis)
> fit <- rpart(Kyphosis~Age+Number+Start,data=kyphosis,
               control=rpart.control(cp=0.05),
parms=list(prior=c(.65,.35),split="information"))
> summary(fit)
```

函数 rpart 采用递归选择分类能力最强的特征对数据进行分割,主要输入参数包括形如类别~输入特征 1+输入特征 2+⋯+输入特征 n 的 formula, data 为训练样本, rpart. control 参数用于设置分类树构建的一些参数,例如 xval 是 k-fold 交叉验证数目, minsplit 是最小分支节点数, minbucket 为叶子节点最小样本数, maxdepth 为树的深度, cp 为复杂度参数,确定对每一步拆分模型的拟合优度必须提高的程度。parms 用于设置决策树分裂的特征选择准则。返回参数 fit 为决策树结构,可以用 summary 进行观察,包括了分类准则和训练数据分类结果:

```
Call:
rpart(formula=Kyphosis~Age+Number+Start,data=kyphosis,
    parms=list(prior=c(0.65,0.35),split="information"),
    control=rpart.control(cp=0.05))
  n= 81
```

	CP	nsplit	rel error	xerror	xstd
1	0.3019958	0	1.0000000	1.0000000	0.2155872
2	0.2023372	1	0.6980042	1.0250788	0.1944536
3	0.0500000	2	0.4956670	0.7584034	0.1538593

```
Variable importance
```

```
Start     Age   Number
  64     21     15
```

Node number 1: 81 observations,   complexity param=0.3019958

  predicted class=absent   expected loss=0.35   P(node) =1

  class counts: 64   17

  probabilities: 0.650 0.350

  left son=2 (46 obs) right son=3 (35 obs)

Primary splits:

    Start < 12.5 to the right, improve=13.152920,(0 missing)

    Age   < 39.5 to the left, improve= 6.035255,(0 missing)

    Number < 4.5 to the left, improve= 5.602041,(0 missing)

  Surrogate splits:

    Number < 3.5 to the left, agree=0.667, adj=0.229,(0 split)

Node number 2: 46 observations

  predicted class=absent   expected loss=0.08436911   P(node) =0.4880515

    class counts: 44   2

  probabilities: 0.916 0.084

Node number 3: 35 observations,   complexity param=0.2023372

  predicted class=present   expected loss=0.3967684   P(node) =0.5119485

    class counts: 20   15

  probabilities: 0.397 0.603

  left son=6 (10 obs) right son=7 (25 obs)

  Primary splits:

    Age   < 34.5 to the left, improve=4.335641,(0 missing)

    Start < 8.5 to the right, improve=2.310569,(0 missing)

    Number < 4.5 to the left, improve=2.028844,(0 missing)

Node number 6: 10 observations

  predicted class=absent   expected loss=0.1838326   P(node) =0.1119945

    class counts: 9   1

  probabilities: 0.816 0.184

Node number 7: 25 observations

  predicted class=present   expected loss=0.279329   P(node) =0.399954

    class counts: 11   14

  probabilities: 0.279 0.721

以上结果可以用图形来直接观察,见图 10-11,相应语句为:

```
>library(rpart.plot);
```

```
>rpart.plot(fit,branch=1,branch.type=2,type=1,extra=102,
shadow.col="gray",box.col="green",
border.col="blue",split.col="red",
split.cex=1.2,main="Kyphosis 决策树");
```

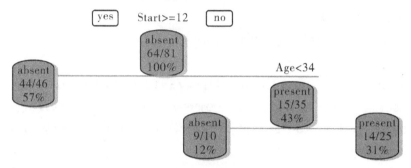

图 10-11　决策树的 R 作图

rpart 包提供了复杂度损失修剪的修剪方法,printcp 函数可以返回分裂到每一层的 cp 值、平均相对误差(relerror)、交叉验证的估计误差(xerror)、标准误差(xstd)。

```
>printcp(fit);
```

在获得分裂各层的 cp 值后,可以用于决策树剪枝。

决策树剪枝函数为 prune,调用格式如下。

```
fit2 <- prune(fit,cp=0.01);
```

剪枝前后的决策树对比如图 10-12 所示:

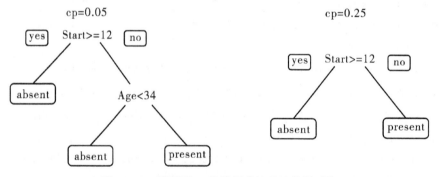

图 10-12　按不同 cp 值进行剪枝的决策树对比

构建了决策树分类器后,可以对测试样本进行分类或回归判别,R 中的 rpart 包中相关函数为:

```
>TestResult=predict(fit,test,type="class")
```

下面通过一个具体例题来比较上述各算法的判别效果,以及给出具体的 R 语言程序代码供读者参考使用。

【例 10.1】医生对健康人和白血病患者进行血清学研究,用高分辨核磁共振谱仪分析 α

峰形,以 α 峰的高度(X_1)及峰腰的二分之一处的宽度(X_2)作为观测指标,见表 10-1。对于一个(X_1,X_2)为(10.0,4.0)的新样本,试用不同的方法对其做出判别诊断。

表 10-1　健康人与白血病患者血清 α 峰高、腰宽测定值

健康人(group = 1)				白血病患者(group = 2)			
峰高 X_1	腰宽 X_2	峰高 X_1	腰宽 X_2	峰高 X_1	腰宽 X_2	峰高 X_1	腰宽 X_2
7.8	4.4	9.2	11.3	14.0	5.1	12.4	5.4
8.5	5.5	10.5	5.2	13.2	4.4	10.3	4.2
9.4	4.7	11.5	11.2	11.0	4.5	9.0	4.7
10.0	5.2	7.0	4.2	11.3	3.8	10.6	5.5
11.0	5.5			9.1	4.5	9.5	3.5
11.2	4.5			10.3	3.2	13.8	4.5
10.0	11.5			13.0	3.6		

解:使用本节所介绍的各种判别分析方法对测试样本进行判别分析。

1)二值回归判别,因为判别分为两类,可将其视为二值因变量 Y,取值分别编码为 +1(健康人)和 -1(白血病患者),对因变量 Y 和自变量 X_1、X_2 进行多元线性回归分析,拟合多元线性回归方程作为判函数。对于任意样本,如果回归方程的估计输出 $\hat{Y}$ 大于 Y 的均值 $\bar{Y}$,则判别为第一类(健康人);若 $\hat{Y}$ 小于 $\bar{Y}$,则判为第二类。

2)利用马氏距离进行判别。对于任一单个样本,分别计算其与第一类样本和第二类样本间的马氏距离。与哪一类的马氏距离小,即判定属于哪一类。

3)利用 MATLAB 中的 classify 函数进行判别。

4)使用 Fisher 判别方法进行判别。

5)使用 KNN 分类算法进行判别。

6)使用决策树算法进行判别。

运行程序结果表明,6 种方法的判别结果相同,都将测试样本划为了白血病患者。

图 10-13 为采用决策树算法时生成的决策树。

我们采用 bayes 算法时,对所有的训练样本进行了测试,结果表明对健康人样本的分类判别完全正确,对白血病患者中的第 5 个、第 10 个和第 11 个样本的分类错误,错误率为 11.4%。通过绘制这两类数据在数据空间中的散点分布(见图 10-14),可以发现为什么会出现判别错误,从图中可以清楚地看到,有 3 个白血病组的样本混入了健康人样本区域,从而造成了分类错误。需要注意的是,分类的难易程度取决于两个因素:一是来自同一个类别的不同个体间的特征值的波动;二是属于不同类别样本的特征值之间的差异。通常希望前者尽可能得小,而后者尽可能得大,这样可以准确地进行判别分类。然而在实际应用中,情况往往不一定如此理想。

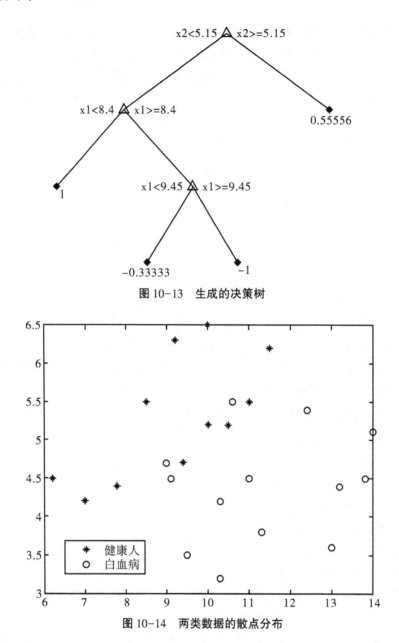

图 10-13　生成的决策树

图 10-14　两类数据的散点分布

###exam10-1.m

```
clear;
close all;
clc;

###健康人数据和类别
sam_h=[7.8 4.4;8.5 5.5;9.4 4.7;10.0 5.2;11.0 5.5;...
11.2 4.5;10.0 11.5;9.2 11.3;10.5 5.2;11.5 11.2;7.0 4.2];
```

```
group1 = ones(size(sam_h,1),1); ###健康人类别设为 1

###白血病患者数据和类别
sam_p = [14.0 5.1;13.2 4.4;11.0 4.5;11.3 3.8;9.1 4.5;...
10.3 3.2;13.0 3.6;12.4 5.4;10.3 4.2;9.0 4.7;10.6 5.5;...
9.5 3.5;13.8 4.5];
group2 = -1* ones(size(sam_p,1),1); ###病人类别设为 -1

Y = [group1;group2]; ###训练样本类别标记
Sample = [sam_h;sam_p]; ###训练样本
sam_new = [10,4]; ###测试样本

figure,plot(sam_h(:,1),sam_h(:,2),'*',sam_p(:,1),sam_p(:,2),'o')
legend('健康人','白血病')
x1 = [ones(size(Y)),Sample];
[b,bint,r,rint,stats] = regress(Y,x1); ###多元回归分析,此处还应进行残差
分析

x2 = [1,sam_new];
ye = x2* b;
cresult1 = ye>mean(Y);
###回归分析的判别结果
if cresult1 = =1
    classM1 = 1;
else
    classM1 = -1;
end

dtoh = mahal(sam_new,sam_h); ###计算测试样本与健康人类的马氏距离
dthp = mahal(sam_new,sam_p); ###计算测试样本与白血病患者类的马氏距离
###马氏距离判别结果
if dtoh<dthp
    classM2 = 1;
else
    classM2 = -1;
end
###bayes 判别结果
```

```
[classM3,err]=classify(sam_new,Sample,Y);

###Fisher 判别结果
m1=mean(sam_h); ###健康组均值向量
m2=mean(sam_p); ###病人组均值向量
##############3 健康组类内散度矩阵
S1=zeros(size(Sample,2));
for k=1:size(sam_h,1)
S1=S1+(sam_h(k,:)-m1)'*(sam_h(k,:)-m1);
end
#################病人组类内散度矩阵
S2=zeros(size(Sample,2));
for k=1:size(sam_p,1)
S2=S2+(sam_p(k,:)-m2)'*(sam_p(k,:)-m2);
end
Sw=S1+S2;
w=inv(Sw)*(m1-m2)'; ###Fisher 投影向量

pm_h=mean(sam_h*w); ###健康组在 Fisher 向量上投影后的均值
pm_p=mean(sam_p*w); ###病人组在 Fisher 向量上投影后的均值
pt=sam_new*w; ###测试样本在 Fisher 向量上的投影值
if abs(pt-pm_h)<abs(pt-pm_p)
    classM4=1;
else
    classM4=-1;
end

###k 近邻判别结果
classM5=knnclassify(sam_new,Sample,Y,3)

###决策树判别结果
t=classregtree(Sample,Y);
view(t)
classM6=eval(t,sam_new);
[classM1,classM2,classM3,classM4,classM5,classM6]
###end exam10-1.m
```

(6) 交叉验证

在判别分析中,为了避免出现过拟合现象,我们需要对分类器进行所谓的交叉验证,从而评估分类器的泛化性能。

交叉验证(cross validation)随机地将样本数据集分成互补的两部分,一部分作为训练集(training set),用来调整分类器或模型参数;另一部分子集作为验证集(或测试集),用于评价分类器或模型的泛化性能。通常希望得到高度预测精确度和低的预测误差,为了减少交叉验证结果的可变性,对一个样本数据集进行多次不同的划分,得到不同的互补子集,进行多次交叉验证。取多次验证的平均值作为验证结果。

训练集和测试集的选取准则:

1)训练集中样本数量要足够多,一般至少大于总样本数的50%。

2)训练集和测试集必须从完整的数据集中均匀取样。均匀取样的目的是希望减少训练集、测试集与原数据集之间的偏差。当样本数量足够多时,通过随机取样便可以实现均匀取样的效果。

常见类型的交叉验证包括:

1)重复随机抽样验证。将数据集随机地划分为训练集和测试集。对每一个划分,用训练集训练分类器或模型,用测试集评估预测的精确度。进行多次划分,用均值来表示效能。

优点:与 K 倍交叉验证相比,该方法不需要选取训练集和测试集的划分参数 k。

缺点:有些数据可能从未做过训练或测试数据;而有些数据不止一次被选为训练或测试数据。

2) K 倍交叉验证($K \geq 2$)。将样本数据集随机划分为 K 个子集(一般是均分),将一个子集数据作为测试集,其余的 $K-1$ 组子集作为训练集;将 K 个子集轮流作为测试集,重复上述过程,这样得到了 K 个分类器或模型,并利用测试集得到了 K 个分类器或模型的分类准确率。用 K 个分类准确率的平均值作为分类器或模型的性能指标。10-fold 交叉验证是比较常用的。

优点:每一个样本数据都被用作训练数据,也被用作测试数据。避免过度学习和欠学习状态的发生,得到的结果比较具有说服力。

缺点:需要给定 K 的数值,K 取值过大,计算耗时多;K 取值过小,无法取得统计意义的结果。

3)留一法交叉验证。假设样本数据集中有 N 个样本数据。将每个样本单独作为测试集,其余 $N-1$ 个样本作为训练集,这样得到了 N 个分类器或模型,用这 N 个分类器或模型的分类准确率的平均数作为此分类器的性能指标。

优点:每一个分类器或模型都是用几乎所有的样本来训练模型,这样评估所得的结果比较可靠。实验没有随机因素,整个过程是可重复的。

缺点:计算成本高,当 N 非常大时,计算耗时。

MATLAB 中提供了用于交叉验证的 crossvalind 函数,可以很方便地对数据集进行训练集和验证集划分,主要的调用形式有:

Indices＝crossvalind('Kfold',N,K) ### K-fold,将数据集划分 K 个不相交的子集,每次

使用一个子集作测试,其他做训练,依次循环 K 次。

$[\text{Train},\text{Test}]=\text{crossvalind}('\text{HoldOut}',N,P)$ ###在 N 个样本中随机抽取占比为 P 的样本作为测试子集,其他作训练。

$[\text{Train},\text{Test}]=\text{crossvalind}('\text{LeaveMOut}',N,M)$ ###在 N 个样本中随机抽取 P 个样本作为测试子集,其他作训练。

【例 10.2】利用表 10-1 的数据,采用 10-fold 交叉验证方法,比较 bayes、KNN 和决策树三种判别模型分类的准确性和稳定性。

解:分析程序如下:

```
###exam10-2.m
clear;
close all;
clc;
###健康人数据和类别
sam_h=[7.8 4.4;8.5 5.5;9.4 4.7;10.0 5.2;11.0 5.5;...
11.2 4.5;10.0 11.5;9.2 11.3;10.5 5.2;11.5 11.2;7.0 4.2];
group1=ones(size(sam_h,1),1); ###健康人类别设为1
###白血病患者数据和类别
sam_p=[14.0 5.1;13.2 4.4;11.0 4.5;11.3 3.8;9.1 4.5;...
10.3 3.2;13.0 3.6;12.4 5.4;10.3 4.2;9.0 4.7;10.6 5.5;...
9.5 3.5;13.8 4.5];
group2=-1* ones(size(sam_p,1),1); ###病人类别设为-1
Y=[group1;group2]; ###训练样本类别标记
Sample=[sam_h;sam_p]; ###训练样本
indices=crossvalind(Kfold,Y,10); ###将数据集划分10个互补子集
CorrectR_bayes=zeros(10,1); ###bayes 分类器10次的在测试集中的分类准确率
CorrectR_knn=zeros(10,1);###KNN 分类器10次的在测试集中的分类准确率
CorrectR_dtree=zeros(10,1); ###决策树分类器10次的在测试集中的分类准确率
for i=1:10
    test=(indices == i); train=~test;
    class1=classify(Sample(test,:),Sample(train,:),Y(train,:));
    CorrectR_bayes(i)=sum(class1==Y(test,:))/length(Y(test,:));
    class2=knnclassify(Sample(test,:),Sample(train,:),Y(train,:),3);
    CorrectR_knn(i)=sum(class2==Y(test,:))/length(Y(test,:));
t=classregtree(Sample(train,:),Y(train,:));
class3=eval(t,Sample(test,:));
```

```
        CorrectR_dtree(i)=sum(class3==Y(test,:))/length(Y(test,:));
end
a=[CorrectR_bayes,CorrectR_knn,CorrectR_dtree]
[mean(a);std(a)]
###end exam10-2.m
```

最后结果如表 10-2 所示,从中可以看到 bayes 分类器的性能最好,而 KNN 与决策树分类器效果并不理想,还应该进一步调整近邻个数或进行决策树剪枝处理。另外,本例中的样本过少,这也是造成分类器泛化能力不强的主要原因。

表 10-2　不同分类器的 10-fold 交叉验证结果

	bayes	KNN	决策树
准确率均值	0.90	0.78	0.43
准确率标准差	0.16	0.29	0.29

判别分析中需要注意以下几点:

(1)训练样本中必须有所有要判别的类型,分类必须清楚,不能有混杂。

(2)要选择好能用于判别的预测变量,这是最重要的一步。

(3)要注意数据是否有不寻常的点或者模式存在,还要看预测变量中是否有些不适宜的,这可以用单变量方差分析(ANOVA)和相关分析来验证。

(4)判别分析是为了正确地分类,但同时也要注意使用尽可能少的预测变量来达到这个目的。使用较少的变量意味着节省资源和易于对结果进行解释。

(5)注意训练样本的正确和错误分类率。研究被误分类的观测值,看是否可以找出原因。

10.3　聚类分析

分类学是人类认识世界的基础科学。聚类分析和判别分析是研究事物分类的基本方法,广泛地应用于自然科学、社会科学、工农业生产的各个领域。在生物医学领域中,聚类一方面用于对疾病特征的自动分类,另一方面主要用于对基因分类,获得对基因序列的认识。

10.3.1　聚类分析的基本思想

聚类分析(cluster analysis)也称为分割分析(segmentation analysis)或分类学分析(taxonomy analysis),是根据事物本身的特性研究个体分类的方法,其原则是同一类中的个体有较大的相似性,而不同类中的个体差异很大。在模式识别中,聚类分析属于无监督学习。

多元数据形成数据矩阵,见表 10-3。在数据矩阵中,共有 n 个样本 $x_1, x_2, \cdots x_n$(列方向),p 个指标(行方向)。

表 10-3　数据矩阵

指标	样本 $x_1, x_2, \cdots, x_j \cdots, x_n$			
x_1	x_{11}	x_{12}	$\cdots$	x_{1n}
x_2	x_{21}	x_{22}	$\cdots$	x_{2n}
$\vdots$	$\vdots$	$\vdots$	$\vdots$	$\vdots$
x_p	x_{p1}	x_{p2}	$\cdots$	x_{pn}

　　聚类分析的基本思想是在样本之间定义距离,在变量之间定义相似系数。距离或相似系数代表样本或变量之间的相似程度。按相似程度的大小,将样本(或变量)逐一归类,关系密切的类聚到一个小的分类单位上,然后逐步扩大,使得关系疏远的聚合到一个大的分类单位上,直到所有的样本(或变量)都聚集完毕后,就会形成一个表示亲疏关系的谱系图,依次按照某些要求对样本(或变量)进行分类。

　　聚类分析与判别分析同样是研究分类问题,不同之处在于判别分析要求已知一系列反映事物特征的数值变量的值,并且已知各个个体的分类(训练样本);而聚类分析则直接按照一定规则把性质相近或相似的对象归类,并且事先不知道这些对象可以分成几类以及哪些对象属于同一类。另外,聚类分析根据对变量或样本进行分类以达到组内同质、组间异质的目的,当聚类分析完成后,通常可以进行判别分析,以识别分类的效度。

　　根据分类对象的不同,可分为对样本或观测量聚类(Q 型聚类,相当于对表 10-3 数据中的行分类)和对指标或变量聚类(R 型聚类,相当于对表 10-3 数据中的列分类)两种,这两种聚类在数学上是对称的,没有什么不同。无论是哪种类型的聚类,其基本目的都是根据指标或样本的相似性或距离远近进行分类。

　　要想进行聚类分析,首先应确定用什么指标来评价聚类对象之间的差别。例如要将一个班级中的人分成两类,就有很多种分类法,可以按照男女性别来分,也可以按照学习成绩来分,还可以同时考虑如身高和体重等多项指标来分类。在实际进行聚类分析时,通常利用输入的数据选用某种距离指标来衡量不同对象间的远近程度。

　　按照远近程度来聚类时需要明确两个概念:一个是点和点之间的距离(点间距离),一个是类和类之间的距离(类产距离)。

　　点间距离有很多种定义方式,最简单也是最常用的是欧氏距离,当然还有其他的距离,如马氏距离等。另外还有一些和距离相反但起同样作用的概念,比如相似度等。两点相似度越大,其距离越短。

　　由一个点组成的类是最基本的类。如果每一类都由一个点组成,那么点间距离就成为类间距离。但是如果某一类包含不止一个点,那么就要确定类间距离。类间距离是基于点间距离定义的:比如两类之间最近点之间的距离可以作为这两类之间的距离,也可以用两类中最远点之间的距离作为这两类之间的距离,还可以用各类的中心之间的距离作为类间的距离,如马氏距离等。选择不同的距离结果会导致聚类结果的不同,但一般不会差太多。

　　有了点间距离和类间距离的概念,可以进一步说明聚类思想。聚类的目标就是要将样

本分组到不同的类中,且满足以下两个条件:

(1)同质性。一个类内的样本(或指标)彼此之间应该高度相似,即如果 i 和 j 属于同一类,那么距离 d_{ij} 应该很小。

(2)差异性。属于不同类的样本(或指标)应该是非常不同的,即如果 i 和 j 属于不同类,那么距离 d_{ij} 应该很大。

图 10-15 所示是一个聚类的例子,按照上述原则,可以看出,图 10-15(a)的划分法有更好的同质性和差异性。

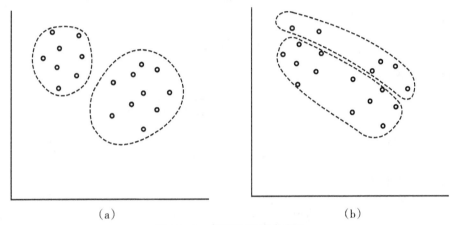

（a）   （b）

图 10-15　两种不同的分类法

10.3.2　主要的聚类方法

10.3.2.1　分层聚类方法

分层聚类方法(hierarchical clustering)也称系统聚类,即事先不需要确定要分多少类,其基本思想是不断地把距离最小的两个类合并成一类。首先将 N 个样本每个自成一类,然后每次将具有最小距离的两类合并成一类,合并后重新计算类与类之间的距离,这样一个过程一直持续到所有样本归为一类为止。显然,越是后来合并的类,距离就越远。分类结果可以画成一张直观的聚类谱系图。

应用分层聚类法进行聚类分析的步骤如下:

(1)确定待分类样本的指标。

(2)收集数据。

(3)对数据进行变换处理(如标准化或规格化)。

(4)使各个样本自成一类,即 N 个样本一共有 N 类。

(5)计算各类之间的距离,得到一个距离对称矩阵,将距离最近的两个类并成一类。

(6)并类后,如果类的个数大于1,那么重新计算各类之间的距离,继续并类,直至所有样本归为一类为止。

(7)最后绘制分层聚类谱系图,按不同的分类标准或不同的分类原则,得出不同的分类结果,即决定类的个数和类别。

可以看到在上面的步骤中,如何定义类间距离非常重要。

为简单起见,以 i、j 分别表示样本 x_i、x_j,以 d_{ij} 简记 i、j 之间的距离 $d(x_i, x_j)$。G_p、G_q 分别表示两个类,设它们分别含有 n_p、n_q 个样本。若类 G_p 中有样本 $(x_1, x_2, \cdots, x_{n_p})$,则其均值为

$$\bar{x}_p = \frac{1}{n_p} \sum_{i=1}^{n_p} x_i \qquad (10\text{--}11)$$

其称为类 G_p 的重心。类 G_p 与 G_q 之间的距离记为 D_{pq},有多种定义方式。

(1)最短距离:

$$D_{pq} = \min_{i \in G_p, j \in G_q} d_{ij}$$

(2)最长距离:

$$D_{pq} = \max_{i \in G_p, j \in G_q} d_{ij}$$

(3)类平均距离:

$$D_{pq} = \frac{1}{n_p n_q} \sum_{i \in G_p} \sum_{j \in G_q} d_{ij}$$

(4)重心距离:

$$D_{pq} = d(\bar{x}_p, \bar{x}_q)$$

(5)离差平方和距离:

$$D_{pq}^2 = \frac{n_p n_q}{n_p + n_q} (\bar{x}_p - \bar{x}_q)^{\mathrm{T}} (\bar{x}_p - \bar{x}_q)$$

分层聚类的特点:

(1)类的个数不需事先定好。

(2)需确定距离矩阵。

(3)运算量较大,适用于处理小样本数据。

MATLAB 提供了两种方法来进行分层聚类分析。

一种是利用 clusterdata 函数对样本数据进行一次聚类,其缺点是可供用户选择的面较窄,不能更改距离的计算方法。

另一种是分步聚类:

(1)用 pdist 函数计算变量之间的距离。

(2)用 linkage 函数定义变量之间的连接。

(3)用 cophenetic 函数评价聚类信息,如果返回值不接近 1,可修改距离定义方式重新进行分层聚类。

(4)用 cluster 函数创建聚类。

下面对分层聚类分析中的几个重要函数进行简单的介绍。

(1)squareform 函数:强制将距离矩阵从上三角形式转化为方阵形式,或从方阵形式转化为上三角形式。

调用格式:

Z = squareform(Y, $\cdots$)

(2)linkage 函数:用 'method' 参数指定的算法计算系统聚类树。

调用格式:

$Z = linkage(Y, 'method')$

Y:pdist 函数返回的距离向量。

method 取值如下所列。

'single':最短距离法(默认);'complete':最长距离法;

'average':未加权平均距离法;'weighted':加权平均法;

'centroid':质心距离法;'median':加权质心距离法;

'ward':内平方距离法(最小方差算法)。

返回值:Z 为一个包含聚类树信息的 $(m-1) \times 3$ 的矩阵。

(3)dendrogram 函数:生成只有顶部 p 个节点的谱系图(冰柱图)。

调用格式:$[H, T, \cdots] = dendrogram(Z, p, \cdots)$

(4)cophenet 函数:利用 pdist 函数生成的 Y 和 linkage 函数生成的 Z 计算 cophenet 相关系数。

调用格式:$c = cophenetic(Z, Y)$

(5)cluster 函数:根据 linkage 函数的输出 Z 创建分类。

调用格式:$T = cluster(Z, cutoff)$

【例 10.3】对例 10.1 中的样本 (X_1, X_2) 集不考虑先验知识,重新进行分层聚类分析。

解:可以通过一步求解算法和多步求解算法进行聚类分析,图 10-16 所示为分层聚类的系统树图。从图中可以看到,如果认为要将样本分为两类,则第 12、13、24 和 18 号样本属于一类,剩余样本属于另一类。图 10-17 为按照新的分类绘出的两类样本的分布。按照系统聚类的自然判断准则可以认为这些样本数据属于同一类。这说明依靠 α 峰形的两个指标来对是否患有白血病进行分类诊断是不可靠的。

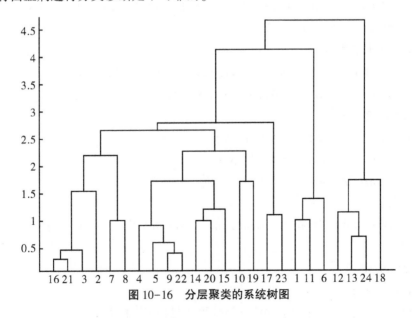

图 10-16 分层聚类的系统树图

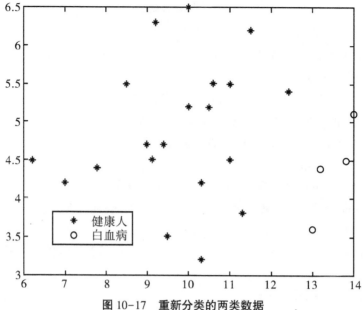

图 10-17　重新分类的两类数据

程序如下。

```
###exam10-3.m
clear;
close all;
clc;
###健康人数据和类别
sam_h=[7.8 4.4;8.5 5.5;9.4 4.7;10.0 5.2;11.0 5.5;...
11.2 4.5;10.0 11.5;9.2 11.3;10.5 5.2;11.5 11.2;7.0 4.2];
group1=ones(size(sam_h,1),1);
###白血病人数据和类别
sam_p=[14.0 5.1;13.2 4.4;11.0 4.5;11.3 3.8;9.1 4.5;...
10.3 3.2;13.0 3.6;12.4 5.4;10.3 4.2;9.04.7;10.6 5.5;...
9.5 3.5;13.8 4.5];
group2=-1* ones(size(sam_p,1),1);
SamAll=[sam_h;sam_p]; ###总样本
gori=[group1;group2]; ###原始的类别
###一步求法
ge1=clusterdata(SamAll,'maxclust',2); ###利用分层聚类法的分类结果
###分步求法
Y=pdist(SamAll);
Z=linkage(Y);
c=cophenet(Z,Y); ###用于评价分类效果,越接近于 1 越好
```

```
Y=pdist(SamAll,'cityblock');   ###换种距离度量方法重新分层聚类
Z=linkage(Y,'average');
c=cophenet(Z,Y)
ge2=cluster(Z,'maxclust',2);
###自然分类
ge3=cluster(Z,'cutoff',1.2);
[gori,ge1,ge2,ge3]
figure,dendrogram(Z);
jh=find(ge2==2);
jp=find(ge2==1);
figure,plot(SamAll(jh,1),SamAll(jh,2),'*',SamAll(jp,1),SamAll(jp,2),'o')
legend('健康人','白血病')
###end exam10-3.m
```

10.3.2.2 K-均值聚类方法

K-均值聚类(K-means clustering)也叫快速聚类,即事先要确定分多少类,其基本思想是通过不断调整分组,使组间差异与组内差异的比值达到最大化,即将观测数据分布的空间划分为 K 个互斥的区域,然后判断每个观测数据落在哪个区域中。

与分层聚类分析不同之处在于:K-均值聚类并不采用树结构去描述数据,而是采用观测数据的实际值而非近似值去进行分类估计。这使得当数据量很大时,应用 K-均值聚类法比分层聚类方法得到的结果更稳定。

K-均值聚类采用迭代算法进行分类。具体可描述如下:假设采用 K-均值法将系统分为三类。首先应事先确定 3 个点为"聚类种子",也就是说将把这 3 个点作为三类中每一类的基石;然后,根据和这 3 个点的距离远近,把所有点分成三类;再把这三类的中心(均值)作为新的种子,重新按照距离分类。如此迭代下去,直到达到停止迭代的要求如各类最后的中心变化不大,组间差异与组内差异的比值达到稳定或者迭代次数超过限制。

K-均值聚类的特点如下。

(1)K 事先定好。

(2)对噪声及孤立点数据敏感。

(3)聚类的结果与最初的 K 个聚类中心的选择有关。

(4)不必确定距离矩阵。

(5)比系统聚类法运算量要小,适用于处理庞大的样本数据。

(6)适用于发现球状类。

MATLAB 中用于进行 K-均值聚类的函数为 kmeans、silhouette。

【例 10.4】对例 10.1 中的样本 (X_1, X_2) 集不考虑先验知识,重新进行 K-均值聚类分析。

解:根据 K-均值聚类,分类结果如图 10-18 所示。分类的正确率为 66.7%。所分的两类中心是(13.2,4.5)(10.0,4.7)。

当采用 K-均值聚类时,为了评价分类的效果,可以利用分类结果绘制 silhouette 图来判断,如图 10-19 所示。该图显示了某个类离其相邻类的接近程度。该函数的第一个返回值的范围在+1 到-1,其中+1 表示很好的分类,0 表示没有把该样本与其他类分开,-1 表示分类结果很可能错误。如图 10-18 所示,当将给定样本空间分为两类时,有 3 个样本的分类结果可能不正确,因为其对应的 silhouette 函数返回值小于 0。

为了获得正确的分类,在采用 K-均值聚类时希望各个点对应的 silhouette 函数返回值都接近于 1。因此可以通过迭代尝试的方法来确定正确的分类数。

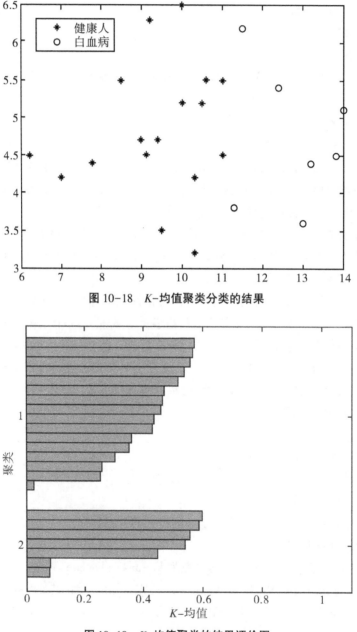

图 10-18　K-均值聚类分类的结果

图 10-19　K-均值聚类的结果评价图

程序如下：

```
###exam10-4.m
clear;
close all;
clc;
###健康人数据和类别
sam_h=[7.8 4.4;8.5 5.5;9.4 4.7;10.0 5.2;11.0 5.5;...
11.2 4.5;10.0 11.5;9.2 11.3;10.5 5.2;11.5 11.2;7.0 4.2];
group1=ones(size(sam_h,1),1);
###白血病人数据和类别
sam_p=[14.0 5.1;13.2 4.4;11.0 4.5;11.3 3.8;9.1 4.5;...
10.3 3.2;13.0 3.6;12.4 5.4;10.3 4.2;9.0 4.7;10.6 5.5;...
9.5 3.5;13.8 4.5];
group2=-1*ones(size(sam_p,1),1);
SamAll=[sam_h;sam_p]; ###总样本
gori=[group1;group2]; ###原始的类别
###k-means 法
N=2; ###事先给定的待分类数。
idx2=kmeans(SamAll,N,'distance','city'); ###返回值为分类结果
[silh2,h]=silhouette(SamAll,idx2,'city');
xlabel('Silhouette Value')
ylabel('Cluster')
jh=find(idx2==1);
jp=find(idx2==2);
figure,plot(SamAll(jh,1),SamAll(jh,2),'*',SamAll(jp,1),SamAll(jp,2),'o')
legend('健康人','白血病')
%%% end exam10-4.m
```

聚类分析中需要注意的几点：

（1）聚类结果主要受所选择的变量影响。如果去掉一些变量，或者增加一些变量，结果会很不同。

（2）相比之下，聚类方法的选择就不那么重要了。因此，聚类之前一定要目标明确。另外，就分成多少类来说，也要有道理，从分层聚类的计算机结果可以得到任何可能数量的类。但是，聚类的目的是要使各类距离尽可能得远，而类中点的距离应尽可能得近，而且分类结果还要有令人信服的解释。这一点必须根据实际问题来确定。

10.4　主成分分析

进行生物医学数据分析时通常要处理复杂、体积庞大的数据集,即往往含有多个变量。当这些变量间具有高度的相关性时,如果直接进行分析,一方面会由于变量数目过多而造成解释上的复杂与困扰,另一方面则会造成模型参数的过度拟合,降低分类或预测的准确性和可靠性。在应用模型中,多余的变量还会增加收集和处理这些变量的成本。模型的维度是指独立变量的个数或在模型中用到的变量,对这类数据应进行"降维"处理,相当于对大块头的数据集进行"减肥",既要保证不丧失大部分的有效信息,还要同时减少数据计算的维数。

10.4.1　主成分分析的基本思想

主成分分析(principal component analysis,PCA)是一种对多变量数据进行降维处理的方法。其基本思想是设法将原来的指标重新组合成一组新的互相无关的几个综合指标来代替原来的指标,同时根据实际需要,从中可取几个较少的综合指标作为代表原来变量的总体性指标,尽可能多地反映原来的指标信息,达到数据降维的目的。

例如在医学上有 5 个易测量的老化征(白斑、老年斑、闭目单腿直立时间、老年环、脱齿数),是否能用一个综合指标 Z 来对这 5 个实测指标反映的老化程度进行表示呢? 如果设综合指标 Z 为:

$$Z=a_1×白斑+a_2×老年斑+a_3×闭目单腿直立时间+a_4×老年环+a_5×脱齿数$$

确定权重系数的过程就可以看作是主成分分析的过程,得到的加权成绩总和就相当于新的综合变量——主成分,综合处理的原则是使新的综合变量能够解释大部分原始数据方差。

主成分分析的目的在于压缩变量的个数,用较少的变量去解释原始数据中的大部分变量,剔除冗余信息,使模型更好地反映真实情况。即将许多相关性很高的变量转化成个数较少,能解释大部分原始数据方差且彼此互相独立的几个新变量(即所谓的主成分),这样就可以消除原始变量间存在的共线性,克服由此造成的运算不稳定、矩阵病态等问题。

10.4.2　主成分分析的数学解释

对于三维空间下的一组样本(设样本数为 n),其原始变量的坐标系由 x_1、x_2、x_3 3 个彼此正交的坐标轴组成,用来表示样本点的取值(Px_1,Px_2,Px_3)实质为样本点在这 3 个坐标轴上的投影。如果对原始坐标系经过坐标平移、尺度伸缩、旋转等变换后,总可以得到一组新的、相互正交的坐标轴 v_1、v_2、v_3,那么样本点在新的坐标系中的投影为(Pv_1,Pv_2,Pv_3)。对于图 10-20(a)中的情况,可以看到大部分样本点都聚集在一个二维平面上。如果用 v_1、v_2 来确定这个二维平面,加上与其垂直的法线方向变量 v_3,就可以构成新的坐标系。原始变量在新坐标系上的投影值在 v_3 轴上为零,在 v_1、v_2 轴(分别称为第一、第二主成分)的方差达到最大。因此,可以只用样本点在 v_1 和 v_2 轴上的投影来表示数据,如图 10-20(b)的情况。对于

m 维空间,坐标轴的个数最多为 m 个,因此在新的坐标系中的主成分最多为 m 个。如果在哪个坐标轴上的投影值接近于零,就可以忽略此成分,达到消除冗余、进行降维的目的。

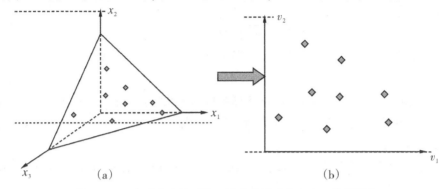

图 10-20　主成分变换后将三维空间样本显示在二维平面上

因此,主成分分析的数学原理为:根据方差最大化原理,用一组新的、线性无关且相互正交的向量来表征原来数据矩阵的行(或列)。这组新向量(主成分)是原始数据向量的线性组合。通过对原始数据的平移、尺度伸缩(减均值除方差)和坐标旋转(特征分解),得到新的坐标系(特征向量)后,用原始数据在新坐标系下的投影(点积)来替代原始变量。

10.4.3　主成分分析的求解过程

主成分分析法利用多个变量间的相关性信息将其综合成一个或少数几个独立的综合指标,使其能最大程度地反映观测变量所提供的信息。如记原始指标为 $(X_1, X_2, \cdots, X_m)$,它们的主成分记为 $(Z_1, Z_2, \cdots, Z_p)$,通常 p 远小于 m。最简单的情况是 $m=2$,即原始指标只有两个,X_1 和 X_2 是高度相关的,则综合指标 Z_1、Z_2 可写成 X_1 和 X_2 的线性组合。

$$Z_1 = a_{11}X_1 + a_{12}X_2$$
$$Z_2 = a_{21}X_1 + a_{22}X_2$$

(10-12)

此时,求主成分问题转化为求方程系数的问题。从原始指标转换为新指标必须满足两个条件:

(1)新的综合指标 Z_1、Z_2 彼此独立,即二者的相关系数为零。

(2)新的综合指标 Z_1、Z_2 反映样本总的信息,应等于原来指标反映的总的信息。

对 p 个变量进行 n 次观测得到的观测数据可用下面的矩阵来表示。

$$\begin{pmatrix} X_{11} & X_{12} & \cdots & X_{1p} \\ X_{21} & X_{22} & \cdots & X_{2p} \\ \vdots & \vdots & \vdots & \vdots \\ X_{n1} & X_{n2} & \cdots & X_{np} \end{pmatrix}$$

即原来的数据有 p 个指标,现在要重新构建 m 个新的综合指标来描述数据,通常 $m<p$。

主成分的求解步骤如下:

(1)对原始数据矩阵进行去均值处理,得到 X^*。对原始数据矩阵减去每列数据的均值,相当于平移处理。

（2）求 X^* 的协方差矩阵 C。两列向量 x、y 的协方差定义为：

$$\mathrm{cov}(x,y) = \frac{1}{n-1} \sum_{i=1}^{n} (x_i - \bar{x})(y_i - \bar{y}) \tag{10-13}$$

（3）对协方差矩阵 C 进行特征根分解，得到特征根及其特征向量。

$$C = U\Lambda U' \tag{10-14}$$

分解后的矩阵 U 是由 C 的特征向量按列组成的正交矩阵，每一列向量为对应特征根的特征向量，它构成了新的矢量空间。作为新变量（主成分）的坐标轴，又称为载荷轴。特征向量相互正交，即不相关。

特征根矩阵 Λ 为对角矩阵，对角线上为从大到小排列的特征根，特征值的大小表示新变量（主成分）方差的大小。

对协方差矩阵 C 进行特征根分解的过程相当于将原来的坐标轴进行旋转得到新的坐标轴 U，而数据在这个坐标系中的投影具有最大的方差。

（4）确定主成分的个数。

每个主成分蕴含信息量的多少用对应特征根的大小来表示，其贡献率可表示为：

$$\frac{\lambda_i}{\sum_{i=1}^{p} \lambda_i} \tag{10-15}$$

前 m 个主成分的累积贡献率可表示为：

$$\frac{\sum_{i=1}^{m} \lambda_i}{\sum_{i=1}^{p} \lambda_i} \tag{10-16}$$

可以根据累积贡献率来确定主成分的个数。一般而言，保留累计贡献率大于 85% 的前 m 个主成分，忽略后几个小特征值的成分。也可将特征根大于 1 的因子数目定为主成分的个数。还有一种方法是绘制特征值与因子数目的曲线，到某一因子数后，特征值减小幅度的变化不大，此转折点的因子数即为主成分的个数 m。在实际应用中，究竟取前几个主成分，还需要结合主成分的实际解释和专业知识而定。

（5）求主成分得分，得到新的变量值。

由于已经得到了新坐标系 U，即可以计算原来的变量 X 在新坐标系中的投影。

$$F_{n \times m} = X_{n \times p} U_{p \times m} \tag{10-17}$$

F 矩阵的每一行相当于原数据矩阵的所有行（即原始变量构成的向量）在主成分坐标轴（载荷轴）上的投影，这些新的投影构成的向量就是主成分得分向量。

MATLAB 中提供了用于主成分分析的函数 princomp，其调用格式为：

```
[COEFF,SCORE,latent]=princomp(X)
```

其中输入变量 X 为由多个变量按列排列构成的输入矩阵。COEFF 的第 i 列为第 i 个主成分的载荷，SCORE 为输入样本计算主成分的得分，latent 为按递减顺序排列的 X 的协方差矩阵 cov(X) 的特征根。

另外,还可以用 princov 函数来进行主成分的分析,与 princomp 函数的区别在于其输入矩阵应该为数据矩阵的协方差矩阵。

下面通过一个简单的例子来进一步说明主成分分析的过程及思想。

【例 10.5】主成分分析示例。

考虑最为简单的情况,有两个变量 X_1 和 X_2 呈线性相关,对其进行主成分分析。

从 X_1 和 X_2 的散点图中可以看到二者高度相关,且沿着斜线分布的方向,数据分布的方差较大,如图 10-21 所示。

对 X_1 和 X_2 进行主成分分析,得到两个主成分变量 Z_1 和 Z_2。

第一个主成分 Z_1 的累积贡献率为 0.9983,相当于提取了原来两项指标的所有信息。绘制 Z_1、Z_2 的散点图,可以发现 Z_2 值基本不变,即所有的信息都集中在 Z_1 上,如图 10-22 所示。由此可见,主成分分析相当于对数据空间的原坐标轴进行了旋转操作,即将其转到使得数据分布方差最大的方向,也就是第一主成分的方向。本例中第一主成分的方向为 [-0.45, -0.89],也即图 10-21 中的斜线方向。

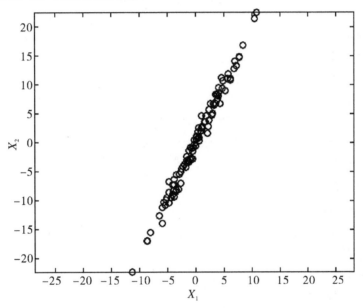

图 10-21　X_1、X_2 的散点图

程序代码如下:

```
###exam10-5.m
clear;
close all;
X1=5* randn(100,1);
X2=2* X1+randn(100,1);
figure,plot(X1,X2,'o')
```

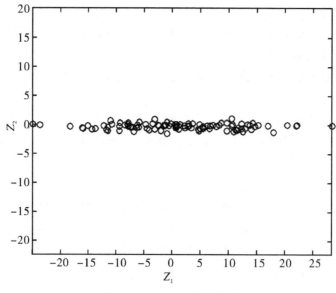

图 10-22　Z_1、Z_2 的散点图

```
xlabel('X1')
ylabel('X2');
axis equal;
X=[X1,X2];
[pc,SCORE,latent]=princomp(X); ###主成分分析
pp=cumsum(latent)./sum(latent) ###累积贡献率
Z1=SCORE(:,1);
Z2=SCORE(:,2);
figure,plot(Z1,Z2,'o')
xlabel('Z1')
ylabel('Z2');
axis equal;
###end exam10-5.m
```

10.4.4　主成分分析的优点和特点

主成分分析的优点如下：
(1)能找到表现原始数据阵最重要的变量组合。
(2)通过表示最大的方差,能有效地直观反映样本之间的关系。
(3)能从最大的几个主成分的得分来近似反映原始的数据阵信息。
主成分分析的特点如下：
(1)主成分是原变量的线性组合。
(2)各个主成分之间互不相关。

（3）主成分按照方差从大到小依次排列，第一主成分对应最大的方差（特征值）。

（4）每个主成分的均值为零，其方差为协方差阵对应的特征值。

（5）不同的主成分轴（载荷轴）之间相互正交。

（6）如果原来有 p 个变量，则最多可以选取 p 个主成分，这 p 个主成分的变化可以完全反映原来全部 p 个变量的变化；如果选取的主成分少于 p 个，则这些主成分的变化应尽可能多地反映原来全部 p 个变量的变化。

【例 10.6】对表 10-4 中的数据进行主成分分析。

表 10-4　15 名 3 岁男童的体重、身高、胸围、上臂围、三头肌、肩胛下角

体重 X_1	身高 X_2	胸围 X_3	上臂围 X_4	三头肌 X_5	肩胛下角 X_6
13.5	95.0	52.2	15.5	10.0	11.0
14.5	102.5	49.5	11.0	8.0	7.0
13.0	97.6	49.0	15.0	8.0	11.0
15.4	100.0	53.5	15.5	8.0	5.0
11.5	100.0	54.0	17.0	9.0	8.0
13.1	93.5	51.0	15.0	9.0	8.0
14.7	97.5	50.0	15.5	9.0	7.0
14.3	95.1	51.4	15.7	9.0	11.0
13.9	95.6	52.0	14.7	10.0	11.0
11.3	99.0	51.0	13.5	7.0	5.0
15.0	100.0	52.0	15.5	10.0	11.0
15.3	100.0	53.0	11.0	9.0	7.0
11.7	93.4	45.0	14.0	7.0	11.0
12.5	93.3	48.5	15.5	8.0	11.0
14.3	92.8	52.5	111.0	11.0	9.0

解：将表 10-4 中的数据存储在 15boysdata.mat 文件中供以后使用。

对原始数据进行主成分分析，各主成分的累积贡献率为 [0.59,0.88,0.95,0.98,0.995,1]，图 10-23 为各个主成分所对应的特征根变化，可以看到从第 4 个主成分开始，特征根没有太大的变化，因此选择前 4 个主成分，其包含了原始数据中 98% 的信息。

这 4 个主成分可表示为（其中的 X 带"＊"表示经过了零均值处理）

$$Z_1 = 0.31X_1^* + 0.83X_2^* + 0.45X_3^* + 0.12X_4^* + 0.03X_5^* - 0.006X_6^*$$

$$Z_2 = -0.28X_1^* + 0.45X_2^* - 0.64X_3^* - 0.18X_4^* - 0.14X_5^* - 0.26X_6^*$$

$$Z_3 = 0.40X_1^* + 0.09X_2^* - 0.54X_3^* + 0.37X_4^* + 0.12X_5^* + 0.62X_6^*$$

$$Z_4 = -0.60X_1^* + 0.16X_2^* + 0.19X_3^* - 0.27X_4^* - 0.06X_5^* + 0.71X_6^*$$

新的综合变量 Z_1 主要考虑了 X_1、X_2、X_3 这 3 个指标的影响，即综合指标 Z_1 反映了体

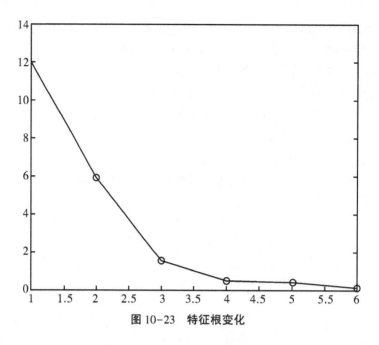

图 10-23　特征根变化

重、身高、胸围这 3 个指标。Z_2、Z_3 对 6 个指标的影响都有所考虑。Z_4 主要考虑了 X_1 和 X_6 的影响。

```
###exam10-6.m
clear;
close all;
load 15boysdata;
[pc,SCORE,latent]=princomp(X); ###主成分分析
pp=cumsum(latent)./sum(latent) ###累积贡献率
figure,plot(latent,'o-'),title('特征根变化')
###end exam10-6.m
```

10.5　因子分析

在上一节介绍的主成分分析方法虽然可以有效实现降维,但主成分分析侧重解释变量的总方差,寻找可以表示为各输入变量线性组合的最佳主成分,在实际中很难解释主成分代表的实际意义;而因子分析是研究从变量群中提取共性因子的统计技术,分析的目的是将输入变量表示成各因子的线性组合,侧重于解释各变量之间的协方差,可在许多变量中找出隐藏的具有代表性的因子。将相同本质的变量归入一个因子,可减少变量的数目,还可检验变量间关系的假设。

因子分析的思想源于 1904 年英国心理学家 C. E. 斯皮尔曼对学生考试成绩的研究。他发现学生的各科成绩之间存在着一定的相关性,某科成绩好的学生,往往其他各科成绩也比较好,从而推想是否存在某些潜在的共性因子影响着学生的学习成绩。可以看到,因子分析

也是利用降维的思想,以较少几个因子反映原资料的大部分信息,并容易对共性因子做出具有实际意义的合理解释,目前已经在许多领域得到广泛应用。

10.5.1 因子分析模型

设有 p 个变量构成的样本 X,因子分析的一般模型为:

$$X_i = \mu_i + a_{i1}F_1 + \cdots + a_{im}F_m + \varepsilon_i \tag{10-18}$$

式中,μ_i 为变量 $X_i(i=1,2,\cdots,p)$ 的均值;$F_1,F_2,\cdots,F_m$ 为 $m(m \leqslant p)$ 个公共因子;ε_i 是变量 X_i 所独有的特殊因子(随机误差),公共因子与特殊因子都是不可观测的隐变量;α_{ij} 为变量 X_i 在公共因子 F_j 上的载荷,它反映了公共因子对变量的重要程度,对解释公共因子具有重要作用。可以看出,式(10-18)与多元线性回归方程类似,但二者有本质的区别。在多元回归中,回归因子为输入变量,有非常明确的实际意义,只需确定回归系数;而在因子分析中,公共因子及其载荷均为未知量,二者都需要估计确定。

式(10-18)还可以进一步写为矩阵形式:

$$X = \mu + AF + \varepsilon \tag{10-19}$$

式中,$A = (a_{ij})_{p \times m}$ 为因子载荷矩阵;$F = (F_1,F_2,\cdots,F_m)'$ 为公共因子向量;$\varepsilon = (\varepsilon_1,\varepsilon_2,\cdots,\varepsilon_p)'$ 为特殊因子向量。

在因子分析模型中,通常有如下假设:

(1)各个共同因子之间不相关,且具有单位方差。

(2)特殊因子均值为零,彼此之间也不相关。

(3)共同因子和特殊因子之间也不相关。

10.5.2 重要概念

10.5.2.1 因子载荷

因子载荷(载荷矩阵中第 i 行、第 j 列的元素)是第 i 个变量与第 j 个公共因子的相关系数,主要反映该公共因子对相应原变量的贡献力大小,绝对值越大,相关密切程度越高。

10.5.2.2 变量共同度

变量共同度是衡量因子分析效果的常用指标。对某一个原变量来说,其在所有因子上载荷的平方和(载荷矩阵中某一行元素的平方和)就叫作该变量的共同度,它反映了所有公共因子对该原变量的方差(变异)的解释程度,取值范围在 0~1。如果因子分析结果中大部分变量的共同度都高于 0.8,说明提取的公共因子已经基本反映了原变量 80% 以上的信息,因子分析效果较好。

10.5.2.3 公共因子的方差贡献

指某公共因子对所有原变量载荷的平方和(载荷矩阵中某一列载荷的平方和),它反映该公共因子对所有原始总变异的解释能力,用于衡量公共因子的相对重要性。一个因子的方差贡献越大,说明该因子越重要。

10.5.3　因子载荷矩阵的估计

求解因子分析模型的关键是估计因子载荷矩阵 **A** 以及特殊因子的方差,主要通过对样本集的协方差矩阵和相关矩阵进行特征根分解。本书重点在于如何应用,常用的估计方法主成分法、主因子法、极大似然法等,因涉及过多的数学推导,因此不再赘述,感兴趣的读者可以进一步阅读相关书籍。

10.5.4　因子旋转

首先需要指出的是,因子分析中因子载荷矩阵不是唯一的,可以通过线性矩阵旋转变换获得新的因子和载荷阵。

因子分析模型的目的不仅仅要找出公共因子,以及对变量进行分组,而且要知道每个公共因子的意义,以便进行进一步的分析,如果每个公共因子的含义不清,则不便于进行实际背景的解释。对公共因子的解释主要依据因子载荷矩阵的各列元素取值。如果载荷矩阵某列各元素绝对值差距较大,且绝对值大的元素较少时,则该公共因子就易于解释,反之则比较困难。考虑到因子载荷矩阵不是唯一的,所以可以对原始的因子载荷矩阵进行旋转,使因子载荷矩阵的结构简化,每列或行的元素平方值向 0 和 1 两极分化,这样就使得因子的解释变得容易,变量之间的关系更加清晰。

因子旋转方法有正交旋转和斜交旋转。因子旋转过程中,如果因子对应轴相互正交,则称为正交旋转,正交旋转不改变变量共同度;如果因子对应轴相互间不是正交的,则称为斜交旋转。因子旋转最常用的方法是最大方差正交旋转法(varimax)。

设 **T** 为正交矩阵,对原载荷矩阵 **A** 做正交变换:

$$B=AT=(b_{ij})_{p\times m} \tag{10-20}$$

令
$$d_{ij}^2=\frac{b_{ij}^2}{h_i^2},\bar{d}_j=\frac{1}{p}\sum_{i=1}^{p}d_{ij}^2,V_j=\frac{1}{p}\sum_{i=1}^{p}(d_{ij}^2-\bar{d}_j)^2,j=1,2,\cdots,m \tag{10-21}$$

式(10-21)中,h_i^2 为第 i 个变量的变量共同度,d_{ij}^2 除以其进行归一化处理是为了消除公共因子对各原始变量的方差贡献不同的影响。

我们称 V_j 为旋转后因子载荷矩阵 **B** 的第 j 列元素平方的相对方差,其度量了 **B** 的第 j 列元素的平方值之间的差异程度。所谓的最大方差正交旋转法就是选择正交矩阵 **T**,使得式(10-22)达到最大。

$$V=\sum_{j=1}^{m}V_j,j=1,2,\cdots,m \tag{10-22}$$

10.5.5　因子得分

在对公共因子做出合理的解释之后,往往需要求出各观测变量所对应的各个公共因子的得分。在式(10-23)中,原变量被表示为公共因子的线性组合,当载荷矩阵确定以后,通常情况下,我们还想反过来把公共因子表示为原变量的线性组合,即

$$F_j=\beta_{j1}X_1+\cdots+\beta_{jp}X_p \quad j=1,2,\cdots,m \tag{10-23}$$

显然,由于通常 $m<p$,所以不能得到精确的得分(方程欠定),只能通过估计的方法获得观测变量在公共因子上的得分。常用的求因子得分的方法有加权最小二乘法和回归法。

10.5.6　因子分析中的 Heywood 现象

对于各分量已经标准化处理的数据(各变量均值为 0,方差为 1),第 i 个变量的变量共同度 h_i^2 应大于 0,并且小于 1。但在实际进行因子分析时,变量共同度的估计可能会等于或超过 1,称为 Heywood 现象。出现该现象意味着某些特殊因子(随机误差)的方差为负,表明分析中模型或数据使用并不合理,存在问题。

造成 Heywood 现象的可能原因如下:

(1)变量共同度本身估计的问题。

(2)公共因子设置过多,出现了过度拟合。

(3)公共因子设置过少,出现了拟合不足。

(4)数据太少,不能提供稳定的估计。

(5)因子模型不适合这些数据。

当出现 Heywood 现象时,对估计结果的接受应保持谨慎。通常可以通过增加数据量或改变公共因子的数目来改善这种现象。

10.5.7　因子分析步骤

因子分析通常包括以下五个步骤:

(1)选择分析的变量。用定性分析和定量分析的方法选择变量,因子分析的前提条件是观测变量间有较强的相关性,因为如果变量之间无相关性或相关性较小的话,它们不会有共享因子,所以原始变量间应该有较强的相关性。

(2)计算所选原始变量的相关系数矩阵。相关系数矩阵描述了原始变量之间的相关关系,可以帮助判断原始变量之间是否存在相关关系,这对因子分析是非常重要的,因为如果所选变量之间无关系,做因子分析是不恰当的,并且相关系数矩阵是估计因子结构的基础。

(3)提取公共因子。这一步要确定因子求解的方法和因子的个数。需要根据研究者的设计方案或有关的经验或知识事先确定。因子个数的确定可以根据因子方差的大小,只取方差大于 1(或特征值大于 1)的那些因子,因为方差小于 1 的因子其贡献可能很小。按照因子的累计方差贡献率来确定,一般认为要达到 60%以上才能符合要求。

(4)因子旋转。通过坐标变换使每个原始变量在尽可能少的因子之间有密切的关系,这样因子解的实际意义更容易解释,并为每个潜在因子赋予有实际意义的名字。

(5)计算因子得分。求出各样本的因子得分,有了因子得分值,则可以在许多分析中使用这些因子,例如以因子的得分作为特征,进行聚类或判别分析,或者做回归分析中的回归因子等。

10.5.8　R 语言实例分析

R 语言中提供的因子分析相关函数主要有两个。

（1）factoran 函数：用于根据原始样本观测数据、样本协方差矩阵或样本相关稀疏矩阵，计算因子载荷矩阵 A、特殊因子的方差估计、因子旋转矩阵 T 和因子得分，以及对因子模型进行检验。

（2）Rotatefactors 函数：用于获得因子旋转后的载荷矩阵 B 以及旋转矩阵 T。

下面通过一个具体实例来说明如何使用 R 进行因子分析，并对常用函数的调用格式进行详细说明。

【例 10.7】对表 10-4 中的数据进行因子分析。

解：

```
###exam10-7.m
clear;
close all;
load 15boysdata;
[lambda,psi,T,stats,F]=factoran(X,2,'xtype','data','delta',0,'rotate','none') ###因子分析
```

Factoran 函数输入参数：

原始数据 X，公共因子个数为 m（本例中为 2），特殊因子的方差下限设置为 0，不进行旋转。

Factoran 函数输出参数：

lambda 为包含 2 个公共因子的载荷矩阵。

psi 为特殊因子的方差最大似然估计。

T 为旋转矩阵。

stats 为包含模型检验信息的结构体变量，模型假设的原假设是因子数 m。stats 包括四个字段，其中 loglike 表示对数似然函数的最大值；def 表示误差自由度；chisq 表示近似卡方检验统计量；p 表示检验的 p 值，如大于显著性水平 α，则接受原假设，说明用含有 m 个公共因子的模型拟合原始数据是合适的，否则，拒绝原假设，说明拟合不合适，应重新选定 m 值进行因子分析。

F 为原变量在主要因子上的得分。

本例中输出结果为：

```
lambda =
1.0000   -0.0000
    0.5110   -0.7208
    0.7039    0.0720
    0.8567    0.2230
    0.4965    0.6285
    0.3741    0.5748
  psi =
```

```
    0.0000
    0.2193
    0.4993
    0.2163
    0.3585
    0.5297
T =
    1    0
    0    1
stats =
    loglike: -0.5195
        dfe: 4
      chisq: 5.1086
p: 0.2763
F =
  -0.3029    0.8918
   0.3961   -1.4022
  -0.6524   -0.5829
   1.0252   -1.4076
   1.7941   -0.0644
  -0.5825    1.2279
   0.5359    0.0112
   0.2563    0.4841
  -0.0233    0.4823
  -1.8407   -1.7284
   0.7456   -0.4637
   0.9553   -0.4681
  -1.5611   -0.1329
  -1.0019    0.6388
   0.2563    2.5141
```

从以上结果可以看到,在没有进行因子旋转的情况下,因子载荷矩阵 lambda 各列中元素的两级分化情况较好,p 值大于 0.05,说明选择两个因子基本是合适的。第一因子主要反映了体重 X_1、胸围 X_3、上臂围 X_4 三个变量的变化,因此可以命名为体重因子;第二因子主要反映了身高 X_2、三头肌 X_5、肩胛下角 X_6 的变化,因此可以命名为身高因子,X_5 和 X_6 这两个变量同时受到这两个因子的影响。

从 psi 可以看到,这两个因子对变量 X_1 解释得最好,对 X_6 解释得最差。

进一步计算这两个因子的方差贡献和累积贡献率：

Contribut=100* sum(lambda.^2)/size(lambda,1) ###公共因子的方差贡献

CumContribut=cumsum(Contribut) ###累积贡献率

运行结果为

Contribut =

  47.9506 21.6662

CumContribut =

  47.9506 69.6169

可以看到第一因子对于方差贡献率是 47.9%，两个因子的累积方差贡献率达到了 70%。下面进一步通过相关系数矩阵和因子旋转进行分析。

pho=corrcoef(X);

[lambda2,psi2,T2]=factoran(pho,2,'xtype','covariance','delta',0) ###因子分析

###注意当使用样本的相关系数矩阵作为输入时，无法返回因子得分

结果为：

lambda2 =

    0.9094   0.4159

    0.7644   -0.4429

    0.6102   0.3583

    0.6863   0.5591

    0.1901   0.7782

    0.1011   0.6785

psi2 =

    0.0000

    0.2197

    0.4993

    0.2163

    0.3583

    0.5294

T2 =

    0.9094   0.4159

   -0.4159   0.9094

可以看到，因子旋转后旋转矩阵 **T** 发生了变化，不再为单位阵，同时因子载荷阵各列元素的差异更明显了，更容易对因子做出解释，第一因子主要影响前四个变量，第二因子主要影响后两个变量。但是因子的累积贡献率没有发生变化，第一因子对于方差贡献率是 38%，两个因子的累积方差贡献率仍近似达到 70%。

10.6　本章小结

本章介绍了模式识别的基本概念和常用的方法。判别分析是根据已知类别对事物进行所属判断,聚类分析则自动挖掘数据间的相关信息来进行类别的划分,主成分分析主要用于数据降维,因子分析用于提取多个变量间隐含的公共因子。这 4 种方法在复杂的生物医学数据分析中都很常用,应熟练掌握。

10.7　拓展阅读

生物信息识别技术主要是指通过人类生物特征进行身份认证的一种技术。生物信息识别系统对生物特征进行取样,通过计算机与光学、声学、生物传感器和生物统计学原理等高科技手段密切结合,利用人体固有的生理特性(如指纹、指静脉、人脸、虹膜等)和行为特征(如笔迹、声音、步态等)来进行个人身份的鉴定。由于人类的生物特征通常具有唯一性、可以测量或可自动识别和验证、遗传性或终身不变等特点,因此生物信息识别技术较传统认证技术存在较大的优势。

目前已经出现了许多生物信息识别技术,如指纹识别、手掌几何学识别、声音识别、视网膜识别、虹膜识别、签名识别、人脸识别等,但其中一部分技术含量高的生物信息识别手段还处于实验阶段。随着科学技术的飞速进步,将有越来越多的生物信息识别技术应用到实际生活中。

(1)指纹识别

实现指纹识别有多种方法。有些比较指纹的局部细节,有些直接通过全部特征进行识别,还有一些使用更独特的方法,如指纹的波纹边缘模式和超声波。在所有生物信息识别技术中,指纹识别是当前应用最为广泛的一种。

(2)手掌几何学识别

手掌几何学识别指的是通过测量使用者的手掌和手指的物理特征来进行识别。作为一种已经确立的方法,手掌几何学识别不仅性能好,而且使用比较方便。

(3)声音识别

声音识别指的是通过分析使用者的声音物理特性来进行识别的技术。目前,虽然已经有一些声音识别产品进入市场,但使用起来还不太方便,这主要是因为传感器和人的声音可变性都很大。另外,比起其他的生物信息识别技术,它使用的步骤也比较复杂,在某些场合显得不方便。

(4)视网膜识别

视网膜识别使用光学设备发出的低强度光源扫描视网膜上独特的图案。有证据显示,视网膜扫描十分精确,但它要求使用者注视接收器并盯着一点。这对于戴眼镜的人来说很不方便,而且与接收器的距离很近,也让人不太舒服。

（5）虹膜识别

虹膜识别是与眼睛有关的生物信息识别中对人产生较少干扰的技术。它的使用相当于普通的照相机元件,且不需要用户与机器发生接触。另外,它有能力实现更高的模板匹配性能。

（6）签名识别

签名识别在应用中具有其他生物信息识别所没有的便利优势,人们已经习惯将签名作为一种在交易中确认身份的方法。实践证明,签名识别是相当准确的,因此签名很容易成为一种可以被接受的识别符。

（7）人脸识别

运用人工智能领域内先进的模式识别技术,利用分析比较人物视觉特征信息进行身份鉴别,包括人物图像采集、人脸定位、身份识别等过程。光照条件、人体姿势、物体遮挡是影响人脸识别效果的主要因素,而实用需求对人脸识别系统的鲁棒性要求很高。

（8）基因识别

随着人类基因组计划的开展,人们对基因的结构和功能的认识不断深化,并将其应用到个人身份识别中。因为在全世界 80 亿人中,与你同时出生或姓名一致、长相酷似、声音相同的人都可能存在,指纹也有可能消失,但只有基因才是代表你本人遗传特性的、独一无二、永不改变的指征。基因识别通过选取特定基因特征位点（DNA 指纹）建立模板,储存于基因身份数据库中。使用时通过取样与模板匹配来进行身份识别。由于技术上的原因,目前还不能做到实时取样和迅速鉴定,这在某种程度上限制了它的广泛应用。

（9）步态识别

使用摄像头采集人体行走过程的图像序列,通过运动检测、特征提取与处理后进行识别分类,来达到身份识别的目的。步态识别具有其他生物识别技术所不具有的独特优势,即在远距离或低视频质量情况下的识别潜力,且步态难以隐藏或伪装等。

10.8 习题

1. 举例说明聚类分析和判别分析的联系和差异。

2. 表 10-5 为某学校 20 名学生肺活量与有关变量的测量结果,试对其进行聚类分析。

表 10-5 某学校 20 名学生肺活量与有关变量的测量结果

编号	体重 X_1/kg	胸围 X_2/cm	肩宽 X_3/cm	肺活量 Y/L
1	50.8	73.2	31.3	2.96
2	49.0	84.1	34.5	3.13
3	42.8	78.3	31.0	1.91
4	55.0	77.1	31.0	2.63

续表 10-5

编号	体重 X_1/kg	胸围 X_2/cm	肩宽 X_3/cm	肺活量 Y/L
5	45.3	81.7	30.0	2.86
6	45.3	74.8	32.0	1.91
7	51.4	73.7	31.5	2.98
8	53.8	79.4	37.0	3.28
9	49.0	72.6	30.1	2.52
10	53.9	79.5	37.1	3.27
11	48.8	83.8	33.9	3.10
12	52.6	88.4	38.0	3.28
13	42.7	78.2	30.9	1.92
14	52.5	88.3	38.1	3.27
15	55.1	77.2	31.1	2.64
16	45.2	81.6	30.2	2.85
17	51.4	78.3	31.5	3.16
18	48.7	72.5	30.0	2.51
19	51.3	78.2	31.5	3.15
20	45.8	75.0	32.5	1.94

3. 在采用 K-均值聚类时,每次运行程序后的分类结果一定相同吗? 上机验证后回答,并解释原因。

4. 利用第 10 章例 10.6 中的数据文件任选其中的 10 个样本进行聚类分析,确定最佳类别,然后利用聚类结果对剩余的 5 个样本进行判别分析。(思考是否可以用到主成分分析)

5. 利用 R 帮助,学习 Demos 中的 Statistics Toolbox 中的 Multivariate Analysis 部分里的后两部分:Classification 和 Cluster Analysis。

6. 对例 10.3,如何通过迭代尝试的方法来确定正确的分类数? 重新编写程序来完成正确的聚类。

7. 使用 Fisher 鸢尾花数据 Iris,参考帮助,复习本章所介绍的几种分类识别算法,并熟悉函数的调用,以及分析调整模型参数对分类结果的影响。

第 **11** 章

实验设计

11.1 实验设计的基本原理

在生物学实验或调查中,通过对一些现象观察获得一系列数据资料,最终用数据来反映这些现象的变化规律并得出结论。为使所获得的数据能准确可靠地反映事物的真实规律,在进行实验或调查之前,对整个实验或调查过程应做一个全面安排,这就是实验设计(experimental design)。实验设计是由英国统计学家费歇尔(R. A. Fisher)于 20 世纪 20 年代为满足科学实验的需要而提出的,是数理统计学的一个分支。

11.1.1 实验设计的意义

实验设计包括广义的实验设计和狭义的实验设计。广义的实验设计是指整个研究课题的设计,包括实验方案的拟定,实验单位的选择,分组的排列,实验过程中生物性状和实验指标的观察记载,实验资料的整理、分析等内容;而狭义的实验设计则仅指实验单位的选择、分组与排列方法。

合理的实验设计对科学实验非常重要,它不仅能够节省人力、物力、财力和时间,而且能够减少实验误差,提高实验的精确度,取得真实可靠的实验资料,为统计分析得出正确的判断和结论打下基础。

11.1.2 生物学实验的特点与基本要求

为了认识生物的生殖和生长发育规律,指导农牧业生产和医疗卫生工作,就必须进行生物学实验。由于生物的生长发育和繁衍受到光、温、水、气、营养等诸多难以控制的环境条件的影响,这就增加了进行生物学实验的复杂性。为了科学有效地做好实验,发挥其应有的作用,对生物学实验有如下基本要求。

(1)实验目的要明确

生物学实验要具有实用性、先进性和创新性。安排实验时,需要对实验的预期结果及其在生产和科研中的作用做到心中有数,首先应抓住当前生产和科研中急需解决的问题作为实验项目,同时要有预见性,从发展的观点出发,适当照顾到长远和在不久的将来可能出现的问题。既要抓住眼前的关键问题,又要兼顾未来。

(2)实验条件要有代表性

实验条件要能够代表将来准备推广该项实验结果的地区生产、经济和自然条件。只有这样,实验结果(新品种、新技术等)才能符合实际,才能被推广利用。在考虑目前实际条件的同时,还应放眼未来生产、经济和科学技术水平的发展,使实验结果既能符合当前需要,又能适应未来发展,使结果具有较长的应用寿命。

(3)实验结果要可靠

实验结果是否可靠,依赖于实验的准确度和精确度两个方面。准确度是指实验中某一性状的观测值与其相应真值的接近程度,越接近,准确度越高。但在一般实验中,其值为未知数,故准确度不易确定。精确度是指实验中同一性状的重复观测值彼此接近的程度,即实验误差的大小,它是可以计算的。实验误差越小,则处理间的比较越精确。当实验没有系统误差时,精确度和准确度一致。因此,在实验的全过程中,要严格按照实验要求和操作规程执行各项技术环节,力求避免发生人为的错误和系统误差,尤其要注意实验条件的一致性,减少误差,提高实验结果的可靠性。高度的责任心和科学的态度是保证实验结果可靠性的必要条件。

(4)实验结果要能重演

实验结果的重演(recapitulation)是指在相同的条件下,重复进行相同实验能得到与原实验结果相同或相近的结果。也就是说,实验结果要能经得起实践的考验。这对于推广实验结果至关重要。为了保证实验结果能够重演,首先,必须严格要求实验的正确执行和实验条件的代表性;其次,必须注意实验的各个环节,全面掌握实验所处的条件,有详细、完整、及时和准确的实验过程记载,以便分析产生各种实验结果的原因。此外,对生物学实验还必须考虑生态环境特点,将实验进行 2 次或 3 次,甚至做多年多点实验,以避免年份、地点、环境条件的不一致所带来的影响。

11.1.3　实验设计的基本要素

实验设计包括三个基本组成部分,即处理因素、受试对象和处理效应。

(1)处理因素

一般将对受试对象给予的某种外部干预(或措施),称为处理因素(treatment factor),或简称处理。处理因素包括单因素处理(single factor treatment)和多因素处理(multiple factors treatment)。如果实验只有一个处理因素,称之为单因素实验(single factor experiment)。设计单因素实验是为了考察在该因素不同水平值上性状量值(这种量值又称为反应量)的变化规律,找出最佳水平(固定模型)或估计其总体变异(随机模型)。包含两个或两个以上处理因素的实验称为多因素实验(multiple factor experiment),可依处理因素数作具体命名,如两因素实验、三因素实验等。多因素实验的目的是考察反应量在各因素不同水平组合上的变化规律,找出水平的最佳组合(固定模型)或估计总体变异(随机模型)。相对于单因素实验,多因素实验不但可以研究主效应(或简称主效),也可研究因素之间的交互作用(简称为互作)。

与处理因素相对应的是非处理因素,这是引起实验误差的主要来源,在实验设计时要引起高度重视,尽量加以有效控制。

(2)受试对象

受试对象(tested subject)是处理因素的客体,实际上就是根据研究目的而确定的观测总体,即前面提到的实验单位。在进行实验设计时,必须对受试对象所要求的具体条件作出严格的规定,以保证其同质性。

(3)处理效应

处理效应(treatment effect)是处理因素作用于受试对象的反应,是研究结果的最终体现。由于实验效应包含处理效应和实验误差,因此,在分析实验效应时,需按照一定的数学模型通过方差分析等方法将处理效应和实验误差进行分解并进行检验,以确定处理效应是否显著。

11.1.4 实验误差及其控制途径

(1)实验误差的概念

在生物科学实验中,实验处理有其真实的效应,但总是受到许多非处理因素的干扰和影响,使实验处理的真实效应不能充分地反映出来。这样,实验中所取得的观测值,既包含处理的真实效应,又包含不能完全一致的许多其他因素的偶然影响。这种在实验中受偶然影响或者说非处理因素影响使观测值偏离实验处理真值的差异称为实验误差(experiment error)或误差(error)。实验误差是衡量实验精确度的依据,误差小表示精确度高;误差大,则实验结果比较的可靠性就较差,而要使处理间的差异达到指定的显著水平就很困难。近代生物学实验的特点在于注意到了实验设计与统计分析的密切结合。为了对实验材料进行显著性检验,必须计算实验误差。因此,在实验的设计与执行过程中,必须注意合理设计和降低实验误差的问题。

实验误差大致可以分为两种:一种为系统误差,也称片面误差,它是由于实验处理以外的其他条件明显不一致所产生的带有倾向性的偏差;另一种为随机误差,又称偶然误差。它是由于实验中许多无法控制的偶然因素所造成的实验结果与真实结果之间产生的误差。这类误差是随机的,在实验中是不可避免的,只能通过实验设计和精心管理设法减小。统计上说的实验误差一般就是指这类随机误差。

(2)实验误差的来源

开展任何实验都不可避免会产生误差,生物学实验也不例外。因为实验材料是变异丰富的生物有机体,实验中的影响因素千变万化,其中有些条件难以控制。虽然要消除实验误差是不可能的,但是我们必须想尽办法尽量减少误差。生物学实验中,误差的主要来源有以下四个方面。

1)实验材料固有的差异。这是指实验中各处理的供试材料在其遗传和生长发育方面或多或少存在着差异。如实验用的材料基因型不纯,播种的种子大小有差别,实验用的秧苗大小、壮弱不一致,供试动物体重大小不一,生理状况不一致等。

2)实验条件不一致。这是指各实验单位的构成不一致和各实验单位所处的外部环境条件不一致,即非实验因素不一致。例如,在田间实验中,实验小区的土壤肥力不匀是主要的实验误差来源。

3)操作技术不一致。操作技术不一致包括各处理或处理组合在培养、采样、接种、滴定、比色等操作过程中存在时间上和质量上的差别。

4)偶然性因素的影响。实验因素以外的人工无法控制的环境差异和遗传差异都是偶然性误差。除此之外,还有实验工作中疏忽大意造成的错误,应尽量避免。在实际工作或实验研究中,实验误差是不可避免的,但是采取一些措施降低实验误差是完全可能的。

(3)控制实验误差的途径

1)选择纯合一致的实验材料。首先实验材料在遗传上必须是纯合或杂合一致;其次在生长发育上体重、壮弱、大小要尽量一致,若有困难,可按生长发育程度分成几个档次,把同一档次规格安排在同一区组中,通过局部控制减少实验误差。

2)改进操作管理制度,使之标准化。为了减少实验误差,首先操作要仔细,工作要一丝不苟;其次操作管理中贯彻局部控制原则,一个实验尽量由一个人或尽可能少的人在尽可能短的时间内完成。

3)精心选择实验单位。各实验单位的性质和组成要求均匀一致。但要完全达到这一要求确有困难,可根据局部控制原理,将其分成若干组,使组内尽量均匀一致,组间允许存在差异。

4)采用合理的实验设计。合理的实验设计既可以减少实验误差,也可以估计实验误差,从而提高实验的精确度和准确度。

11.1.5　实验设计的基本原则

进行实验设计的目的,在于减少实验误差,提高实验的准确度和精确度,使研究人员能从所开展的实验结果中获得无偏的处理平均值及实验误差的估计量,从而能进行正确而有效的比较。同时通过合理的实验设计,还能以较少的投入获得较为可靠的大量数据,达到"事半功倍"的效果。为了有效地控制和降低实验误差,实验设计必须遵循以下三项基本原则。

(1)重复

所谓重复(replication),就是将一基本实验重做一次或几次。例如,测定不同年龄组正常人血红蛋白含量实验,在每一年龄组内测一人,即为一基本实验。若将这一基本实验重做5次,即每一年龄组,抽取5人测血红蛋白含量,则称该实验有5次重复。我们这里所讲的重复,是指将"基本实验"重做一次或几次,而不是指一次基本实验的结果重复测量多次。例如,我们想分析大豆籽粒中维生素D的含量,这一基本实验包括以下过程:随机选取若干大豆,磨成豆粉,取一定数量的豆粉,乙醇回流抽取脂肪,提取液皂化,萃取,层析分离,纯化,在

265 nm 下测吸光度,最后计算出维生素 D 的含量。重复实验必须是上述过程的完整重复。如果用同一份纯化液重复测定吸光度,所得到的若干数据,表面上看起来也是一种重复,但这不是重复实验,仅仅是重复测量,用重复测量所估计的误差只是测量过程中的误差,不是实验误差。不仅在实验过程的最后一步重复测量不属于重复实验,就是在整个实验过程中的任何一步之后重复测量,都不属于重复实验。上例的重复实验包括从大豆的取样直到计算出维生素 D 含量的整个过程。

设置重复有两个重要意义:①只有设置重复才能得到实验误差的估计。根据标准误差的定义 $S_{\bar{x}} = \dfrac{S}{\sqrt{n}}$,为了得到标准误差,首先必须计算出标准差 S。标准差是通过重复得到的,实验不设置重复,便无法得到标准差,也就得不到标准误差。②只有设置重复才能推断出处理效应。例如,比较两种不同药物的疗效,每一种药物只由一人服用,服用 A 药物的人 10 天痊愈,服用 B 药物的人 12 天痊愈。仅仅根据以上结果,无法判断两种药物的疗效是否有显著不同。2 天的差异并不能说明 B 药物的疗效一定优于 A 药物,即使参加实验的两名患者全都服用同一种药物,由于实验误差也有可能造成两天的差异,因此,必须随机抽取若干名患者服用 A 药物,若干名患者服用 B 药物,分别计算出服用两种药物病人痊愈天数的标准误差,再用两种药物平均痊愈天数之差与标准误差比较。如果两者之间的差异不能用偶然性来解释,才能证明药效之间存在差异(成组数据 t 检验)。从以上所述可见,设置重复是实验设计的基本原则,没有重复的实验设计是彻底失败的设计,对这样的数据无法做任何统计处理,也不能得出任何令人信服的结论。

(2)随机化

随机化(randomization)是指实验材料的配置和实验处理的顺序都是随机确定的。从前几章所讲的内容可以发现,统计学理论是建立在独立随机变量基础上的,它的研究对象必须是随机变量。因此在做统计推断时,所获得的样本必须是随机样本,否则,便不能用前面所讲的统计方法做判断。只有通过随机化才能使这一条件得到满足,才能使用统计学方法对实验结果进行分析和处理。另外,从直观上,我们也可以看出随机化在实验设计上的意义。如在前面的药效实验中,假设药效受年龄的影响,若服 A 药物的患者都较年轻,服 B 药物的患者都较年长,这时药效与年龄效应混杂,即使两种药物疗效不同,也不能判断究竟是药效的差异,还是年龄的效应,降低了实验结果的可靠性。经过随机化,每一药物组中既有年轻的患者又有年长的患者,这样就可以平均掉年龄在药效实验中的干扰,得到可信的实验结果。

(3)局部控制

在实验过程中,要求采取各种技术措施,控制和减少非实验因素对实验结果的影响,使实验误差降低到最小。在生物学实验中,把所有非处理因素控制均衡一致是不易做到的,但我们可以根据非处理因素的变化趋势将大的实验环境分解成若干个相对一致的小环境,称为区组(block)、窝组(fossa)或重复,再在小环境内分成若干个实验单位安排不同的实验处理,在局部对非处理因素进行控制,这就是局部控制(local control)。在田间实验中,所安排的实验单位称为实验小区(experiment areola),简称为小区(areola)。由于小环境间的变异可通过方差分析剔除,因而局部控制可以最大限度地降低实验误差。例如,随机区组设计就是将实验单位按非处理因素性质分成若干区组,以实现局部控制的目的。

综上所述,一个良好的实验设计必须遵循重复、随机、局部控制三项原则周密安排实验,才能由实验获得真实的处理效应和无偏的、最小的实验误差估计,从而对各处理间的比较得出可靠的结论。实验设计三项原则的关系可用图 11-1 表示。

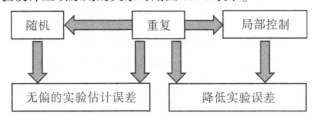

图 11-1 实验设计三项原则间的关系

11.1.6 实验资料的搜集与整理

在生物学实验及调查中,能够获得大量的原始数据,这是在一定条件下,对某种具体事物或现象观察的结果,我们称之为资料。这些资料在未整理之前,一般是分散的、零星的和孤立的,是一堆无序的数字。统计分析就是要依靠这些资料,通过整理分析进行归类,使其系统化,列成统计表,绘出统计图,计算出平均数、变异数等特征数。

11.1.6.1 实验资料的类型

对实验资料进行分类是统计归纳的基础,若不进行分类,大量的原始资料就不能系统化、规范化。对实验资料进行分类整理时,必须坚持"同质"的原则。只有"同质"的实验数据,才能根据科学原理来分类,使实验资料正确反映事物的本质和规律。

由于使用方法和研究的性状特性不同,生物学实验及调查所得资料的性质也不同。生物的性状,按其特性可分为数量性状(quantitative character)和质量性状(qualitative character)两大类。我们所得到的资料有些是定量的,有些是定性的,这些资料可以分为数量性状资料和质量性状资料。

(1)数量性状资料

数量性状资料(data of quantitative character)一般是由计数和测量或度量得到的。由计数法得到的数据称为计数资料(enumeration data),也称作为非连续变量资料(data of discontinuous variable),如鱼的尾数、玉米果穗上籽粒行数、种群内的个体数、人的白细胞计数等。计数资料的变量值以正整数出现,不可能带有小数。如鱼的尾数只可能是 $1,2,\cdots,n$,绝对不会出现 $2.5,4.8$ 等这样的数据。

由测量或度量所得的数据称为计量资料(measurement data),也称为连续变量资料(data of continuous variable),数据通常用长度、质量、体积等单位表示,如人的身高、玉米的果穗质量、仔猪的体重、奶牛的产奶量等。计量资料不一定是整数,在相邻值之间有微小差异的数值存在。如小麦的株高为 $80\sim95$ cm,可以是 85 cm,也可以是 86 cm,甚至可以是 86.5 cm 或 86.54 cm 等变量值,随小数位数的增加,可以出现无限个变量值。至于小数位数的多少,要依实验的要求和测量仪器或工具的精度而定。

（2）质量性状资料

质量性状资料（data of qualitative character），也称属性资料（attribute data），是指对某种现象只能观察而不能测量的资料。如水稻花药、籽粒、颖壳的颜色，芒的有无；果蝇长翅与残翅；人的血型有 A、B、AB、O 型；动物的雌、雄；疾病治疗的疗效有痊愈、好转、无效等。为了统计分析，一般需先把质量性状资料数量化，可以采取下面两种方法：

1）统计次数法。统计次数法（frequency counting）是于一定总体内，根据某一质量性状的类别统计其次数或频数（frequency），以次数或频数作为该质量性状的数据。在分组统计时可按质量性状的类别进行分组，然后统计各组出现的次数。因此，这类资料也称次数资料（frequency data）。例如，红花豌豆与白花豌豆杂交，统计 F_2 代不同花色的植株时，在 1000 株植株中，有红花 256 株、紫花 484 株、白花 260 株，可以计算出三种颜色花出现次数的概率分别为 25.6%、48.4% 和 26.0%。

2）评分法。评分法（point system）是用数字级别表示某种现象在表现程度上的差别。如小麦感染锈病的严重程度可划分为 0 级（免疫）、1 级（高度抵抗）、2 级（中度抵抗）、3 级（感染）；家畜肉质品质可以评为三级，好的评为 10 分，较好的评为 8 分，差的评为 5 分。这样，就可以将质量性状资料进行数量化。经过数量化的质量性状资料的处理方法可以参照计数资料的处理方法进行。

11.1.6.2 实验资料的搜集

从统计学意义上讲，生物学所研究的一切问题，归根结底是使用样本来估计总体的问题。因此，样本资料的搜集（collection）是统计分析的第一步，也是全部统计工作的基础。资料的来源一般有两个：一是调查，二是实验。无论调查还是实验，统计学对原始资料的要求都是完全和准确的。

（1）调查。资料的调查（survey）是对已有的事实通过各种方式进行了解，然后用统计的方法对所得数据进行分析，从而找出其中的规律。调查有两种方法：一种是普查，另一种是抽样调查。

1）普查。普查（census）是指对研究对象的每一个个体逐一进行调查，也称为全面调查（complete survey）。普查涉及的范围广，时间长，工作量大，因而需要耗费大量的人力、物力和时间。普查的目的主要是摸清研究对象的基本情况，如人口普查、土壤普查等。

在生物学研究中，普查仅仅是在极少数情况下才能进行的调查，多数情况下还是抽样调查，比如某一地区的生物资源调查、棉田某一病害发病率调查等，都需要抽样调查。

2）抽样调查。抽样调查（sampling survey）是一种非全面调查，它是根据一定的原则对研究对象抽取一部分个体进行测量或度量，把得到的数据资料作为样本进行统计处理，然后利用样本特征数对总体进行推断。要使样本无偏差地估计总体，除了样本容量要尽量大之外，重要的是采用科学的抽样方法，抽取有代表性的样本，取得完整而准确的数据资料。实践证明，正确的抽样方法不仅能节约人力、物力和财力，而且能与相应的统计分析方法相结合，做出比较准确的估计和推断。

生物学研究中,由于研究的目的和性质不同,所采取的抽样方法也各不相同。常用的抽样方法有随机抽样、顺序抽样和典型抽样。

①随机抽样。随机(random)是指在实验过程中对实验单位的抽样、分组、实施处理及其实验顺序等遵循随机原则,避免人为主观因素的影响。也就是说,随机是指一个重复中的某一处理或处理组合被安排在哪一个实验单位,不能有主观成见。随机抽样(random sampling)要求在抽样过程中,总体内所有个体都具有相同的被抽取的概率,因此随机抽样又称为概率抽样(probability sampling)。由于抽样的随机性,可以正确地估计实验误差,从而推出科学合理的结论。随机抽样必须满足两个条件:第一,总体中每个个体被抽中的机会是均等的;第二,总体中任意一个个体是否被抽中是相互独立的,即个体是否被抽中不受其他个体的影响。其中第二条适合于无限总体,但对生物学研究来说,部分研究的抽样对象属于有限总体,要完全符合随机样本的理论要求就非常困难。随机抽样有以下几种方法:简单随机抽样、分层随机抽样、整体抽样、双重抽样。

a. 简单随机抽样。简单随机抽样(simple random sampling)是最简单、最常用的一种抽样方法,要求被抽总体内每一个个体被抽取的机会完全相等。随机抽样的结果可用统计方法进行分析,从而对总体做出判断,并对推断的可靠性做出度量。

简单随机抽样就是采用随机的方法直接从总体中抽选若干个抽样单位构成样本。其方法是将总体内所有抽样单位全部编号,采用随机方法确定被抽单位编号,这些编号所对应的抽样单位抽出来放在一起就构成一个随机样本。简单随机抽样适用于个体间差异较小、所需抽取的样本较少的情况。对于那些具有某些趋向或差异明显和点片式差异的总体不宜使用。

【例 11.1】表 11-1 为 30 只成年雄性棕色田鼠的体重(g)资料,试将其作为一个总体,采用简单随机抽样的方法,从中抽出一个含有 10 个抽样单位的随机样本。

表 11-1　30 只成年雄性棕色田鼠体重资料及其编号

编号	1	2	3	4	5	6	7	8	9	10
体重/g	39.8	37.2	37.7	44.3	40.6	42.3	28.1	38.8	42.0	36.7
编号	11	12	13	14	15	16	17	18	19	20
体重/g	38.5	41.7	42.8	30.2	33.1	38.4	34.9	38.5	38.2	48.9
编号	21	22	23	24	25	26	27	28	29	30
体重/g	41.2	30.1	57.8	47.8	33.6	40.3	36.2	32.5	46.5	30.5

解:首先,将 30 只成年雄性棕色田鼠体重资料依次编号 1~30(表 11-1)。

其次,随机法确定被抽单位编号。用随机发生器、查随机数字表或其他方法得到若干随机数字(random digits)。对本例,如得到一组随机数字:27、4、22、1、19、3、12、28、24 和 25,即为被抽单位编号。若采用抽签法(lottery),由于这是一个较小的有限总体,应采用复置抽样。复置抽样(sampling with replacement)又称为放回抽样,是指在每次抽样时抽出一个个体后,该个体复返原总体,继续参与抽样的方法。

b. 分层随机抽样。分层随机抽样(stratified random sampling)是一种混合抽样。其特点是将总体按变异原因或程度划分成若干区组(strata),然后再用简单随机抽样方法,从各区层按一定的抽样分数(sampling fraction)(即一个样本所包括抽样单位数与其总体所包括的抽样单位数的比值)抽选抽样单位。

分层随机抽样的具体方法可分两步进行:首先,总体按变异原因与程度划分成若干区层(可以是地段、地带、生物的一个品种等),使区层内部变异尽可能小或者变异原因相同,而区层之间变异比较大或者变异原因不同;其次,在每个区层按一定的抽样分数独立随机抽样。

将总体划分区层时,从各区层抽选的抽样单位数可以相等,也可以不等。一般采用3种方法配置各区层应抽选的抽样单位数。

相等配置(equal allocation):如果各区层的抽样单位数相等,可采用相等配置。

比例配置(proportional allocation):如果各区层抽样单位数不等,可按相同的抽样分数,把欲抽取的抽样单位总数分配到各区层。

最优配置(optimum allocation):根据各区层的抽样单位数、抽样误差和抽样费用,确定各区层应抽取的抽样单位数。这种配置方式可使抽样费用一定时,抽样误差最小。与比例配置相比较,最优配置在一个区层应抽取多少单位数,要根据该区的变异和抽样费用综合考虑。即在变异范围较大的区层,抽样分数应大一些。在变异范围较小的区层,抽样分数应小一些。而在抽样费用较高的区层,抽样分数应小一些;在抽样费用较低的区层,抽样分数应大一些。

分层随机抽样具有以下两个优点:一是若总体内各抽样单位间的差异比较明显,可以把总体分为几个比较同质的区层,从而提高抽样的准确度;二是分层随机抽样类似于随机区组设计,既运用了随机原理,又运用了局部控制原理,这样不仅可以降低抽样误差,也可以运用统计方法来估算抽样误差。

【例11.2】现有一块麦田,其长势呈单向趋向式变化,欲抽样估产,如何进行抽样?

解:由于长势存在趋向式变化,可将麦田分为若干区层,区层数则要视变异大小而定。变异大可多分几个区层,变异小可少分几个区层。各区层可以相等,也可以不等。图11-2表示将该麦田划分为3个相等的区层。区层划分后,可将各区层再划分成面积大小相等的抽样单位(如 1 m² 或 2 m²),即可在各区层内以规定的抽样分数进行随机抽样。

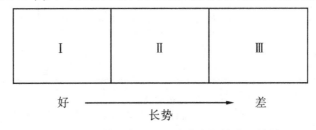

图11-2 长势具有趋向式变化麦田的分层抽样

c.整体抽样。整体抽样(cluster sampling)是把总体分成若干群体,以群为单位进行随机抽样,对抽到的样本做全面调查,因此也称为整群抽样。整群抽样是以"群"为基本抽样单位,因此,"群"间差异越小,抽取的"群"越多,抽样误差越小。与简单随机抽样相比较,相等的抽样分数小,它减少了所抽查单位的数目,却增大了每个调查单位。若总体内主要变异来源明显来自地段间,且每个地段所占面积较小,宜采用整体抽样。

整体抽样具有以下优点:一个群只要一个编号,因而减少了抽样单位编号数,且因调查单位数减少,工作方便;与简单随机抽样相比较,它常常提供较为准确的总体估计值,特别是害虫危害作物这类不均匀分布的研究对象,采用整体抽样更为有利;只要各群抽选单位相等,整体抽样也可提供总体平均数的无偏估计。

进行整体抽样,样本容量一定时,其抽样误差一般大于简单随机抽样,这是因为样本观察单位并非广泛地散布在总体中。为降低抽样误差,可采用增加抽取的"群"数,减少"群"内观察单位数的方法进行抽样,即重新划分为"群"组,使每个"群"更小。例如,调查农村儿童生长发育状况,一般而言,以乡为抽样的基本单位(群),比以村为抽样单位的抽样误差大,但后者提高了调查和质量控制的难度,研究者应根据实际情况在两种划分中做出选择。在实际工作中,往往缺乏现存可靠的观察单位名单,而地域区划、业务单位、社会集团等则是范围清楚的、可加以利用的"群"组,故整体抽样还是较为常用的。

d. 双重抽样。如果所研究的性状是不容易观察测定的,或必须有较高费用,或要求有精密设备、复杂计算过程与耗费较多调查时间的,或必须进行破坏性测定才能获得观察结果的,直接调查研究这一类型性状较为困难。为了调查这类性状,有时可以找出另一种易于观察测定而且节省时间和经费的性状,利用这两种性状之间的关系,通过测定后一种性状结果从而推算前一种性状的测定结果。前一种性状一般称为复杂性状或直接性状,后一种性状称为简单性状或间接性状。在抽样调查时要求随机抽出两个样本,这种抽样方法称为双重抽样(double sampling)。在双重抽样中涉及两个变量,通常将易于观测的变量称为简单性状的变量,不易观测的变量称为复杂性状的变量。例如,估计生长期中的甘蔗产量,甘蔗体积为简单性状,而甘蔗重量则为复杂性状。在林学研究中,木材体积是一个较复杂的性状,而树干基部横坡面积则为较简单的性状。另外,在害虫密度调查中也经常采用这种方法。例如,从玉米茎上的蛀孔数(简单性状)来推算玉米螟的幼虫数(复杂性状)。

双重抽样具有以下两个优点:对于复杂性状的调查研究,可以通过仅测定少量抽样单位而获得相应于大量抽样单位的精确度;当复杂性状必须通过破坏性测定才能调查时,则仅有这种双重抽样方法可用。

②顺序抽样。顺序抽样(ordinal sampling)又称为系统抽样、机械抽样、等距抽样(systematic sampling),指按某种既定顺序从总体(有限总体)中抽取一定数量的个体构成样本。具体方法是,将总体的观察单位按某一顺序分成 n 个部分,再从第一部分随机抽取第 k 号观察单位,依次用相等间隔,从每一部分各抽取一个观察单位组成样本。例如,欲求 100 匹马的体重,拟抽出 20 匹马作为样本来称重,就可以采用逢 5 抽 1 的顺序抽样法。对 100 匹马进行编号,则 5,10,…,100 这 20 个个体组成一个样本。

顺序抽样具有以下优点:可避免抽样时受人们主观偏见的影响,且简便易行;容易得到一个按比例分配的样本;如果样本的观察单位在总体内分布均匀,其取样个体在总体内分布较均匀,这时采用顺序抽样,其抽样误差一般小于简单随机抽样,能得到较准确的结果。同时顺序抽样具有以下缺点:如果总体内存在周期性变异或单调增(减)趋势时,很可能会得到一个偏差很大的样本,产生明显的系统误差;顺序抽样得到的样本并不是彼此独立的,因此,对抽样误差的估计只是近似的。通过顺序抽样的方法不能计算抽样误差,估计总体平均数的置信区间。同时应该注意,采用顺序抽样时,一旦确定了抽样间隔,必须严格遵守,不得随意更改,否则可能造成另外的系统误差。

③典型抽样。根据初步资料或经验判断,有意识、有目的地选取一个典型群体作为代表(即样本)进行调查记载,以估计整个总体,这种方法就称为典型抽样(typical sampling),也称为主观抽样(subjective sampling)。典型样本代表着总体的绝大多数,如果选择合适,能够得到可靠的结果,尤其从容量很大的总体中选取较小数量的抽样单位时,往往采用这种方法。这种抽样方法完全依赖于调查工作者的经验和技能,结果不稳定,且没有运用随机原理,因而无法估计抽样误差。典型抽样多用于大规模社会经济调查,而在总体相对较小或要求估算抽样误差时一般不采用这种方法。

应该注意的是,在抽样过程中可以混合地采用以上几种抽样方法。例如,从总体内有意识地选取典型单位群,然后再随机从群中抽取所需观察(调查)的单位;有时也将顺序抽样和群体抽样配合使用。

(2)实验

实验(experiment)是通过一定数量的有代表性的实验单位,在一定的条件下进行的带有探索性的研究工作。在生物学研究中,对于一些理论性的无限总体,一般需要通过设置各种类型的实验来获取样本资料,设置这些实验时,要遵循随机、重复和局部控制三项基本原则。常见的实验设计方法主要有完全随机设计、随机单位组设计、拉丁方设计、正交设计、调查设计等。

11.1.6.3 实验资料的整理

(1)原始资料的检查与核对

通过调查或实验取得原始数据资料(row data)后,要对全部数据进行检查与核对后,才能进行数据的整理。对原始资料进行检查与核对应从数据本身是否有错误、取样是否有差错和不合理数据的订正三方面进行。数据的检查和核对,在统计处理工作中是一项非常重要的工作。只有经过检查和核对的数据资料,才能保证数据资料的完整、真实和可靠,才能通过统计分析,来真实地反映调查或实验的客观情况。

(2)次数分布表

调查或实验所得的数据资料,经过检查与核对后,根据样本资料的多少确定是否分组。一般样本容量在 30 以下的小样本不必分组,可直接进行统计分析。如果样本容量在 30 以上时,就需将数据分成若干组,以便进行统计分析。数据经过分组归类后,可以制成有规则的次数分布表(frequency table),作出次数分布图(frequency chart)。

1)计数资料的整理

计数资料基本上采用单项式分组法(grouping method of monomial)进行整理,它的特点是用样本变量自然值进行分组,每组均用一个或几个变量值来表示。分组时,可将数据资料中每个变量分别归入相应的组内,然后制成次数分布表。例如,从某鸡场调查 100 只来亨鸡每个月的产蛋数,原始数据结果见表 11-2。

表 11-2　100 只来亨鸡每个月的产蛋数　　　　　　　　　　　单位:枚

15	17	12	14	13	14	12	11	14	13
16	14	14	13	17	15	14	14	16	14
14	15	15	14	14	14	11	13	12	14
13	14	13	15	14	13	15	14	13	14
15	16	16	14	13	14	15	13	15	13
15	15	15	14	14	16	14	15	17	13
16	14	16	15	13	14	14	14	14	16
12	13	12	14	12	15	16	15	16	14
13	14	16	15	15	15	13	13	14	14
13	15	17	14	13	14	12	17	14	15

每个月产蛋数变动在 11~17 范围内,把 100 个观测值按照每个月产蛋数加以归类,共分 7 组,将各组所属数据进行统计,得出各组次数,计算出各组的频率(frequency)和累计频率(cumulative frequency),这样经整理后可得出每个月产蛋数的次数分布表,见表 11-3。

表 11-3　100 只来亨鸡每个月产蛋数的次数分布表

每个月产蛋数/枚	次数(f)	频率	累计频率
11	2	0.02	0.02
12	7	0.07	0.09
13	19	0.19	0.28
14	35	0.35	0.63
15	21	0.21	0.84
16	11	0.11	0.95
17	5	0.05	1.00

从表 11-3 可以知道,一堆杂乱无章的原始数据资料,经初步整理后,就可了解这些资料的大概情况,其中以每个月产蛋数为 14 的最多。这样,经过整理的资料也就便于进一步的分析。对于变量较多而变异范围较大的计数资料,若以每一变量值划分一组,则显得组数太多而每组变量数目较少,看不出数据分布的规律性。如研究不同小麦农家品种,每穗的粒数为 18~62 粒,如果按一个变量分为一组,需要分 45 组,显得十分分散。为了使次数分布表表现出规律性,可以按 5 个变量一组,分为 18~22、23~27、28~32、33~37、38~42、43~47、48~52、53~57、58~62 共 9 个组,取 300 个麦穗的资料,进行整理,计算出各组的次数、频率和累积频率,结果见表 11-4,就可明显表示出其分布情况,大部分麦穗粒数在 28~52。

表 11-4　小麦农家品种 300 个麦穗每穗粒数的次数分布表

每穗粒数	次数(f)	频率	累计频率
18~22	3	0.0100	0.0100
23~27	18	0.0600	0.0700
28~32	38	0.1267	0.1967
33~37	51	0.1700	0.3667
38~42	68	0.2267	0.5934
43~47	53	0.1766	0.7700
48~52	41	0.1367	0.9067
53~57	22	0.0733	0.9800
58~62	6	0.02	1.0000

（3）计量资料的整理

计量资料的整理不能按计数资料的归组方法进行,一般采用组距式分组法（grouping method of class interval）。分组时须先确定全距、组数、组距、各组上下限,然后按观测值的大小来归组。下面以 150 尾鲢鱼的体长资料（表 11-5）为例,来说明计量资料的整理方法和具体步骤。

1）求全距

全距（range）是样本数据资料中最大观测数与最小观测数的差值。它是整个样本的变异幅度。由表 11-5 可以看出,鲢鱼体长最大值为 85 cm,最小值为 37 cm,因此,全距为 85−37＝48（cm）。

表 11-5　150 尾鲢鱼的体长资料　　　　　　　　单位:cm

56	49	62	78	41	47	65	45	58	55
52	52	60	52	62	78	66	45	58	58
56	46	58	70	72	76	77	56	66	58
63	57	65	85	59	58	54	62	48	63
58	52	54	55	66	52	48	56	75	55
63	75	65	48	52	55	54	62	61	62
54	53	65	42	83	66	48	53	58	57
60	54	58	49	52	56	82	63	61	48
70	69	40	56	58	61	54	53	52	43
58	52	56	61	59	54	59	64	68	51
55	47	56	58	64	67	72	58	54	52
46	57	38	39	64	62	63	67	65	52

续表 11-5

单位:cm

59	60	58	46	53	57	37	62	52	59
65	62	57	51	50	48	46	58	64	68
69	73	52	48	65	72	76	56	58	63

2) 确定组数和组距

组数(number of classes)是根据样本观测数的多少及组距的大小来确定的,同时也考虑到对资料要求的精确度以及进一步计算是否方便。组数与组距有密切的关系,组数多些,组距相应就变小,虽然计算方便,但所计算的统计数的精确度较差。为了使两方面都能够协调,组数不宜太多或太少。在确定组数和组距时,应考虑样本容量的大小、全距的大小、便于计算、能反映出资料的真实面貌等因素。通常划分组数可参照表 11-6 样本容量与分组数的关系来确定。

表 11-6　样本容量与分组数的关系

样本容量	分组数
30~60	5~8
60~100	7~10
100~200	9~12
200~500	10~18
500 以上	15~30

组数确定好后,还须确定组距(class interval)。组距是指每组内的上下限范围。分组时要求各组的距离相同。组距的大小由全距和组数所确定:

$$组距 = \frac{全距}{组数}$$

表 11-5 鲢鱼体长的样本容量为 150,查表 11-6,组数为 9~12 组,这里取 10 组,则组距应为 $\frac{48}{10} = 4.8$,为分组方便,以 5 cm 作为组距。

3) 确定组限和组中值

组限(class limit)是指每个组变量值的起止界限。每个组有两个组限:一个下限,一个上限。在确定下限时,必须把资料中最小的数值包括在内,因此,下限要比最小值小些。为了计算方便,组限可取到 10 分位或 5 分位数上,如表 11-5 中最小值为 37 cm,这一组的下限可定为 35 cm,上限定为 40 cm,即 35~40 cm 为第一组,凡大于 35 cm 小于 40 cm 的变量均归为这一组,等于或大于 40 cm 的变量列入下一组。确定最末一组的上限时,必须大于资料中的最大值。为了使各组界限明确,避免重叠,目前在写法上,每组只写下限,不写上限,如表 11-5 资料分组写成 35~,40~,…,85~。

组中值(class mid-value)是两个组限(下限和上限)的中间值。在分组时,为了避免第一组中观测数过多,一般第一组的组中值最好接近或等于资料中的最小值。其计算公式为:

$$组中值=\frac{下限+上限}{2}$$

或

$$组中值=下限+\frac{1}{2}组距$$

4）分组，编制次数分布表

确定好组数和各组上下限后，可按原始资料中各观测数的次序，把各个数值归于各组，即进行分组（classification）。一般用"正"字划计法或卡片法来计算各组的观测数次数。全部观测数归组后，即可求出各组的次数、频率和累计频率，制成一个次数分布表（表11-7）。这种次数分布表不仅便于观察，而且可根据它绘制成次数分布图，计算平均数和标准差等特征数。

表 11-7　150 尾鲢鱼体长的次数分布表

组限/cm	组中值/cm	次数(f)	频率	累计频率
35～	37.5	3	0.0200	0.0200
40～	42.5	4	0.0267	0.0467
45～	47.5	17	0.1133	0.1600
50～	52.5	28	0.1867	0.3467
55～	57.5	40	0.2666	0.6133
60～	62.5	25	0.1667	0.7800
65～	67.5	17	0.1133	0.8933
70～	72.5	6	0.0400	0.9333
75～	77.5	7	0.0467	0.9800
80～	82.5	2	0.0133	0.9933
85～	87.5	1	0.0067	1.0000

（4）次数（频率）分布图

次数（频率）分布图（frequency chart）就是把次数（频率）分部资料画成统计图形。次数分布图可以更直观地观察各组变量次数分布的情况，形象地把资料特征表达出来。常用的统计图有条形图、饼图、直方图、多边形图和散点图等。

1）条形图

条形图又称为柱形图（bar chart），适合于表示计数资料和属性资料的次数分布。作图时，用横坐标表示变量的自然值，纵坐标表示次数，每一个次数数据于相应自然值的位置，分别截取一定的宽度和相应次数高度的长方形。每个长方形之间要隔出一定距离，以区别于下面要介绍的直方图。以 100 只来亨鸡月产蛋数的次数分布为例作出条形图（图11-3）。

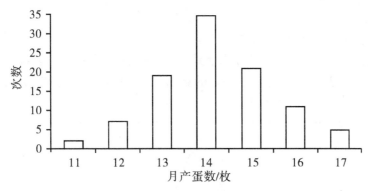

图 11-3　来亨鸡月产蛋数次数分布条形图

2）饼图

饼图（pie chart）适合于表示计数资料和属性资料的次数分布。作图时，把饼图的全面积看成1，求出各观测值次数占观测值总次数的百分比，即构成比（或频率）。按构成比将圆饼分成若干份，以扇形面积大小分别表示各个观测值的比例。以100只来亨鸡每月产蛋数的次数分布为例作出饼图（图 11-4）。

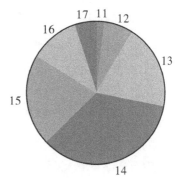

图 11-4　来亨鸡月产蛋数次数分布饼图

3）直方图

直方图（histogram）又称为矩形图，适用于表示计量资料的次数分布。其作图方法与柱形图相似，以横坐标表示各组组限，纵坐标表示次数，截取一定距离代表组限大小和次数多少，用直线连接起来，构成一个个长方形。各组之间一般没有距离，前一组上限与后一组下限可合并公用。以150尾鲢鱼体长的次数分布为例作出直方图（图 11-5）。

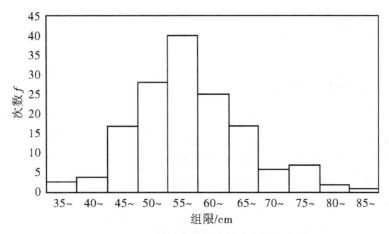

图 11-5　150 尾鲢鱼体长次数分布的直方图

4）多边形图

多边形图（polygon chart）也称折线图（broken-line chart），也是表示计量资料次数分布的一种方法。作折线图时，以横坐标表示各组组中值，纵坐标表示次数。在各组组中值的垂线上，按该组数应占高度标记一个点，把相邻的点用直线段顺次连接起来，即成多边形图。以150尾鲢鱼体长的次数分布为例作出多边形图（图11-6）。

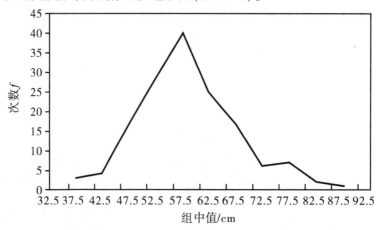

图11-6　150尾鲢鱼体长次数分布多边形图

5）散点图

散点图（scatter chart）又称为散布图，适合于表示计数资料和计量资料的次数分布。图中横坐标表示 x 变量，纵坐标表示 y 变量。它是以点的分布反映变量之间的相关情况，根据图中的各点分布走向和密集程度来判断变量之间关系的。

通过以上统计分布图，我们可以比次数分布表更直观地看出各观测资料的变化趋势，各资料的分布中心及其变异趋势均可以很直观地得到描述。同样，也可以按照资料分组的频率值绘制成频率分布图。

11.2　完全随机设计

11.2.1　完全随机的分组方法

完全随机设计（completely randomized design）是根据实验处理数将全部供试动物随机地分成若干组，然后再按组实施不同处理的设计。这种设计保证每头供实验动物都有相同机会接受任何一种处理，而不受实验人员主观倾向的影响。在畜牧、水产等实验中，当实验条件特别是实验动物的初始条件比较一致时，可采用完全随机设计。这种设计应用了重复和随机化两个原则，因此能使实验结果受非处理因素的影响基本一致，真实反映出实验的处理效应。

完全随机设计的实质是将供试动物随机分组。随机分组的方法有抽签法和用随机数字表法，以用随机数字表法为好，因为随机数字表上所有的数字都是按随机抽样原理编制的，表中任何一个数字出现在任何一个位置都是完全随机的。除从随机数字表可查得随机数字外,有些电脑及计算器均有此功能,用起来则更方便。下面举例说明用随机数字表将实验动物分组的方法。

11.2.1.1 随机数字表的分组方法

(1)两个处理比较的分组

【例 11.8】现有同品种、同性别、同年龄、体重相近的健康绵羊 18 只,试用完全随机的方法分成甲、乙两组。

绵羊编号	1	2	3	4	5	6	7	8	9	10	11	12	13	14	15	16	17	18
随机数字	16	07	44	99	83	11	46	32	24	20	14	85	88	45	10	93	72	87
组别	乙	甲	乙	甲	甲	甲	乙	乙	乙	乙	乙	甲	乙	甲	乙	甲	乙	乙
调整组别							甲		甲									

解:首先将 18 只绵羊依次编为 1,2,…,18 号,然后从随机数字表中任意一个随机数字开始,向任一方向(左、右、上、下)连续抄下 18 个(两位)数字,分别代表 18 只绵羊。令随机数字中的单数为甲组,双数为乙组。如从随机数字表(Ⅰ)第 12 行第 7 列的 16 开始向右连续抄下 18 个随机数字填入表第二行。

随机分组结果:

甲组	2	4	5	6	12	14	16				
乙组	1	3	7	8	9	10	11	13	15	17	18

甲组比乙组少 4 只,需要从乙组调整 2 只到甲组。仍用随机的方法进行调整。在前面 18 个随机数字后再接着抄下两个数字:71、23,分别除以 11(调整时乙组的绵羊只数)、10(调整 1 只绵羊去甲组后乙组剩余的绵羊只数),余数为 5、3,则把分配于乙组的第 5 只绵羊(9 号)和余下 10 只的第 3 只绵羊(7 号)分到甲组。调整后的甲、乙两组绵羊编号为:

甲组	2	4	5	6	7	9	12	14	16
乙组	1	3	8	10	11	13	15	17	18

(2)三个以上处理比较的分组

【例 11.9】设有同品种、同性别、体重相近的健康仔猪 18 头,按体重大小依次编为 1,2,3,…,18 号,试用完全随机的方法,把它们等分成甲、乙、丙三组。

解:由随机数字表(Ⅱ)第 10 列第 2 个数 94 开始,向下依次抄下 18 个数,填入下表第 2 横行。

绵羊编号	1	2	3	4	5	6	7	8	9	10	11	12	13	14	15	16	17	18
随机数字	94	94	88	46	56	00	04	00	26	56	48	91	90	88	26	53	12	25
以 3 除之后余数	1	1	1	1	2	0	1	0	2	2	0	1	0	1	2	2	0	1
组别	甲	甲	甲	甲	乙	丙	甲	丙	乙	乙	丙	甲	丙	甲	乙	乙	丙	甲
调整组别												丙		乙				

一律以 3(处理数)除各随机数字,若余数为 1,即将该动物归于甲组;余数为 2,归入乙组;商为 0 或余数为 0,归入丙组。结果归入甲组者 8 头,乙组 5 头,丙组 5 头。各组头数不等,应将甲组多余的 2 头调整 1 头给乙组、1 头给丙组。调整甲组的 2 头动物仍然采用随机的方法。从随机数字 25 后面接下去抄两个数 63、62,然后分别以 8(甲组原分配 8 头)、7 除之(注意:若甲组原分配有 9 头,须将多余的 3 头调整给另外两组,则抄下三个随机数,分别以 9、8、7 除之),得第一个余数为 7,第二个余数为 6,则把原分配在甲组的 8 头仔猪中第 7 头仔猪即 14 号仔猪改为乙组;把甲组中余下的 7 头仔猪中的第 6 头仔猪即 12 号仔猪改为丙组。这样各组的仔猪数就相等了。调整后各组的仔猪编号如下:

组别	仔猪编号					
甲组	1	2	3	4	7	18
乙组	5	9	10	14	15	16
丙组	6	8	11	12	13	17

以上是用完全随机的方法,将实验动物分为两组或三组的情形,若将实验动物分为四组、五组或更多的组,方法相同。

11.2.1.2　实验结果的统计分析

对于完全随机实验的统计分析,由于实验处理数不同,统计分析方法也不同:

1)处理数为 2:两个处理的完全随机设计也就是非配对设计,对其实验结果进行统计分析时,无论实际所得资料两个处理重复数相同与否均采用非配对设计的 t 检验法分析。

2)处理数大于 2:若获得的资料各处理重复数相等,则采用各处理重复数相等的单因素实验资料方差分析法分析;若在实验中,因受到条件的限制或供试动物出现疾病、死亡等使获得的资料各处理重复数不等,则采用各处理重复数不等的单因素实验资料方差分析法分析。

11.2.1.3　完全随机设计的优缺点

完全随机设计是一种最简单的设计方法,主要优缺点如下。

(1)完全随机设计的主要优点

1)设计容易处理数与重复数都不受限制,适用于实验条件、实验环境、实验动物差异较小的实验。

2)统计分析简单,无论所获得的实验资料各处理重复数相同与否,都可采用 t 检验或方差分析法进行统计分析。

(2)完全随机设计的主要缺点

1)由于未应用实验设计三原则中的局部控制原则,非实验因素的影响被归入实验误差,实验误差较大,实验的精确性较低。

2)在实验条件、实验环境、实验动物差异较大时,不宜采用此种设计方法。

11.3　随机区组设计

11.3.1　随机区组设计方法

随机区组设计(randomized blocks design)是根据局部控制和随机原理进行的,将实验单位按性质不同分成与重复数一样多的区组,使区组内非实验因素差异最小而区组间非实验因素差异最大,每个区组均包括全部的处理。区组内各处理随机排列,各区组独立随机排列。

在田间实验中,通常表现为邻近小区土壤肥力相近的特点,如果实验处理数或重复数较多,实验田面积相应增大,土壤差异也要随之增大。如果不同处理的各个重复小区进行完全随机安排,则由于土壤肥力差异增大,即便增加实验重复数,也不能最有效地降低误差。为了克服这种现象,可将整块实验田按照与土壤肥力变化趋势垂直的方向设置与重复数相同的区组。每一个区组内再按处理数目划分成小区,一个小区安排一个处理。因此每一个区组内,即同一个重复的不同处理间土壤差异较小,不同区组(重复)间土壤差异较大。而区组间的差异可以运用适当的统计方法予以分解,此时能影响实验误差的主要是区组内不同小区间非常小的土壤差异,从而有效减小实验误差,提高实验精度。随机区组设计排列如图11-9所示。

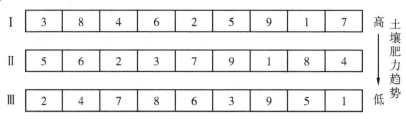

图 11-9　有 9 个处理组 3 个重复的随机区组实验排列示意图
(注:Ⅰ、Ⅱ、Ⅲ表示区组;1,2,…,9表示处理)

随机区组设计在动物实验上叫窝组设计(fossa design)或单位组设计(block design),因为同窝组动物来源相同,不同窝组动物差异较大,因此常以窝组为单位安排实验。在一个单位组或窝组内各实验动物的安排是随机的。

各实验处理在区组内的排列可用抽签法(lottery)或随机数字法(random digit method)。采用随机数字时,可用如下做法:

(1)当处理数为一位数字时(设有 9 个处理,分别编号为 1,2,…,9),可以从计算器的随机数字发生器或随机数字中产生一串随机数字,顺次去掉 0 和重复的数字,直到 1~9 个实验编号全部出现。例如,由随机数字发生器可得到随机数字 3、8、4、4、6、0、6、2、8、4、6、5、8、4、9、4、1、4、9、2、2、4、8、7、6,去掉 0 及重复数字后得到的 3、8、4、6、2、5、9、1、7 即为 9 个处理在第一区组内的排列。完成第一个区组的排列后,再重复上述做法,完成其他区组的排列。

(2)当处理数目为两位数字时,可以将随机数字串中每相邻两个数字作为一个两位数,再将大于处理数的两位数除以处理数保留余数,接着顺次去掉 0 和重复数字,直到所有处理编号全部出现。然后以同样方法完成其他区组内的排列。

11.3.2 实验结果的统计分析

随机区组设计充分体现了实验设计的 3 项基本原则,精确度较高。为了将区组间差异从实验误差中分解出来,其实验结果采用方差分析法进行统计分析。随机区组设计适应范围较广,既适用于单因素实验也适用于多因素实验。下面分别叙述之。

11.3.2.1 单因素随机区组实验结果的统计分析

单因素随机区组设计(randomized block design of one-factor)的统计分析是把区组(或窝组)看成一个因素,与处理因素一起作为两因素。

下面举一个实例对单因素随机区组设计实验结果的统计分析进行介绍。

【例 11.10】有一个叫"甘薯一号"品种的甘薯要进行种植产量实验,将 A、B、C、D 作为四种处理(施肥),实验采取随机区组实验,A、B、C、D 四种处理分别在三块大田种植(Ⅰ、Ⅱ、Ⅲ),其平均产量(kg)如表 11-8 所示。

表 11-8 "甘薯一号"品种种植实验的产量结果 　　　　　　　单位:kg

处理	Ⅰ	Ⅱ	Ⅲ	T_t	$\overline{X}_r$
A	66.93	67.02	66.93	200.88	66.96
B	63.65	63.24	63.43	190.32	63.44
C	60.89	52.98	53.02	182.76	60.92
D	53.15	52.98	53.02	159.15	53.05
T_r	244.62	244.07	244.42	$T=733.11$	
$\overline{X}_r$	81.54	81.36	87.47		

计算:

(1)平方和与自由度分解

平方和的分解:

$$C = \frac{T^2}{nk} = \frac{733.11^2}{3 \times 4} = 44\,787.52$$

$$SS_t = \sum x^2 - C = 66.93^2 + 67.02^2 + \cdots + 53.02^2 - 44\,787.52 = 314.08$$

$$SS_r = \frac{\sum Tr^2}{k} - C = (244.62^2 + 244.07^2 + 244.42^2)/4 - 44\,787.52 = 0.04$$

$$SS_t = \frac{\sum Tt^2}{n} - C = (200.88^2 + 190.32^2 + 182.76^2 + 159.15^2)/3 - 44\,787.52 = 313.95$$

$$SS_e = SS_t - SS_r - SS_t = 0.09$$

自由度的分解:

$$df_t = nk - 1 = 3 \times 4 - 1 = 11$$

$\mathrm{df}_r = n-1 = 3-1 = 2$

$\mathrm{df}_t = k-1 = 4-1 = 3$

$\mathrm{df}_e = (n-1)(k-1) = (3-1)(4-1) = 6$

（2）列出方差分析表进行 F 检验

表 11-9　表 11-8 资料的方差分析

变异来源	df	SS	s^2	F	$F_{0.05}$	$F_{0.01}$
区组间	2	0.04	0.02	1.33	5.14	10.92
处理间	3	313.95	104.65	6976.67**	4.76	9.78
误差	6	0.09	0.015			
总变异	11	314.05				

由表 11-9 可知，处理间的 F 值显著，说明 A、B、C、D 四种处理之间是有显著差异的，要进行多重比较（表 11-10）。区组间的 F 值不显著，这说明三块实验田的土壤条件基本一致。如果区组间的 F 值显著，则说明三块实验田土壤条件不一致。如果研究有需要，则可进行区组间多重比较。

（3）处理间的多重比较

用新复极差法进行多重比较。

表 11-10　差异显著性

处理	差异显著性	
	5%	1%
A	a	A
B	b	B
C	c	C
D	d	D

11.3.2.2　两因素随机区组实验结果的统计分析

两因素随机区组设计（randomized block design of two-factor）实验包含两个因素 A、B，设 A 因素有 a 个水平，B 因素有 b 个水平，区组数为 n，实验中两因素各水平组成 ab 个处理组合，每一套处理组合随机分配在 n 个区组内，全部实验三向分组资料共得 abn 个观测值。则其每一观测值 x_{ijk} 的线性模型为

$$x_{ijk} = \mu + \alpha_i + \beta_j + (\alpha\beta)_{ij} + \gamma_k + \varepsilon_{ijk} \tag{11-1}$$

式中，μ 为总体平均数；α_i 为 A 因素主效（$i = 1, 2, \cdots, \alpha$）；β_j 为 B 因素主效（$j = 1, 2, \cdots, b$）；$(\alpha\beta)_{ij}$ 为 A、B 交互作用效应；γ_k 为区组效应（$k = 1, 2, \cdots, n$）；ε_{ijk} 为随机误差，具有 $N(0, \sigma^2)$。

由此可知，两因素随机区组实验的处理效应可进一步分解为 A 因素、B 因素和 AB 互作 3 部分效应，因而相应的平方和与自由度可分解为：

$$\left.\begin{array}{l} SS_t = SS_r + SS_A + SS_B + SS_{AB} + SS_e \\ df_t = df_r + df_A + df_B + df_{AB} + df_e \end{array}\right\} \quad (11-2)$$

其中，$SS_A + SS_B + SS_{AB} = SS_t$

$$df_A + df_B + df_{AB} = df_t$$

式中，T 为总和；r 为区组；t 为处理；e 为随机误差；A 为 A 因素；B 为 B 因素；AB 为两因素互作。各部分平方和可由下列各式计算：

$$\left.\begin{array}{l} C = \dfrac{(\sum x)^2}{abn} = \dfrac{T^2}{abn} \\[2mm] SS_t = \sum_1^{abn}(x - \bar{x})^2 = \sum_1^{abn} x^2 - C \\[2mm] SS_r = ab\sum_1^{n}(\bar{x}_r - \bar{x})^2 = \dfrac{\sum_1^{n} T_r^2}{ab} - C \\[2mm] SS_t = n\sum_1^{ab}(\bar{x}_{ij} - \bar{x})^2 = \dfrac{\sum_1^{ab} T_{AB}^2}{n} - C \\[2mm] SS_A = bn\sum_1^{a}(\bar{x}_i - \bar{x})^2 = \dfrac{\sum_1^{a} T_A^2}{bn} - C \\[2mm] SS_B = an\sum_1^{b}(\bar{x}_i - \bar{x})^2 = \dfrac{\sum_1^{b} T_B^2}{an} - C \\[2mm] SS_{AB} = n\sum_1^{a} b_1(\bar{x}_{ij} - \bar{x}_i - \bar{x}_j + \bar{x})^2 = SS_t - SS_A - SS_B \\[2mm] SS_e = \sum_1^{abn}(x - \bar{x}_r - \bar{x}_{ij} + \bar{x})^2 = SS_t - SS_r - SS_t \end{array}\right\} \quad (11-3)$$

各部分自由度的计算公式如下：

$$\left.\begin{array}{l} df_t = abn - 1 \\ df_r = n - 1 \\ df_t = ab - 1 \\ df_A = a - 1 \\ df_B = b - 1 \\ df_{AB} = (a-1)(b-1) \\ df_e = (ab-1)(n-1) \end{array}\right\} \quad (11-4)$$

11.3.3　随机单位组设计的优缺点

随机区组设计有以下优点：①设计简单，比较容易掌握；②设计富于弹性，单因素、多因素及综合性的实验都可应用该设计方法；③能提供无偏的误差估计，在大区域实验中能有效地减少非实验因素的单向差异，有效降低实验误差；④对实验区的性状要求不严，不同区组亦可分散设置在不同地段上。该方法只要求每个区组内的非处理因素等实验条件要尽量一致,同区组小区要靠近,同窝组动物所处环境条件也要尽量相同。缺点是该设计不允许处理数太多,最多不要超过 20 个。因为处理数多,区组的规模必然增大,区组内的误差也会相应增大,这样局部控制的效率就会降低。但在随机区设计中,处理或处理组合也不能太少,如果太少,误差项的自由度就会太小,误差就会相应增大,也会降低假设检验的灵敏度。

11.4 拉丁方设计

"拉丁方"(latin square)一词最早是由英国统计学家 R. A. Fisher 提出的。其含义为:将 k 个不同符号排列成一个 k 阶方阵,使每一个符号在每一行、每一列都仅出现一次,这个方阵称为 $k×k$ 拉丁方。

11.4.1 拉丁方简介

拉丁方设计(latin square design),就是在行和列两个方向上都进行局部控制,使行、列两个方向皆成完全区组或重复。所以,处理数、重复数、行数、列数都相等是拉丁方设计的特点。当行间、列间皆有明显差异时,其行、列两个区组的变异可以从实验误差中分解出来。因此在控制实验误差、提高实验精确度方面,应用拉丁方设计将比随机区组设计更有效。Cochran 八年的田间实验表明,拉丁方实验的误差方差约为随机区组实验的 73%。但拉丁方设计需保持行、列、处理数三者相等,如矩形的实验空间,缺乏伸缩性,因此,实验处理数一般不能太多,以 5~10 个为宜,且在对实验精确度有较高要求时使用。处理数大于 10 个时,实验庞大,很难实施;处理数小于等于 4,误差项自由度不足。为了较精确地估计实验误差和检验处理效应,拉丁方实验要求误差自由度不小于 12,最好大于 20。

在动物实验中,如要控制来自两个方面的系统误差,且在动物头数较少的情况下,常采用这种设计方法。例如,研究 5 种(分别用 1、2、3、4、5 号代表)不同饲料对乳牛产乳量影响的实验,选择 5 头(分别为 Ⅰ、Ⅱ、Ⅲ、Ⅳ、Ⅴ号)乳牛,每头乳牛的泌乳期分为 5 个阶段(分别为 1、2、3、4、5 月),随机分配饲料的 5 个水平。在这个实验中,由于乳牛个体及牛的泌乳期不同对产乳量都会有影响,故可以把其分别作为区组设置,采用一个 5×5 的拉丁方设计(见表 11-11),下面以此为例说明拉丁方的设计方法。

表 11-11 饲料类型对乳牛产乳量影响的拉丁方设计

牛号	泌乳时间				
	1 月	2 月	3 月	4 月	5 月
Ⅰ	A	B	C	D	E
Ⅱ	B	A	E	C	D
Ⅲ	C	D	A	E	B
Ⅳ	D	E	B	A	C
Ⅴ	E	C	D	B	A

11.4.2 拉丁方设计方法

拉丁方实验设计的方法步骤如下。

(1)选择标准方

所谓标准方(standard square),指代表处理的字母,在第一行和第一列皆为顺序排列的拉丁方。标准方的数目较多。

拉丁方设计时,首先根据实验的处理数 k 选一个 $k×k$ 的标准方。本例处理数为5,需要选一个5×5的标准方,如图11-10(a)所示。在此基础上还要对标准方的列、行和处理进行随机化排列。可用计算器中随机数发生器或用抽签的方法,依次得到若干个数,凡有"0"及"6"以上的数均不要,重复的也不要,满五个数为一组,这样得到三组五位数,如得到的三组随机数依次为:32145、25431、51342。

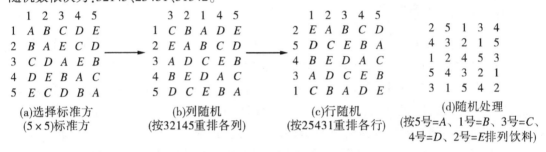

(a)选择标准方
(5×5)标准方

(b)列随机
(按32145重排各列)

(c)行随机
(按25431重排各行)

(d)随机处理
(按5号=A、1号=B、3号=C、
4号=D、2号=E排列饮料)

图 11-10　拉丁方实验设计的步骤图

(2)列随机

用第一组随机数字32145调整标准方的列方向,即把第3列调至第1列,第1列调至第3列,其余列不动,如图11-10(b)所示。

(3)行随机

用第二组随机数字25431调整第二步得到的拉丁方,即第2行调至第1行,第5行调至第2行,第4行调至第3行,第3行调至第4行,第1行调至第5行,如图11-10(c)所示。

(4)处理随机

将处理(饲料)的编号按第三组数51342的顺序进行随机排列。即 5 号 $=A$,1 号 $=B$,3 号 $=C$,4 号 $=D$,2 号 $=E$,则经过随机重排后的拉丁方中 A 处理用5号,B 处理用1号,C 处理用3号,D 处理用4号,E 处理用2号饲料,如图11-10(d)所示。

表11-11 饲料类型对乳牛产乳量的影响实验,经上述随机重排后,最终可得到表11-12的拉丁方设计实验。

表 11-12　饲料类型对乳牛产乳量影响的实验结果

牛号	月份					T_r
	1	2	3	4	5	
I	$E300$	$A320$	$B390$	$C390$	$D380$	1780
II	$D420$	$C390$	$E280$	$B370$	$A270$	1730

续表 11-12

牛号	月份					T_r
	1	2	3	4	5	
Ⅲ	$B350$	$E360$	$D400$	$A260$	$C400$	1770
Ⅳ	$A280$	$D400$	$C390$	$E280$	$B370$	1720
Ⅴ	$C400$	$B380$	$A350$	$D430$	$E320$	1880
T_c	1750	1850	1810	1730	1740	$T=8880$

11.4.3　实验结果的统计分析

拉丁方实验中行、列皆成区组,因此在实验结果统计分析中比随机区组多一项区组间变异,即总变异可分解为处理间、行区组间、列区组间和实验误差四个部分。其自由度与平方和的分解为:

$$\left.\begin{array}{l} \mathrm{df}_t = \mathrm{df}_{横行} + \mathrm{df}_{纵行} + \mathrm{df}_t + \mathrm{df}_e \\ k^2-1 = (k-1)+(k-1)+(k-1)+(k-1)(k-2) \\ \mathrm{SS}_t = \mathrm{SS}_{横行} + \mathrm{SS}_{纵行} + \mathrm{SS}_t + \mathrm{SS}_e \end{array}\right\} \quad (11-5)$$

$$\sum_1^{k^2}(x-\overline{x})^2 = k\sum_1^k(\overline{x}_r-\overline{x})^2 + k\sum_1^k(\overline{x}_c-\overline{x})^2 + k\sum_1^k(\overline{x}_t-\overline{x})^2$$
$$+ \sum_1^{k^2}(x-\overline{x}_r-\overline{x}_c-\overline{x}_t+2\overline{x})^2 \quad (11-6)$$

式(11-6)中,x 表示各处理观测值;$\overline{x}_r$ 表示横行区组平均数;$\overline{x}_c$ 表示纵行区组平均数;$\overline{x}_t$ 表示处理平均数;$\overline{x}$ 表示全实验平均数。

【**例 11.12**】上述饲料类型对乳牛产乳量 5×5 拉丁方实验,乳牛产乳量(kg)结果如表 11-12 所示,试进行统计分析。

解:(1)结果整理。将实验资料按横行、纵行排列,并计算总和,整理成表 11-12,饲料处理的总和(T_t)和平均数($\overline{x}_t$)列于表 11-13。

表 11-13　例 11-12 资料中不同饲料处理的总和(T_t)和平均数($\overline{x}_t$)

饲料	5 号(A)	1 号(B)	3 号(C)	4 号(D)	2 号(E)	总和
T_t	1480	1860	1970	2030	1540	8880
$\overline{x}_t$	296	372	394	406	308	

(2)自由度和平方和的分解:

总自由度 $\mathrm{df}_T = 5 \times 5 - 1 = 24$

纵列(月份)自由度 $\mathrm{df}_c = 5-1 = 4$

横行(乳牛)自由度 $\mathrm{df}_r = 5-1 = 4$

处理(饲料)自由度 $\mathrm{df}_t = 5-1 = 4$

误差自由度 $\mathrm{df}_e = 24-4-4-4 = 12$

矫正数 $C = \dfrac{T^2}{k \times k} = \dfrac{8\,880^2}{5 \times 5} = 3\,154\,176$

总平方和 $SS_t = \sum x^2 - C = 300^2 + 320^2 + \cdots + 320^2 - 3\ 154\ 176 = 63\ 224$

纵列(月份)平方和 $SS_c = \dfrac{1}{k} \sum T_c^2 - C = \dfrac{1}{5} \times (1\ 750^2 + 1\ 850^2 + \cdots + 1\ 740^2) - 3\ 154\ 176 = 2\ 144$

横行(乳牛)平方和 $SS_r = \dfrac{1}{k} \sum T_r^2 - C = \dfrac{1}{5} \times (1\ 780^2 + 1\ 730^2 + \cdots + 1\ 880^2) - 3\ 154\ 176 = 3\ 224$

处理(饲料)平方和 $SS_t = \dfrac{1}{k} \sum T_t^2 - C = \dfrac{1}{5} \times (1\ 480^2 + 1\ 860^2 + \cdots + 1\ 540^2) - 3\ 154\ 176 = 50\ 504$

误差平方和 $SS_e = SS_T - SS_c - SS_r - SS_t = 63\ 224 - 2\ 144 - 3\ 224 - 50\ 504 = 7\ 352$

(3)列出方差分析表,计算 F 值,将上述计算结果填入表 11-14。

表 11-14　饲料类型对乳牛产乳量影响的方差分析表

变异来源	df	SS	s^2	F	$F_{0.05}$	$F_{0.01}$
纵列(月份)间	4	2144	536.00			
横行(乳牛)间	4	3224	806.00			
处理(饲料)间	4	50504	12626.00	20.61**	3.26	5.41
误差	12	7352	612.67			
总变异	24	63224				

查表,当 $df_1 = 4$、$df_2 = 12$ 时,$F_{0.05} = 3.26$、$F_{0.01} = 5.41$,现 $F = 20.61 > 5.41$,即 $P < 0.01$,表示 5 种不同的饲料间存在极显著的差异。

(4)比较各处理(饲料)间的差异,采用 q 检验法。

饲料平均数标准误差 $S_{\bar{x}} = \sqrt{\dfrac{s_e^2}{k}} = \sqrt{\dfrac{612.67}{5}} = 11.07 (\text{kg})$

当 $df_e = 12$ 时,由 q 值表查得 M 为 2、3、4、5 时的 $q_{0.05}$ 和 $q_{0.01}$ 值,并算得 $LSR_{0.05}$ 和 $LSR_{0.01}$ 列于表 11-15。

表 11-15　例 10-12 资料 q 检验法的 LSR 值

M	$q_{0.05}$	$q_{0.01}$	$LSR_{0.05}$	$LSR_{0.01}$
2	3.08	4.32	34.096	47.822
3	3.77	5.04	41.734	55.793
4	4.20	5.50	46.494	60.885
5	4.51	5.84	49.926	64.649

以表 11-15 的 LSR 值对各饲料组的乳牛产量进行检验,其差异显著性结果列于表 11-16。

表 11-16　不同饲料的乳牛产乳量比较(q 检验法)

饲料名称	平均产量($\bar{x}_{ti}$)	差异显著性	
		$\alpha = 0.05$	$\alpha = 0.01$
4 号(D)	406	a	A

续表 11-16

饲料名称	平均产量($\bar{x}_{t_i}$)	差异显著性	
		$\alpha = 0.05$	$\alpha = 0.01$
3 号(C)	394	a	A
1 号(B)	372	a	A
2 号(E)	308	b	B
5 号(A)	296	b	B

由不同饲料处理乳牛产乳量的 q 检验法结果可以看出,4 号、3 号、1 号饲料与 2 号、5 号饲料之间的差异都达极显著水平。从平均数来看,4 号饲料效果最好,其次是 3 号饲料和 1 号饲料,5 号饲料最差。

11.4.4　拉丁方设计的优缺点

(1)拉丁方设计的主要优点

1)精确性高。拉丁方设计在不增加实验单位的情况下,比随机单位组设计多设置了一个组因素,能将横行和直列两个单位组间的变异从实验误差中分离出来,因而实验误差比随机组设计小,实验的精确性比随机单位组设计高。

2)实验结果的分析简单。拉丁方的行与列皆为配伍组,可用较少的重复次数获得较多的信息;双向误差控制使观察单位更加区组化和均衡化,进一步减少实验误差,比配伍组设计优越。

(2)拉丁方设计的主要缺点

因为在拉丁设计中,横行单位组数、直列单位组数、实验处理数与实验处理的重复数必须相等,所以处理数受到一定限制。若处理数少,则重复数也少,估计实验误差的自由度就小,影响检验的灵敏度;若处理数多,则重复数也多,横行、直列单位组数也多,导致实验工作量大,且同一单位组内实验动物的初始条件亦难控制一致。因此,拉丁方设计一般用于 5~8 个处理的实验。在采用 4 个以下处理的拉丁方设计时,为了使估计误差的自由度不少于 12,可采用"复拉丁方设计",即同一个拉丁方实验重复进行数次,并将实验数据合并分析,以增加误差项的自由度。

应当注意,在进行拉丁方实验时,某些单位组因素,如奶牛的泌乳阶段,实验因素的各个处理要逐个地在不同阶段实施,如果前一阶段有残效,在后一阶段的实验中,就会产生系统误差而影响实验的准确性。此时应根据实际情况,安排适当的实验间歇期以消除残效。另外,还要注意横行、直列单位组因素与实验因素间不存在交互作用,否则不能采用拉丁方设计。

11.5　正交设计

11.5.1　正交设计的概念及原理

正交设计(orthogonal design)是一种研究多因素实验的设计方法。在多因素实验中,随着实验因素和水平数的增加,处理组合数将急剧增加。例如,3 因素 3 水平的实验,就有 $3^3 =$ 27 个处理组合,3 因素 4 水平的实验,就有 $4^3 = 64$ 个处理组合。要全面实施这么庞大的实验是相当困难的,因而,D. J. Finney 倡议了部分实验法。而后日本学者倡导利用正交式设计部分实验,称为正交实验。

正交实验是利用一套规格化的表格——正交表(orthogonal table)来科学合理地安排实验的设计方法。这种设计的特点是在实验的全部处理组合中,仅挑选部分有代表性的水平组合(处理组合)进行实验。通过部分实施了解全面实验情况,从中找出较优的处理组合。这样可以大大节省人、财、物和时间,使一些难以实施的多因素实验得以实施。例如,要进行一个 4 因素 3 水平的多因素实验,如果全面实施则需要 $3^4 = 81$ 个处理组合,实验规模显然太大,使实验很难实施。但是,如果采用一张 $L_9(3^4)$ 的正交表安排实验,则只要 9 个处理组合就够了。

11.5.2　正交表及其特性

正交表是正交设计的基本工具。在正交设计中,安排实验、分析结果均在正交表上进行。常用的正交表已有数学工作者制定出来,实验时只要根据实验条件直接套用就行了,不需要另行编制。

现以 $L_9(3^4)$ 正交表为例,说明正交表的概念与特点。L 表示一张正交表,括号内下面的3 表示因素的水平数,3 的右上方为指数 4,表示最多可以安排因素(包括互作)的个数。L 右下角的数字 9 表示实验次数(水平组合数)。总的来说,$L_9(3^4)$ 的意思是,用这张表进行实验设计,最多可以安排 4 个因素,每个因素取 3 个水平,一共做 9 次实验。$L_9(3^4)$ 的正交表列于表 11-17,并在右侧一列具体列出了需做的各个水平组合。

表 11-17　$L_9(3^4)$ 正交表

列号		A	B	C	D	水平组合
		1	2	3	4	
实验号	1	1	1	1	1	$A_1B_1C_1D_1$
	2	1	2	2	2	$A_1B_2C_2D_2$
	3	1	3	3	3	$A_1B_3C_3D_3$
	4	2	1	2	3	$A_2B_1C_2D_3$
	5	2	2	3	1	$A_2B_2C_3D_1$
	6	2	3	1	2	$A_2B_3C_1D_2$
	7	3	1	3	2	$A_3B_1C_3D_2$
	8	3	2	1	3	$A_3B_2C_1D_3$
	9	3	3	2	1	$A_3B_3C_2D_1$

此表允许安排 4 个元素;每一列都有 1、2、3 三种数字,代表各因素的不同水平;表中有 9个实验号,代表 9 个不同处理组合(treatment unit)。$L_9(3^4)$ 正交表有以下两个性质。

（1）每一列中，不同数字出现的次数相等，这里不同数字只有 3 个：1、2、3，它们在每列中各出现 3 次。

（2）任 2 列中，将同一横行的两个数字看成有序数对时，每一个有序数对出现的次数相等。这里有序数对共有 9 种：(1,1)(1,2)(1,3)(2,1)(2,2)(2,3)(3,1)(3,2)(3,3)，它们各出现一次，也就是说每个因素的每一水平与另一因素的各个水平各碰到一次，也仅碰到一次，表明任何两元素的搭配是均衡的。

由于正交表具有这两个特点，用正交表进行实验安排具有以下两个特性。

（1）均衡分散性。正交表挑出来的这部分水平组合，在全部可能的水平组合中分布均匀，因此代表性强，能较好地反映全面情况。例如，对 $L_9(3^4)$ 正交表来说，如有三个因素，则全面实验为 $3^3 = 27$ 次，它们的水平组合为：

$$A_1B_1\begin{cases}C_1\\C_2①\\C_3\end{cases} \quad A_2B_1\begin{cases}C_1\\C_2④\\C_3\end{cases} \quad A_3B_1\begin{cases}C_1\\C_2⑦\\C_3\end{cases}$$

$$A_1B_2\begin{cases}C_1\\C_2②\\C_3\end{cases} \quad A_2B_2\begin{cases}C_1\\C_2⑤\\C_3\end{cases} \quad A_3B_2\begin{cases}C_1\\C_2⑧\\C_3\end{cases}$$

$$A_1B_3\begin{cases}C_1\\C_2③\\C_3\end{cases} \quad A_2B_3\begin{cases}C_1\\C_2⑥\\C_3\end{cases} \quad A_3B_3\begin{cases}C_1\\C_2⑨\\C_3\end{cases}$$

现有①~⑨表示的 9 个水平组合就是表 11-17 中正交表所选出的实验号。显然，它们非常均衡地分散在全面实验的 27 次实验之中。

（2）整齐可比性。由于正交表中各因素的水平是两两正交的，因此，任一因素任一水平下都必须均衡地包含着其他因素的各水平。例如，A_1、A_2、A_3 条件下各有 3 种 B 水平，3 种 C 水平，即：

$$A_1\begin{cases}B_1C_1\\B_2C_2\\B_3C_3\end{cases} \quad A_2\begin{cases}B_1C_2\\B_2C_3\\B_3C_1\end{cases} \quad A_3\begin{cases}B_1C_3\\B_2C_1\\B_3C_2\end{cases}$$

所以当比较 A_1、A_2 和 A_3 时，其余两个因素的效应都彼此抵消，余下的只有 A 效应和实验误差，此时 3 组的区别仅在于 A 的水平不同，因此这 3 个水平组具有明显的可比性。在比较 B_1、B_2、B_3 或 C_1、C_2、C_3 时，也是同样情况。

常用正交表中，适用于 2 水平实验的有 $L_4(2^3)$、$L_8(2^7)$，适用于 3 水平实验的有 $L_9(3^4)$、$L_{27}(3^{13})$ 等，还有适用于 4 水平、5 水平及水平数不等的正交表，供设计时选用。

11.5.3 正交设计方法

正交实验的安排、分析均是借助于正交表进行的。利用正交表安排实验，一般可分以下几个步骤。

(1)确定实验因素和水平数

根据实验的目的确定实验要研究的因素。如果对研究的问题了解较少,可多选一些因素;对研究的问题了解较多,少选一些因素,抓住主要因素进行研究。因素选好后定水平,每个因素的水平可以相等,也可以不等,重要的或需要详细了解的因素,水平可适当多一些,而对另一些需要相对粗放了解的因素,水平可适当少一些。

【例11.13】为了解决花菜留种问题,进一步提高花菜种子的产量和质量,科技人员考察了浇水、施肥、病害防治和移入温室时间对花果留种的影响,进行了一个4个因素2水平的正交实验。各因素及其水平见表11-18。

表11-18　花菜留种正交实验的因素与水平表

因素	水平1	水平2
A:浇水次数	不干死为原则,整个生长期只浇1~2次水	根据生长需水量和自然条件浇水,但不过湿
B:喷药次数	发现病害即喷药	每半月喷一次
C:施肥次数	开花期施硫酸铵	进室发根期、抽苔期、开花期和结实期各施肥一次
D:进室时间	11月初	11月15日

(2)选用合适的正交表

进行正交设计时,需根据实验因素和水平数以及是否需要估计因素间的互作来选择合适的正交表。其基本的原则是:所选的正交表既要能安排下全部实验因素,又要使部分实验的水平组合数尽可能得少。在正交实验中,各实验因素的水平数减1之和加1,即为所需的最少实验次数或处理组合数;如果考虑实验因素间的交互作用,需要再加上交互作用的自由度。对于上述4因素2水平实验来讲,最少需做的实验次数即处理的组合数$=(2-1)\times4+1=5$,然后从2^n因素正交表中选用处理组合数稍多于5的正交表安排实验,据此选用$L_8(2^7)$正交表比较合适。

例如,某制药厂为了研究如何提高抗菌素发酵单位的实验,设有8个实验因素,各设3个水平。若采用正交设计实验,并考虑$A\times B$、$A\times C$互作效应,则最少需要做的实验次数$=(3-1)\times8+(3-1)\times(3-1)\times2+1=25$,因此应选用$L_{27}(3^{13})$正交表安排实验。

对于各因素水平数不相等的实验,处理组合数也依照上述原则确定。如要进行一个$4^1(A)\times2^3(B、C、D)$的多因素实验,全面实施的处理组合数为$4^1\times2^3=32$次。若要采用正交设计,最少的实验次数为$(4-1)+(2-1)\times3+1=7$,若考虑$A\times B$、$A\times C$互作,则最少的实验次数为:$(4-1)+(2-1)\times3+(4-1)\times(2-1)+(4-1)\times(2-1)+1=13$。因而选用$L_{16}(4^1\times2^{12})$正交表安排实验比较合适。

(3)进行表头设计,列出实验方案

所谓表头设计(table heading design),就是把实验中确定研究的各因素填到正交表的表头各列。表头设计原则如下所述:①不要让主效应间、主效应与交互作用间有混杂现象。由于正交表中一般都有交互列,因此当因素数少于列数时,尽量不在交互列中安排实验因素,以防发生混杂。②当存在交互作用时,需查交互作用表,将交互作用安排在合适的列上。如表 11-18 所述的花菜留种实验,若只考虑 $A\times B$ 和 $A\times C$ 互作,可选用 $L_8(2^7)$ 正交表,其表头设计见表 11-19。

表 11-19　花菜留种正交实验的表头设计

列号	1	2	3	4	5	6	7
因子	A	B	$A\times B$	C	$A\times C$		D

表头设计好后,把该正交表 $L_8(2^7)$ 中各列水平号换成各实验因素的具体水平就成为实验方案。例如,第 1 列放 A 因素(浇水次数),就把第 1 列中数字 1 都换成 A 的第一水平(浇水 1~2 次),数字 2 都换成 A 的第二水平(需要就浇),余类推。该正交实验方案见表 11-20。

表 11-20　花菜留种的正交实验方案

实验号(处理组合)	1 列:浇水次数	2 列:喷水次数	4 列:施水方法	7 列:进室时间
1	1 浇水 1~2 次	1 发病喷药	1 开花施	1 11 月初
2	1 浇水 1~2 次	1 发病喷药	2 施 4 次	2 11 月 15 日
3	1 浇水 1~2 次	2 半月喷药 1 次	1 开花施	2 11 月 15 日
4	1 浇水 1~2 次	2 半月喷药 1 次	2 施 4 次	1 11 月初
5	2 需要就浇	1 发病喷药	1 开花施	2 11 月 15 日
6	2 需要就浇	1 发病喷药	2 施 4 次	1 11 月初
7	2 需要就浇	2 半月喷药 1 次	1 开花施	1 11 月初
8	2 需要就浇	2 半月喷药 1 次	2 施 4 次	2 11 月 15 日

11.5.4　实验

正交实验方案做出后,就可按实验方案进行实验。如果选用的正交表较小,各列都被安排了实验因素,对实验结果进行方差分析时,无法估算实验误差,若选用更大的正交表,则实验的处理组合数会急剧增加。为了解决这个问题,可采用重复实验,也可采用重复取样的方法解决这一问题。重复取样不同于重复实验,重复取样是从同一次实验中取几个样品进行观测或测试,结果每个处理组合就可得到几个数据。

11.5.5　正交实验结果的统计分析

正交实验结果可进行直观分析(visual analysis)和方差分析。这两种方法各有所长,现分述如下。

(1)正交实验结果的直观分析

【例 11.14】将例 11-13 花菜留种的正交实验结果列于表 11-21,试进行直观分析。

表 11-21　花菜留种正交实验结果的直观分析

| 项目 | A | B | A×B | C | A×C | D | 种子产量/ |
	1	2	3	4	5	7	(g/10 m²)
1	1	1	1	1	1	1	350
2	1	1	1	2	2	2	325
3	1	2	2	1	1	2	425
4	1	2	2	2	2	1	425
5	2	1	2	1	2	2	200
6	2	1	2	2	1	1	250
7	2	2	1	1	2	1	275
8	2	2	1	2	1	2	375
T_1	1 525	1 125	1 325	1 250	1 400	1 300	$T=2\,625$
T_2	1 100	1 500	1 300	1 375	1 225	1 325	
$\bar{x}_1$	381.25	281.25	331.25	312.50	350.00	325.00	
$\bar{x}_2$	275.00	375.00	325.00	343.75	306.25	331.25	
R	106.25	-93.75	6.25	-31.25	43.75	-6.25	

解:1)逐列计算各因素同一水平之和。第 1 列 A 因素各水平之和:

$$T_1 = 350+325+425+425 = 1\,525$$

$$T_2 = 200+250+275+375 = 11\,00$$

第 2 列 B 因素各水平之和:

$$T_1 = 350+325+200+250 = 1\,125$$

$$T_2 = 425+425+275+375 = 1\,500$$

同样可求其他因素各水平之和(结果列于表 11-21)。

2)逐列计算各水平的平均数。

第 1 列 A 因素各水平的平均数分别为:

$$\bar{x}_1 = \frac{T_1}{n/2} = \frac{1\,525}{8/2} = 381.25(\text{g}/10\ \text{m}^2)$$

$$\bar{x}_2 = \frac{T_2}{n/2} = \frac{1100}{8/2} = 275.00(\text{g}/10\ \text{m}^2)$$

第 2 列 B 因素各水平的平均数分别为:

$$\bar{x}_1 = \frac{T_1}{n/2} = \frac{1\,125}{8/2} = 281.25(\text{g}/10\ \text{m}^2)$$

$$\bar{x}_2 = \frac{T_2}{n/2} = \frac{1\,500}{8/2} = 375.00(\text{g}/10\ \text{m}^2)$$

同理可计算第 3、4、5、7 列各水平的平均数(表 11-27)。

3）逐列计算各水平平均数的差值。

第 1 列 A 因素各水平平均数的差值为：

$$R = \bar{x}_1 - \bar{x}_2 = 381.25 - 275.00 = 106.25 (\text{g}/10\ \text{m}^2)$$

第 2 列 B 因素各水平平均数的差值为：

$$R = \bar{x}_1 - \bar{x}_2 = 281.25 - 375.00 = -93.75 (\text{g}/10\ \text{m}^2)$$

同理可计算出第 3、4、5、7 列各水平平均数的差值。

4）比较差值，确定各因素或交互作用对结果的影响。

从表 11-21 可以看出，浇水次数（A）和喷药次数（B）的差值 $|R|$ 分居第一、二位，是影响花菜种子产量的关键性因素，其次是 $A×C$ 互作和施肥方法（C），进室时间（D）和 $A×B$ 互作影响较小。

5）水平优选与组合优选。

根据各实验因素的总和或平均数可以看出：A 取 A_1、B 取 B_2、C 取 C_2、D 取 D_2 为好，即花菜留种最好的栽培管理方式为 $A_1B_2C_2D_2$。但由于 $A×C$ 对产量影响较大，所以花菜留种条件还不能这样选取。而 A 和 C 究竟选哪个水平，应根据 A 与 C 的最好组合来确定。所以还要对 $A×C$ 的交互作用进行分析。$A×C$ 交互作用的直观分析是求 A 与 C 形成的处理组合平均数：

$$A_1C_1: \frac{350+425}{2} = 387.5 (\text{g}/10\text{m}^2)$$

$$A_1C_2: \frac{325+425}{2} = 375.0 (\text{g}/10\text{m}^2)$$

$$A_2C_1: \frac{200+275}{2} = 237.5 (\text{g}/10\text{m}^2)$$

$$A_2C_2: \frac{250+375}{2} = 312.5 (\text{g}/10\text{m}^2)$$

由此可知，A_1 与 C_1 水平配合时花菜种子产量最高。因此，在考虑 $A×C$ 交互作用的情况下，花菜留种的最适条件应为 $A_1B_2C_1D_2$。它正是 3 号处理组合，也是 8 个处理组合中产量最高者。但 4 号处理组合与 3 号处理组合产量一样，二者有无差异，尚需方差分析。若选出的处理组合不在实验中，还需要再进行一次实验，以确定选出的处理组合是否最优。

（2）正交实验结果的方差分析

1）平方和与自由度的分解。

在方差分析的平方和计算中，若一个因素只有两个水平，其平方和 $\text{SS} = \frac{(T_1 - T_2)^2}{n}$，$T_1$ 和 T_2 为两个水平各自的总和，n 为整个实验的数据总个数，在例 10-14 中 $n=8$。所以：

$$C = \frac{T^2}{n} = \frac{2625^2}{8} = 861\ 328.125$$

$$\text{SS}_t = \sum x^2 - C = (350^2 + 325^2 + \cdots + 375^2) - 861\ 328.125 = 46\ 796.875$$

$$SS_A = \frac{(1\,525 - 1\,500)^2}{8} = 22\,578.125$$

$$SS_B = \frac{(1\,125 - 1\,500)^2}{8} = 17\,578.125$$

$$SS_C = \frac{(1\,250 - 1\,375)^2}{8} = 1953.125$$

$$SS_D = \frac{(1\,300 - 1\,325)^2}{8} = 78.125$$

$$SS_{AB} = \frac{(1\,325 - 1\,300)^2}{8} = 78.125$$

$$SS_{AC} = \frac{(1\,400 - 1\,225)^2}{8} = 3\,828.125$$

$$SS_e = SS_T - SS_A - SS_B - SS_C - SS_D - SS_{AB} - SS_{AC}$$

$$= 46\,796.875 - 22\,578.125 - 17\,578.125 - 1\,953.125 - 78.125 - 78.125 - 3\,828.125$$

$$= 703.125$$

$$df_t = 8 - 1 = 7$$

$$df_A = df_B = df_C = df_D = df_{AB} = df_{AC} = 2 - 1 = 1$$

$$df_e = df_T - df_A - df_B - df_C - df_D - df_{AB} - df_{AC} = 7 - 1 - 1 - 1 - 1 - 1 - 1 = 1$$

2）列方差分析表进行 F 检验。

表 11-22　花菜留种正交实验结果方差分析

变异来源	df	SS	s^2	F	$F_{0.05}$	$F_{0.01}$
浇水次数（A）	1	22 578.125	22 578.125	32.11	161	405
喷药次数（B）	1	17 578.125	17 578.125	25.00	161	405
施肥方法（C）	1	1 953.125	1 953.125	2.78	161	405
进室时间（D）	1	78.125	78.125	<1	161	405
$A \times B$	1	78.125	78.125	<1	161	405
$A \times C$	1	3 828.125	3 828.125	5.44	161	405
实验误差	1	703.125	703.125			
总变异	7	46 796.875				

从表 11-22 可以看出，各项变异来源的 F 值均不显著，其主要原因是误差项自由度偏小。解决这个问题的根本办法是增加实验的重复数，也可以将 F 值小于 1 的变异项（即 D 因素和 $A \times B$ 互作）的平方和与自由度与误差项的平方和与自由度合并，作为误差项平方和的估计值（SS'_e），这样既可以增加实验误差的自由度（df'_e），又可以减少误差项的方差，从而提高假设检验的灵敏度。合并后的误差项平方和为

$$SS'_e = SS_e + SS_D + SS_{AB} = 703.125 + 78.125 + 78.125 = 859.375$$

而自由度为 3，合并后的方差分析结果列入表 11-23。

表 11-23　花菜留种正交实验的方差分析(去掉 $F<1$ 因素后)

变异来源	df	SS	s^2	F	$F_{0.05}$	$F_{0.01}$
浇水次数(A)	1	22 578.125	22 578.125	78.82**	10.13	34.12
喷药次数(B)	1	17 578.125	17 578.125	61.36**	10.13	34.12
施肥方法(C)	1	1 953.125	1 953.125	6.82	10.13	34.12
$A×C$	1	3 828.125	3 828.125	13.36**	10.13	34.12
实验误差	3	859.375	286.458			
总变异	7	46 796.875				

由表 11-23 可知,浇水次数(A)、喷药次数(B)的 F 值均达到极显著水平;$A×C$ 互作的 F 值达显著水平。可见,假设检验的灵敏度明显提高。

(3)互作分析与处理组合优选

由于浇水次数(A)极显著、施肥方法(C)不显著、$A×C$ 显著,所以浇水次数(A)和施肥方法(C)的最优水平应根据 $A×C$ 而定,即在 A_1 确定为最优水平后,在 A_1 水平上比较 C_1 和 C_2,确定施肥方法(C)的最优水平。

$$A_1C_1\text{ 的平均数为：}\frac{350+425}{2}=387.5(\text{g}/10\text{m}^2)$$

$$A_1C_2\text{ 的平均数为：}\frac{325+425}{2}=375.0(\text{g}/10\text{m}^2)$$

因此,施肥方法(C)取 C_1 水平较好;喷药次数(B)取 B_2 较好;进室时间(D)水平间差异不显著,取哪一个水平都行,所以最优处理组合为:$A_1B_2C_1D_1$ 或 $A_1B_2C_1D_2$。

11.6　调查设计

在科学研究中,除了进行控制实验外,有时也要进行调查研究。调查研究是对已有的事实通过各种方式进行了解,然后用统计的方法对所得数据进行分析,从而找出其中的规律性。

为了使调查研究工作有目的、有计划、有步骤地顺利开展,事先必须拟定一个详细的调查计划。调查计划应包括以下几个内容。

11.6.1　调查研究的目的

任何一项调查研究都要有明确的目的,即通过调查了解什么问题,解决什么问题。调查研究的目的还应该突出重点,一次调查应针对主要问题收集必要的数据,深入分析,为主要问题的解决提出相应的措施和办法。

11.6.2　调查的对象与范围

根据调查的目的,确定调查的对象、地区和范围,划清调查总体的同质范围、时间范围和地区范围。

11.6.3 调查的项目与内容

调查项目的确定要紧紧围绕调查目的。调查项目确定的正确与否直接关系到调查的质量。因此,项目应尽量齐全,重要的项目不能漏掉;项目内容要具体、明确,不能模棱两可。应按不同的指标顺序以表格形式列示出来,以达到顺利完成搜集资料的目的。

调查项目有一般项目和重点项目之分。一般项目主要是指调查对象的一般情况,用于区分和查找。重点项目是调查的核心内容,如品种资源调查中的品种、数量及生产性能等。

调查表的形式分为一览表和卡片,当调查的指标较少时多采用一览表的形式,它可以填入许多调查动物情况。若调查的内容多而复杂时可采用卡片的形式,一张卡片只填一个对象,以便汇总和整理,或输入计算机。

11.6.4 样本含量的确定

样本量大,实验结果精确性高,但若样本太大,就会花费过多的人力、物力和时间;样本太小必然影响精确性。因此,需要研究在一次调查或实验中如何确定适宜样本含量的问题。

(1)调查研究中样本含量的估计

1)平均数抽样调查的样本含量估计

目前对调查研究所需样本含量,还没有一个精确的估计方法。根据以往研究,一般要求样本含量占抽样总体的 5% 为最小量,对变异较小的群体,则可低于 5%。斯丹(Stein)认为,调查样本含量与调查要求的准确性高低及所研究对象的变异度大小有关。因此,需要提出我们能够接受的允许误差,并初步了解调查指标变异度的大小。

由样本平均数与总体平均数差异显著性检验的 t 检验公式推出的样本含量计算公式为:

$$n = t_\alpha^2 S^2 / d^2 \tag{11-7}$$

式中,n 为样本含量;t_α 为自由度 $n-1$、两尾概率为 a 的临界 t 值;S 为标准差,由经验或小型调查估得;d 为允许误差,可根据调查要求的准确性确定。

在首次计算时,可先用 df=∞ 时(当置信度为 95% 时,$t_\alpha = t_{0.05} = 1.96$;置信度为 99% 时,$t_\alpha = t_{0.01} = 2.58$)值代入,若算得 $n<30$,再用 df=$n-1$ 的 t_α 代入计算,直到 n 稳定为止。

【例 11.15】进行南阳黄母牛体高调查,已测得南阳黄母牛的体高的标准差 $S = 4.07$ cm,今欲以 95% 的置信度使调查所得的样本平均数与总体平均数的允许误差不超过 0.5 cm,需要抽取多少头黄牛组成样本才合适?

解:已知 $S = 4.07$,$d = 0.5$,$1-a = 0.95$,先取 $t_{0.05} = 1.96$,代入式(11-7),得:
$$n = 1.96^2 \times 4.07^2 / 0.5^2 = 254.54 \approx 255 \text{(头)}$$

即对南阳黄母牛体高进行调查,至少需要调查 255 头,才能以 95% 的置信度使调查所得样本平均数与总平均数相差不超过 0.5 cm。

2)百分数抽样调查样本含量估计

如果我们调查的目的是对服从二项分布的总体百分数做出估计,由样本百分数与总体

百分数差异显著性检验,检验公式推出样本含量计算公式为:

$$n = u_\alpha^2 pq/d^2 \tag{11-8}$$

式中,n 为样本含量;p 为总体的百分数,$q = 1-p$;u_α 为两尾概率为 a 的临界 u 值,$u_{0.05} = 1.96$,$u_{0.01} = 2.58$;d 为允许误差;$(\hat{p}-p)$ 为样本百分率,可由经验得出;$1-a$ 为置信度。

总体百分数如果事先未知,可先从总体中调查一个样本估计,或令 $p = 0.5$ 进行估算。

【例 11.16】欲了解某地区鸡新城疫感染率,已知通常感染率约 60%,若规定允许误差为 3%,取置信度 $1-a = 0.95$,问至少需要调查多少只鸡?

解:将 $p = 0.6$,$q = 1-p = 1-0.6 = 0.4$,$d = 0.03$,$u_a = 1.96$,代入式(11-8),得:$n = 1.96^2 \times 0.6 \times 0.4/0.03^3 \approx 1025$(只)

即至少需要调查 1025 只鸡,才能以 95% 的置信度使调查所得的样本百分数与总体百分数相差不超过 0.03。

此外,当样本百分数接近 0 或 100% 时,分布呈偏态,应对 x 作转换,此时估算公式为:

$$n = \left[57.3 u_\alpha / \sin^{-1}\left(d/p\sqrt{1-p} \right) \right]^2 \tag{11-9}$$

【例 11.17】某地需抽样调查牛结膜炎发病率,已知通常发病率为 2%,若规定允许误差为 0.1%,取置信度 $1-a = 0.95$,问至少需要调查多少头牛?

解:将 $p = 0.02$,$d = 0.001$,$u_a = 1.96$ 代入式(11-9),得:

$$n = \left\{ 57.3 \times 1.96 / \sin^{-1}\left[0.001/0.02\sqrt{(1-0.02)} \right] \right\}^2 = 1505$$

即至少需要调查 1505 头牛,才能以 95% 的置信度使估计出的牛结膜炎发病率误差不超过 0.1%。

(2)实验研究中重复数的估计

1)配对设计中重复数的估计

由配对设计 t 检验公式导出:

$$n = t_\alpha^2 S_d^2 / \overline{d}^2 \tag{11-10}$$

式中,n 为实验所需动物对 1 子数,即重复数;S_d 为差数标准误差,根据以往的实验或经验估计;t_a 为自由度 $n-1$、两尾概率为 a 的临界 t 值;$\overline{d}$ 为要求预期达到差异显著的平均数差值($\overline{x}_1 - \overline{x}_2$)。

首次计算时以 $df = \infty$ 的 t_a 值代入计算,若 $n \leqslant 15$,则以 $df = n-1$ 的 t_α 值代入再计算,直到 n 稳定为止。

【例 11.18】比较两个饲料配方对猪增重的影响,配对设计,希望以 95% 的置信度在平均数差值达到 1.5 kg 时,测出差异显著性。根据以往经验 $S_d = 2$ kg,问需要多少对实验家畜才能满足要求?

解:将 $t_{0.05(\infty)} = 1.96$,$S_d = 2$,$\overline{d} = 1.5$ 代入式(11-10),得:

$$n = 1.96^2 \times 2^2 / 1.5^2 \approx 7 \text{(对)}$$

因为 $n < 15$,再以 $df = 7-1 = 6$ 时,$t_{0.05} = 2.477$ 代入式(11-10):

$$n = 2.477^2 \times 2^2 / 1.5^2 \approx 11 \text{(对)}$$

再以 $n=11$,df$=11-1=10$ 时,$t_{0.05}=2.228$ 代入式(11-10):

$$n=2.228^2\times2^2/1.5^2\approx9(对)$$

再以 $n=9$,df$=8$ 时,$t_{0.05}=2.306$ 代入式(11-10):

$$n=2.306^2\times2^2/1.5^2\approx9(对)$$

n 已稳定为9,故该配对实验至少需9对实验家畜才能满足实验要求。

2)非配对实验重复数的估计

对于随机分为两组的实验,若 $n_1=n_2$,可由非配对 t 检验公式导出:

$$n=2t_a^2S^2/(\overline{x}_1-\overline{x}_2)^2 \tag{11-11}$$

式中,n 为每组实验动物头数,即重复数;t_a 为 $df=2(n-1)$、两尾概率为 a 的临界 t 值;S 为标准差,根据以往的实验或经验估计;$(\overline{x}_1-\overline{x}_2)$ 为预期达到差异显著的平均数差值;$1-a$ 为置信度。

首次计算时,以 df$=\infty$ 时的 t_a 值代入计算,若算出的 $n\le15$,则以 df$=2(n-1)$ 的 t_a 值代入再计算,直到 n 稳定为止。

【例11.19】对例11.14,若采用非配对设计,根据以往经验 $S=2$ kg,希望以95%的置信度在平均数差值达到 1.5 kg 时,测出差异显著性,问每组至少需要多少头实验家畜才能满足要求?

解:将 $t_{0.05(\infty)}=1.96$,$S=2$,$\overline{x}_1-\overline{x}_2=1.5$ 代入式(11-11) 得

$$n=2\times1.96^2\times2^2/1.5^2=13.66\approx14(头)$$

以 $n=14$,df$=2(14-1)=26$ 的 $t_{0.05}=2.056$ 代入式(11-11):

$$n=2\times2.056^2\times2^2/1.5^2=15.03\approx15(头)$$

再以 $n=15$,df$=2(15-1)=28$ 的 $t_{0.05}=2.048$ 代入式(11-11):

$$n=2\times2.048^2\times2^2/1.5^2=14.91\approx15(头)$$

n 已稳定在15,即本次实验两组均至少需15头实验家畜才能满足要求。

3)多个处理比较实验中重复数的估计

当实验处理数 $k\ge3$ 时,各处理重复数可按误差自由度 df$_e\ge12$ 的原则来估计。因为当 df$_e$ 超过12时,F 表中的 F 值减少的幅度已很小了。

①完全随机设计。由 df$_e=k(n-1)\ge12$,得重复数的估算公式为:

$$n\ge12/k+1 \tag{11-12}$$

由式(11-12)可知,若 $k=3$,则 $n\ge5$;$k=4$,则 $n\ge4$;…。但当处理数 $k>6$ 时,重复数仍应不少于3。

②随机单位组设计。以 df$_e=(k-1)(n-1)\ge12$,得重复数的估算公式为:

$$n\ge12/(k-1)+1 \tag{11-13}$$

由式(11-13)可知,若 $k=3$,则 $n\ge7$;$k=4$,则 $n\ge5$;…。但当处理数 $k>7$ 时,重复数仍应不少于3。

③拉丁方设计。若要求 df$_e=(k-1)(k-2)\ge12$,则重复数(此时等于处理数)大于等于5。所以,为了使误差自由度不小于12,则应进行处理数(即重复数)大于等于5的拉丁方实

验,即进行 5×5 以上的拉丁方实验。当进行处理数为 3 、4 的拉丁方实验时,可将 3×3 拉丁方实验重复 6 次,4×4 拉丁方实验重复 2 次,以保证 $df_e=12$。

4)两个百分数比较实验中样本含量估计

设两样本含量相等:$n_1=n_2=n$。n 的计算公式可由两个样本百分数差异显著性检验 u 检验公式推得:

$$n = 2u_\alpha^2 \overline{pq}/\delta^2 \tag{11-14}$$

式中,n 为每组实验的动物头数;$\overline{q}=1-\overline{p}$ 为合并百分数,由样本百分数计算;δ 为预期达到差异显著的百分数差值;u_a 为自由度等于 ∞ 、两尾概率为 a 的临界 u 值,$u_{0.05}=1.96, u_{0.01}=2.58$。

【例 11.20】两种痢疾菌苗对鸡白痢病的免疫效果,初步实验表明,甲菌苗有效率为 22/50=44%,乙菌苗有效率为 28/50=56%,今欲以 95% 的置信度在样本的百分数差值达到 10% 时检验出两种菌苗免疫效果有显著差异,问实验时每组至少需接种多少只鸡?

解:已知 $\hat{p}_1=22/50=44\%$,$\hat{p}_2=28/50=56\%$,则两个样本百分数的合并百分数为:

$$\overline{q}=1-\overline{p}=1-0.50=0.50$$

将 $u_{0.05}=1.96, \overline{p}=0.50, \overline{q}=0.50, \delta=0.10$ 代入式(11-14)算得:

$$n=2\times1.96^2\times0.50\times0.50/0.10^2=192.081\,93(只)$$

即在正式接种实验时,每组至少需接种 193 只鸡方可满足实验要求。

11.6.5　调查方法

调查分为全面调查和抽样调查两种。全面调查就是对总体的每一个个体逐一调查,其涉及的范围广,时间长,工作量大,因而需耗费大量的人力、物力和时间。

抽样调查是指在全体调查对象中,通过某种方法抽取部分有代表性的对象作调查,并以样本去推断总体。抽样方法常用的有以下 5 种。

(1)完全随机抽样

首先将有限总体内的所有个体全部编号,然后用抽签或用随机数字表的方法,随机抽取若干个个体作为样本。完全随机抽样适用于个体均匀程度较好的总体。

(2)顺序抽样

也称系统抽样或机械抽样。先将有限总体内的每个个体按其自然状态编号,然后根据调查所需的数量,按一定间隔顺序抽样。此法简便易行,适用于个体分布均匀的总体。

(3)分等按比例随机抽样

分等按比例随机抽样又称分层按比例随机抽样。先按某些特征或变异原因将抽样总体分成若干等次(层次),在各等次(层次)内按其占总体的比例随机抽取各等次(层次)的样本,然后将各等次(层次)抽取的样本合并在一起即为整个调查样本。

分等按比例随机抽样法能有效地降低抽样误差,适用于总体分布不太均匀或个体差异较大的总体,但分等不正确会影响抽样的精确性。

（4）随机群组抽样

此种抽样是把总体划分成若干个群组,然后以群组为单位随机抽样。即每次抽取的不是一个个体,而是一个群组。每次抽取的群体可大小不等,但应对被抽取群体的每一个个体逐一进行调查。随机群组抽样容易组织,节省人力、物力,适用于群体差异较大、分布不太均匀的总体。

（5）多级随机抽样

当调查的总体很大并可以系统分组时,常采用多级随机抽样的方法。多级随机抽样可以估计各级的抽样误差和探讨合理的抽样方案。

11.6.6　调查的组织工作

调查研究是一项比较复杂的工作,因此,应做好人员分工、经费预算、调查进程安排、调查表的准备及调查资料的整理等项工作。一般在正式调查前,需进行预调查,以检验调查设计的可行性,并培训参与调查的工作人员,以统一标准和方法。

调查时若发现问题,应立即解决。特别要对资料进行检查,保证资料完整、正确,如发现遗漏、错误应及时补充、纠正。资料检查无误后,应妥善保存,避免丢失。

11.7　本章小结

本章介绍了生物学研究中实验设计的基本原理和常用的方法。一般而言,实验设计要遵循唯一差别原则,尽量采用费歇尔的三原则,即重复、随机化和局部控制。完全随机设计适合样本量不大、个体差异较小的实验对象;随机区组设计则针对实验对象的个体差异较大,由于使用了费歇尔的三原则,检验精度较高;拉丁方设计则是在横行和直列两个方向均进行局部控制,检验精度很高,样本量5~8比较合适,样本量4以下则需要采用复拉丁方设计;正交设计主要针对因素多的实验设计。此外,调查设计也是生物统计学中一种常用的获得数据的手段。这几种方法在生物学实验设计中很常用,应熟练掌握。

11.8　习题

1. 简单叙述实验设计的意义。

2. 简单叙述实验设计的基本要素。

3. 实验误差的来源有哪些? 控制实验误差的途径有哪些?

4. 简单叙述实验设计的基本原则。

5. 随机抽样方法有哪些? 简单叙述各种抽样方法的优缺点。

6. 简单叙述拉丁方实验设计的方法步骤及其优缺点。

7. 简单叙述利用正交表安排实验的步骤。

8. 正交实验结果的统计方法有哪些? 简单对比统计方法的优劣。

参考文献

［1］Laplace P S. Mémoiresur les probabilités［J］. Mém. Acad. R. Sci. Paris,1781:227-332.

［2］尚志刚,张建华,陈栋,等. 生物医学数据分析及其 MATLAB 实现［M］. 北京大学出版社,2009.

［3］Galton F. 1869/1892/1962. Hereditary Genius:An Inquiry into its Laws and Consequences. Macmillan/Fontana,London.

［4］Galton F. Co-relations and their measurement,chiefly from anthropometric data［J］. Proceedings of the Royal Society,1888,45:135-145.

［5］Galton F. Regression towards mediocrity in hereditary stature［J］. Journal of the Anthropological Institute,1886,15:246-63.

［6］Pearson K. On the Dissection of Asymmetrical Frequency Curves［J］. Philosophical Transactions of the Royal Society of London,1894,185:71-110.

［7］Pearson K. Mathematical Contributions to the Theory of Evolution［J］. III. Regression, Heredity and Panmixia. Philosophical Transactions of the Royal Society of London,1896, 187:253-318.

［8］Gosset W S. Under the pseudonym of " Student"［J］. The probable error of a mean. Biometrika,1908,6:1-25.

［9］Fisher R A. On the mathematical foundations of theoretical statistics［J］. Philosophical Transactions of the Royal Society,1922,222:309-368.

［10］Fisher R A. Frequency distribution of the values of the correlation coefficient in samples from an indefinitely large population［J］. Biometrika,1915,10: 507-521.

［11］Fisher R A. The correlation between relatives on the supposition of Mendelian inheritance［J］. Trans. Roy. Soc. Edinb,1918,52:399-433.

［12］Yule G. U. An Introduction to the Theory of Statistics ［M］. Charles Griffin, London,1911.

［13］Mills F. C. Statistical methods［M］. 3rd ed. Henry Holt & Company,New York,1924.

［14］Mills FC. Statistical Methods Applied to Economics and Business［M］. New York: Henry Holt & Company,2nd ed,1938.